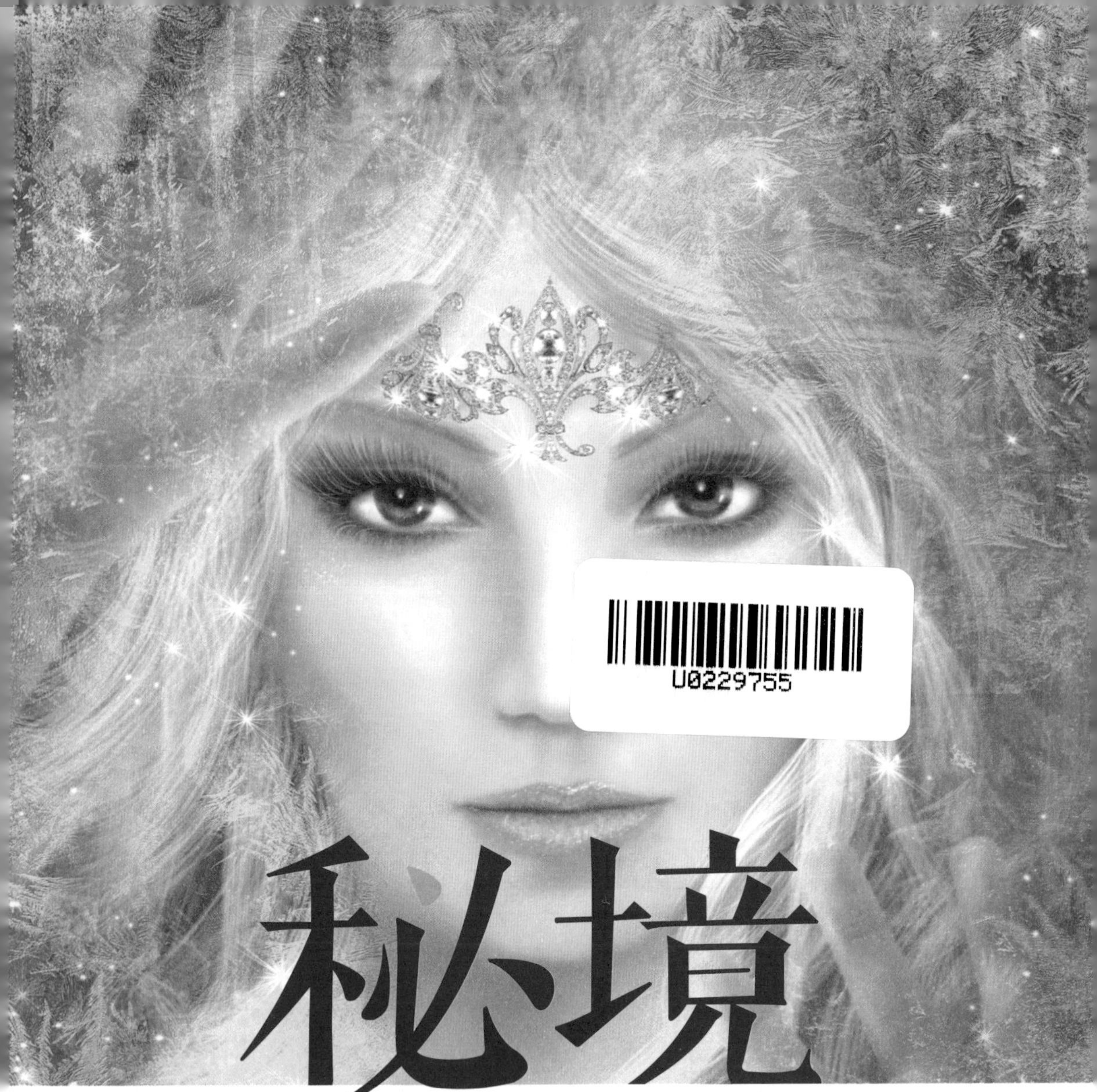

秘境Photoshop

邓文渊 编著 周春元 译

内 容 提 要

在阅读本书之前，您也许已经看过或了解过其他的一些 Photoshop 类图书。所以，您可能会发现，本书虽然对 Photoshop 的基础操作也进行了详细讲解，但仅从这个角度，本书与其他图书并无本质差别。然而，在真正体现作者水平与读者需求的“干货”部分，却大不相同。

当然，最值得读者期待的，还是本书作者对“通道”与“蒙版”理解及运用的极深造诣。俗话说得好：得通道与蒙版者，得 Photoshop。

北京市版权局著作权合同登记号：图字 01-2015-7098

图书在版编目（CIP）数据

秘境Photoshop / 邓文渊编著 ; 周春元译. -- 北京：中国水利水电出版社，2016.4
ISBN 978-7-5170-4247-1

Ⅰ. ①秘… Ⅱ. ①邓… ②周… Ⅲ. ①图象处理软件 Ⅳ. ①TP391.41

中国版本图书馆CIP数据核字(2016)第079137号

策划编辑：周春元　责任编辑：杨元泓　加工编辑：时羽佳　封面设计：Yolens

书　名	秘境 Photoshop
作　者	邓文渊　编著　　周春元　译
出版发行	中国水利水电出版社 （北京市海淀区玉渊潭南路 1 号 D 座　100038） 网　址：www.waterpub.com.cn E-mail：mchannel@263.net（万水） sales@waterpub.com.cn 电　话：（010）68367658（发行部）、82562819（万水）
经　售	北京科水图书销售中心（零售） 电　话：（010）88383994、63202643、68545874 全国各地新华书店和相关出版物销售网点
排　版	北京万水电子信息有限公司
印　刷	北京市雅迪彩色印刷有限公司
规　格	170mm×230mm　16 开本　24 印张　445 千字
版　次	2016 年 6 月第 1 版　2016 年 6 月第 1 次印刷
印　数	0001—4000 册
定　价	88.00 元（赠 1 DVD）

得通道与蒙版者，得 Photoshop

世界太美，必须去看看

去年最大的收获，是知道了世界很美，最大的遗憾，就是没钱到处去看看。

所以，想到了一个比较经济又不用请假的办法，就是经常到各个摄影论坛去转转。无须说是否真的管用，事实是，自此以后，不管世界多美，我都能做到在网上围观而不亵玩焉。当然，我本质上也不算是爱冲动的人。

如果您经常光顾蜂鸟网的摄影论坛，可能会知道有一位非常著名的摄影家——王巨土老师，他的作品以绝妙的构思、无限的意境、强烈的冲击经常被论坛置顶。

有一天，当王巨土老师的一组主题为“龙腾杜鹃湖”的作品又被网站置顶时，我恰巧路过。一个不幸就发生了，记住，就是右面这张照片。

看到这张照片，我觉得，这个地方，没钱我也必须去看看。

我乘兴而去……不幸的是，我与此同归（下图）。

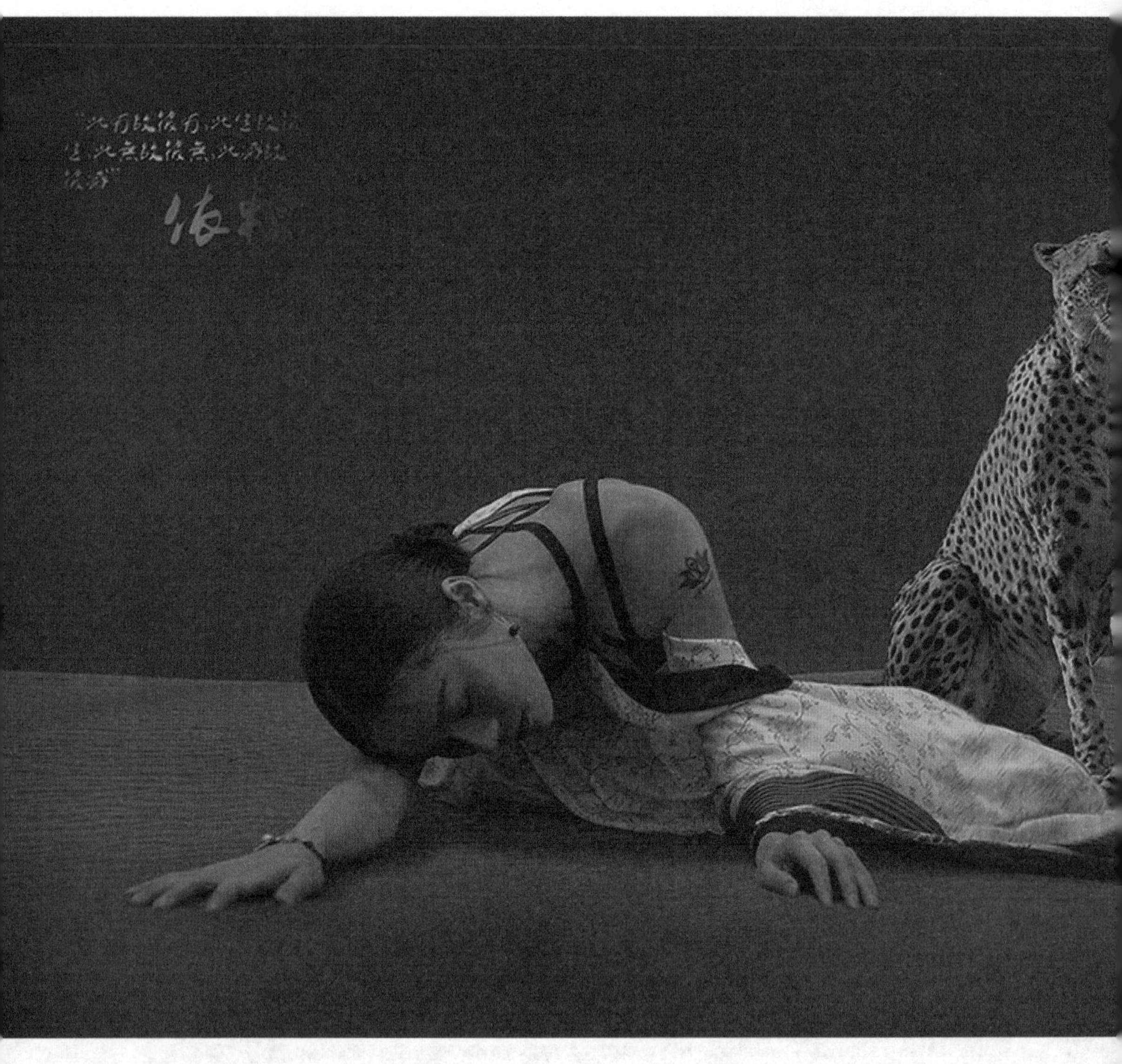

后来我了解到，照片的品质与 Photoshop 后期处理有很大关系。于是我开始对 Photoshop 产生了浓厚的兴趣。

又有一天，我在布兰卡网站上不小心被一组绝美人像吸引。还清楚记得这组照片的主题是《依赖》，是当下最著名的摄影家——戚文卓老师的作品。戚老师的照片以超乎寻常的艺术表现、精彩绝伦的艺术构思、深刻内敛的艺术内涵著称。

这组照片让我脑海中技术与艺术的分界线一下子变得清晰。在此奉上一张戚老师的作品以飨读者，也一同表达我作为一个崇拜者对戚老师的敬仰。

正是由于这组作品，让我对人像摄影产生了冲动，我决定找机会试试。

第一次棚拍，模特无论是形态、轮廓还是面部层次，皆属上乘，但皮肤不算太光滑，颗粒感较强。这对于一个爱用“凝脂”“细腻”等词汇形容好皮肤的审美人士来说，多少算是一种缺憾。

我开始用 Photoshop 为照片进行脸部瑕疵处理——脸上的痘痘，用小橡皮章一盖就完事了。但想把模特脖子上皮肤的颗粒处理成像小臂上的皮肤那么细腻，就没那么简单了，橡皮章是无处下手的。

关于这个问题，我请教了很多朋友，都说这得用“磨皮”手法来处理，但真正掌握这个手法的人很少。如果你仔细观察，甚至您还可以发现很多成千上万价位的商业婚纱摄影作品，新娘的脸部层次感都丢失得很厉害，通俗地说，就是都成了“大白脸”。这也与是否掌握“磨皮”技术有关。

我专门向很多朋友求教这门技术，但最终还是没有掌握，一是这个技术的确有点复杂，它涉及到了图层、通道、蒙版、曲线等很多技术；二是脸皮子不够厚，一次两次没学会，就只好装作学会了。

而真正帮我拿下“磨皮”这块硬骨头的，正是本书。

干货不少，你要来看看

Photoshop 功能之强大，天下无人不知无人不晓。要调个色修个图啥的，某某秀秀啥的与 Photoshop 虽然不在一个档次，但也并非一无是处，但要说去个底、合个成，直至真正进行商业平面设计，打造大片镜头啥的，就非 Photoshop 不可了。

作为一名 Photoshop 爱好者、本书编辑、译者，随着对本书的了解与痴迷，本人郑重向广大朋友推荐这本书。

虽不敢说本书是您的唯一之选，尤其对于只是想玩玩的您来说，市场上有很多优秀的入门级 Photoshop 作品，但我真切感受到本书作者一定是个真正有料的 PS 专家。最宝贵之处在于，作者是站在用 PS 解决实际问题的角度来讲述技法，这样就避免了言之无物、学而无用的尴尬。本书的实用性、易用性、专业性、可操作性，是毋庸置疑的。

假如您是一位摄影爱好者，特别想了解一些摄影大牛的后期处理技法，如上面提到的“磨皮”，还有上面没提到的如丰胸、脸上或胳膊上去赘肉、去背景时如何让发丝毫发毕现等，那么本书更是不可多得的“干货”之作。

假如您有志成为一名平面设计师，那么本书中的各种优秀设计师必备之顶级“移花接木”手法，也是在其他图书中难以寻觅的。

而本人认为本书的最大亮点，还是在于其对通道与蒙版的深入讲解。通道与蒙版的应用几乎贯穿了全书的绝大多数案例，这是我见过的在这方面讲解得最明白、最透彻、最深入的作品。

为什么这么强调通道与蒙版?

作为一个学习 Photoshop 的过来人，重要的话我说三遍：

得通道与蒙版者，得 Photoshop；

得通道与蒙版者，得 Photoshop；

得通道与蒙版者，得 Photoshop。

目录

重要概念篇

01 Photoshop 图片完美的关键

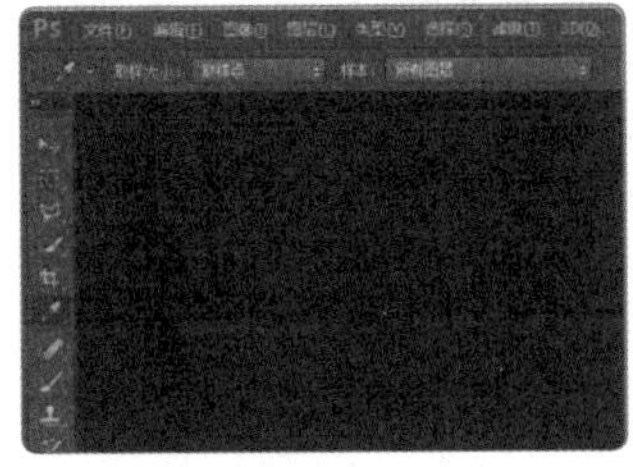

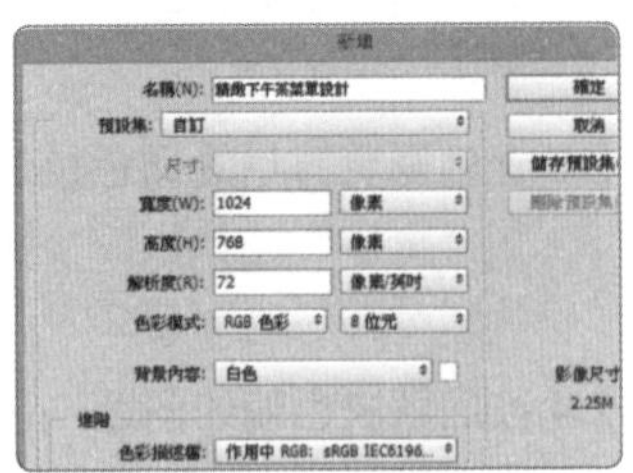

影像编辑篇

02 图像色彩的调整与美化

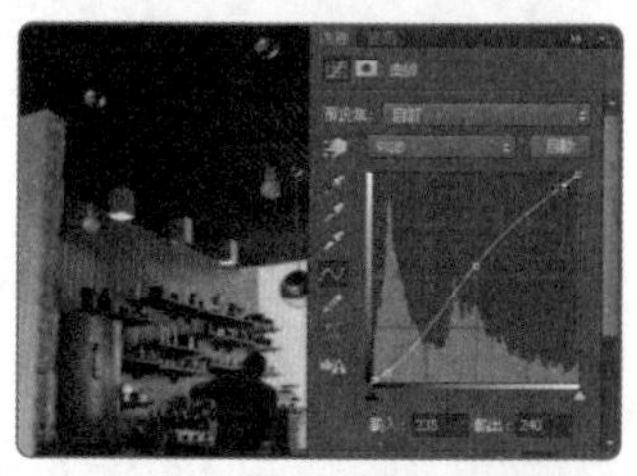

03 犀利又聪明的去底大法

影像美学篇

04 专业的照片滤镜收藏馆

05 完美无缺的人像修图

06 风景照片这样修才对

07 照片气氛的营造技法

严格设计篇

08 打造棚拍气质的电商图片

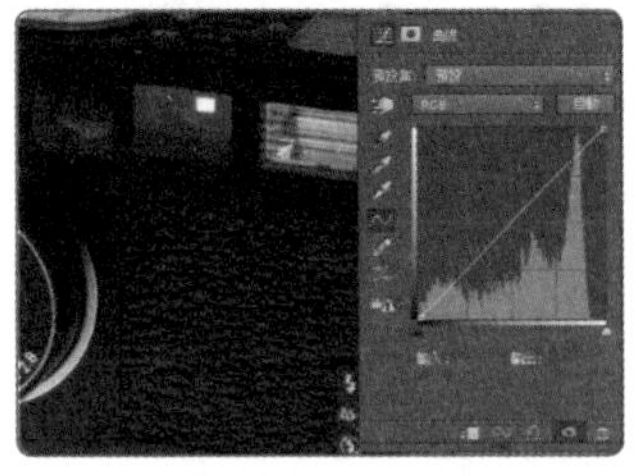

09 设计创意字体

10 设计精致下午茶 MENU

11 广告背景合成设计

光盘说明

为提升《秘境 Photoshop》一书的学习效果，并使读者能快速应用到日常生活或实际工作中，本书附带学习光盘，其中包含了作者用心制作的精美范例文件、教学视频及相关工具，以下是光盘的使用说明：

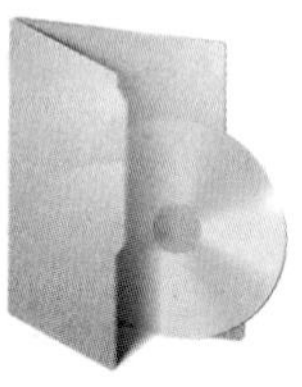

文件名	相关说明
案例文件	包含各章实战案例，以供学习时作为练习与对照之用
精彩桌面	您多久换一次计算机桌面？喜欢与众不同的桌面吗？这里特别将书中学习的范例延伸到实际应用，自制了 10 款漂亮桌面，让您的桌面也能充满浓浓设计感
视频课程	包含了为各章案例所录制的教学影片与课程说明
素材图库	提供精选数码照片 1000 张，（凡购买本书的读者可免费使用此图库，图库均受著作权保护，禁止在未经授权的情况下，私自将照片以无偿或有偿方式用于任何商业用途）
文件说明	包含使用本书内容或附带光盘时的注意事项说明

本书阅读方法

书中的每个案例，都对应设计了案例操作的步骤，循序渐进地引导您理解与设计图像作品。本书采用以案例为导向的说明方式，没有枯燥的说教，只有详细的操作及讲解，让人人都可以创造出完美的数字图像，轻松成为设计大师！

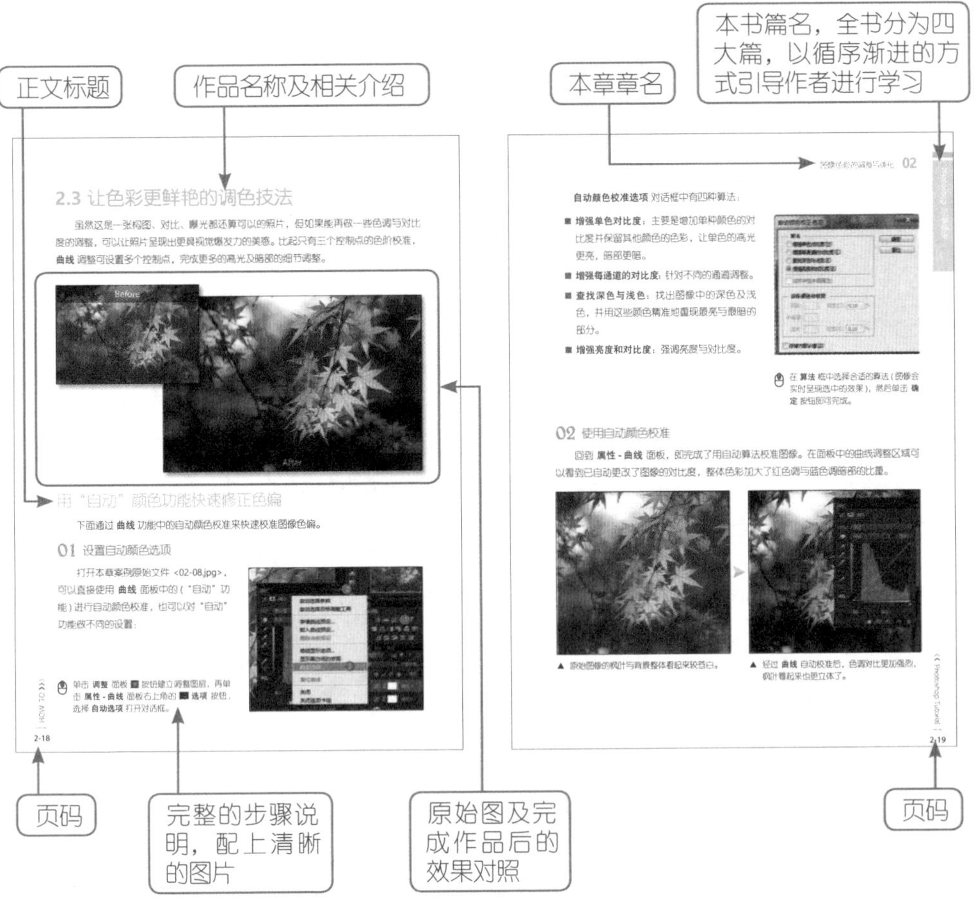

CHAPTER 01

Photoshop 图片完美的关键

1.1 Photoshop 创意实现

1.2 认识 Photoshop 操作环境

1.3 感受 Photoshop CC 全新功能

1.4 创作与设计一定要用到的工具

1.5 图片格式与分辨率

1.6 色彩管理与校准

1.7 Photoshop CC 的首选项

1.8 根据输出要求设置图像大小与质量

1.9 Creative Cloud 同步设置

1.1 Photoshop 创意实现

面对艺术、创作与图像表现，挑选一款合适的图像编辑软件的关键不外乎是能否在同一软件中完成所有的设计编辑工作、软件的稳定程度，以及执行操作的顺畅程度。

Photoshop 是多年来获得众多设计师青睐的专业设计软件，它不但提供了理想的工作环境，也可让用户根据自己的想法与经验自由发挥，以最出色的方式呈现出独一无二的创意。

虽然对初学者而言，其中并没有太多的既定设计模板可以套用，需要花些时间学习才能上手，但相信只要经过一段时间的学习，就能利用其强大的功能展现出创意无限的作品。

创造完美照片

照片能留住瞬间之美，但需要光线、天气、人物等多种因素的配合才可能拍出完美照片。若照片出现瑕疵，无法再重新取景；若希望能拍出大师级的专业摄影效果，就要靠 Photoshop 强大的编辑功能了。

Photoshop 提供了高效且专业的照片修复功能，并且通过非破坏性编辑的“智能对象”功能，可以为您解决因为无法控制的拍摄现场问题而导致的红眼、色偏、曝光等问题。

创意绘图设计工具

Photoshop 提供了全方位设计功能，不但可以轻松、快速地创建或制作出想要的图片，更可以通过创意让作品激荡出更多火花。

无与伦比的网页设计

Photoshop 已不只是一套平面设计软件，最近几个版本加入的网页功能，即使您不了解复杂的程序代码，都可利用其做出漂亮的网页。

Creative Cloud 数据库

Creative Cloud 数据库是一项强大的新功能，方便您在云端创建、分类及存储喜爱的颜色、笔刷、文字样式、图形及矢量图片等，只要登录 Adobe ID，即使在不同计算机的不同应用程序中，都能看见您先前所建立的数据库。

参考网站

Adobe 官方网站	http://www.adobe.com/cn/
Adobe Photoshop 官方网站	http://www.adobe.com/cn/products/photoshop.html
Adobe Photoshop 帮助专区	http://helpx.adobe.com/cn/photoshop/topics.html

1.2 认识 Photoshop 操作环境

在开始学习之前，让我们先认识一下 Photoshop 的操作环境与工作区。

打开 Adobe Photoshop CC，可以看到 **选项** 栏、**工具** 面板、**菜单** 栏、浮动面板等设置。

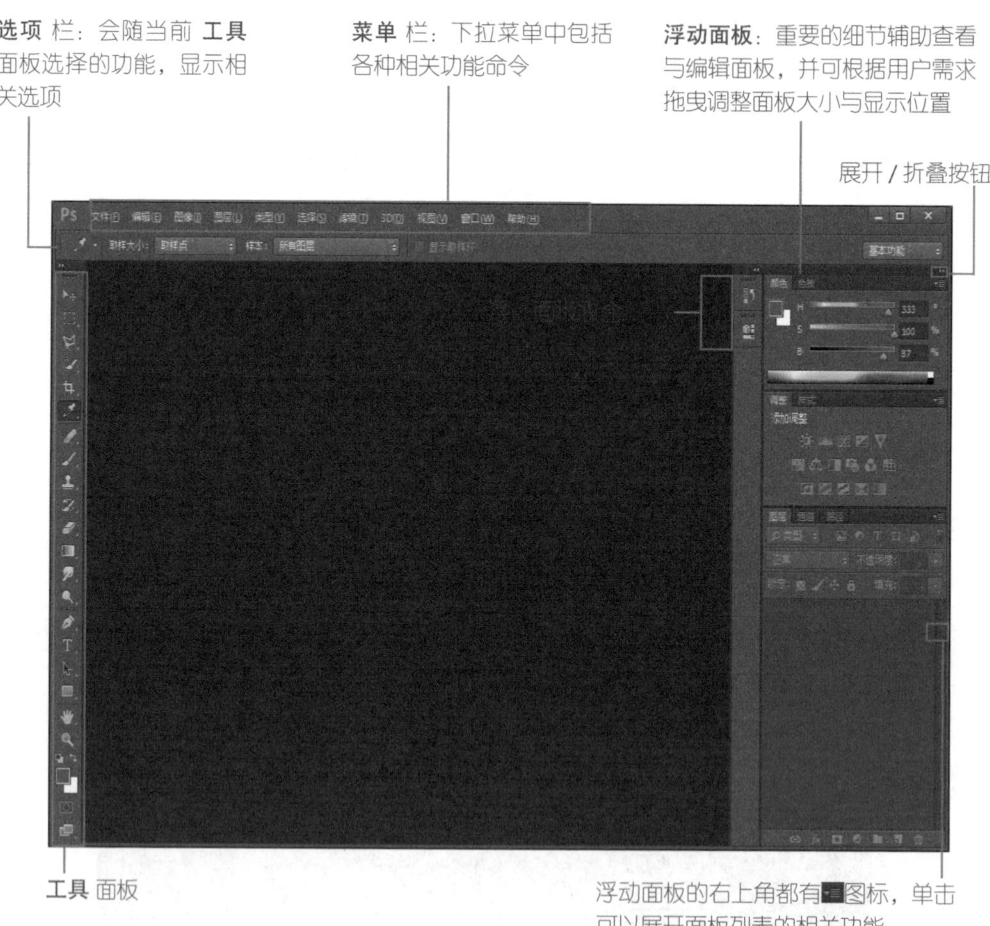

认识工具面板

打开 Photoshop 时，**工具** 面板会显示在窗口的左边，其中的工具可以用来选取、绘制、输入文字、取样、修补、编辑、移动、标注和显示图像，还可以改变前景色 / 背景色。

工具 面板中，如果在工具按钮右下角有一小三角形，表示这个工具下面隐藏了相关的工具，可单击工具按钮不放以显示其工具列表；将鼠标移至任何一个工具按钮上方，则会出现按钮的名称。使用时，配合上方 **选项** 栏各项设置值，可以做出不同效果。

选取、裁切、吸色和测量工具

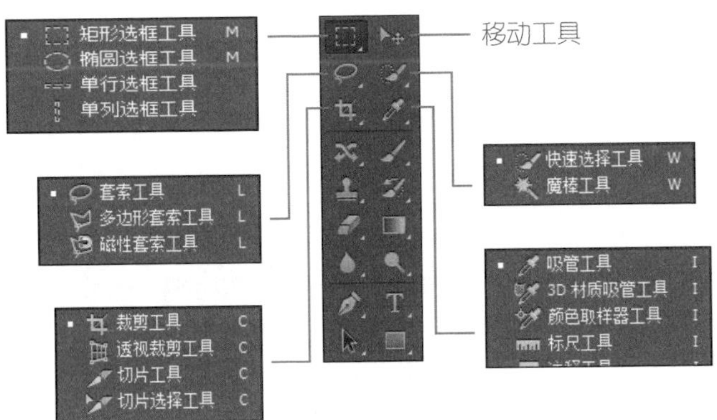

润色和绘画工具

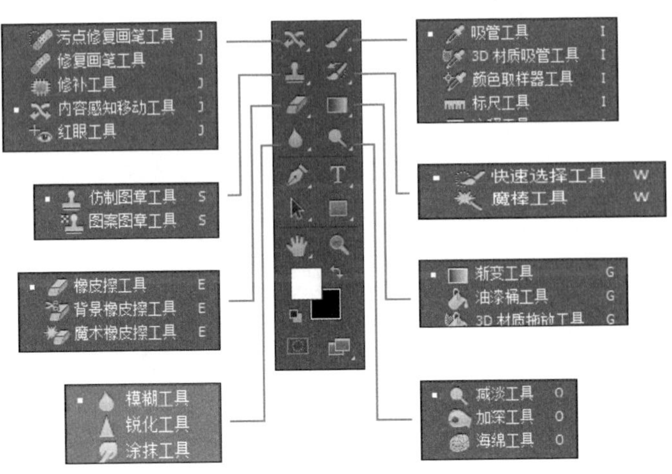

绘图和文字工具

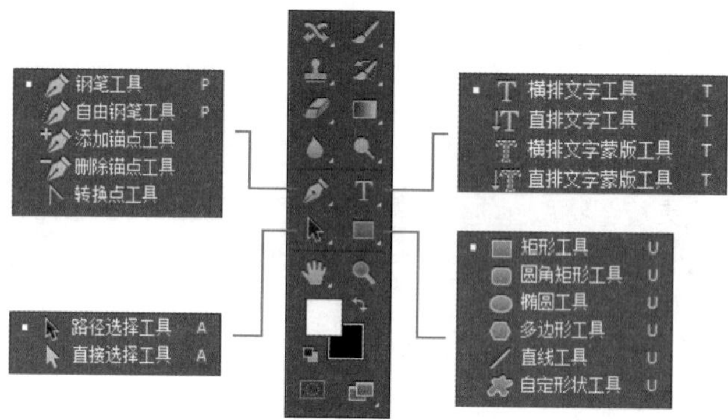

浏览及其他工具

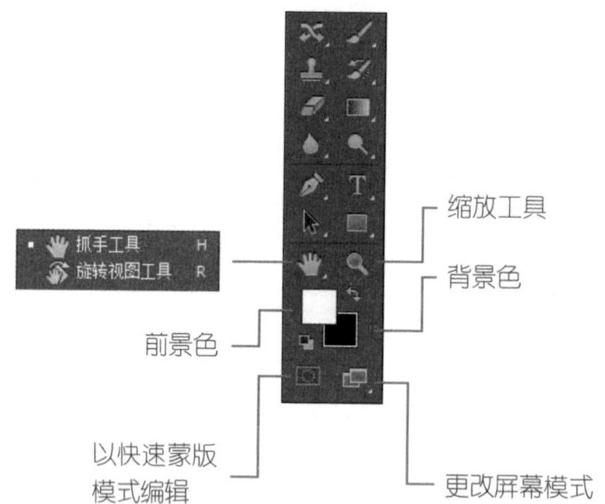

小提示 **使用快捷键切换工具面板命令**

在 **英文** 模式下，直接按各工具按钮名称右侧标注的快捷键，可直接切换至该工具按钮；按住 Shift 键再加上工具按钮名称右侧标注的快捷键，可在其工具菜单中切换至不同的功能。

自定义浮动面板的位置、大小或显示方式

若把面板全部展开，会占用屏幕上太多的空间，这对专业设计人员来说是非常不方便的，所以 Photoshop 提供了面板的自定义功能。

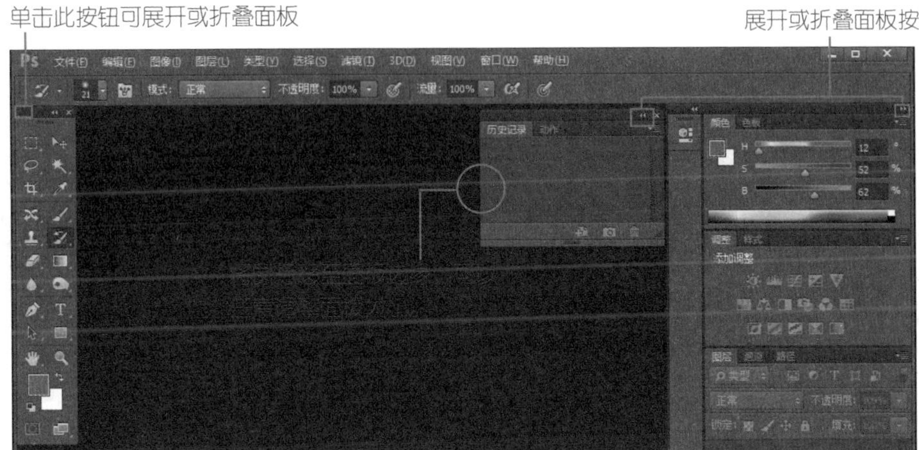

也可以根据需求，将面板拖曳成独立面板并放置在工作区合适位置，或者再次整合进浮动面板区中。

用鼠标按住面板名称，可把面板拖曳至合适位置，放开鼠标后该面板可以独立摆放。

若要把此面板放入其他面板中，只需按住面板的名称后拖至目标面板区的名称位置即可。

自定义专属工作区\恢复默认工作区

显示工具面板

Photoshop 中有许多不同的面板，但预设工作区内不一定有您需要的面板，这时可以根据个人的需求进行显示，以便操作时更加顺手。

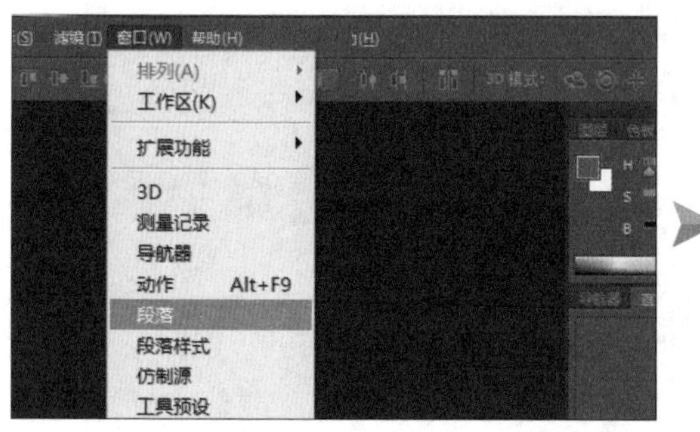

选择 **窗口\段落**。

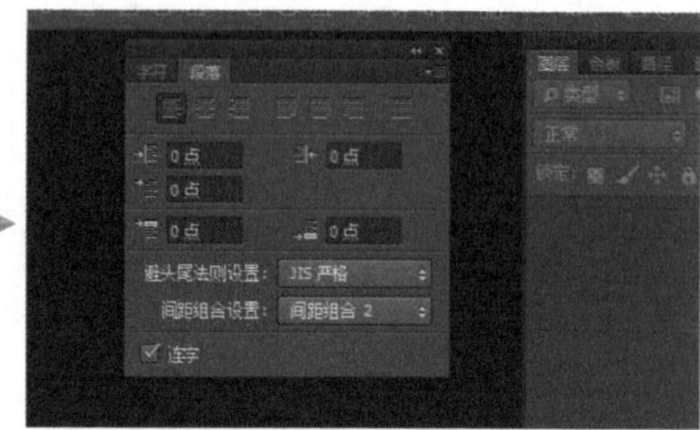

在右方的浮动面板区中就可以看到所选择的面板。

存储自定义工作区

使用一段时间后，会根据自己的操作习惯，总结出自己觉得最佳的工作面板设置，这时可以将当前的工作区保存起来。

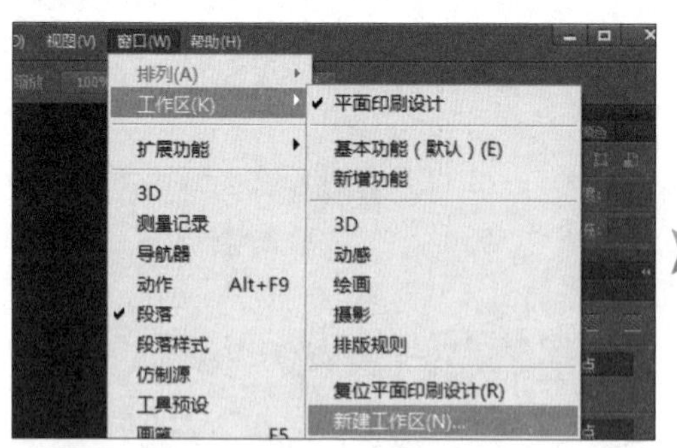

选择 **窗口\工作区\新建工作区**。

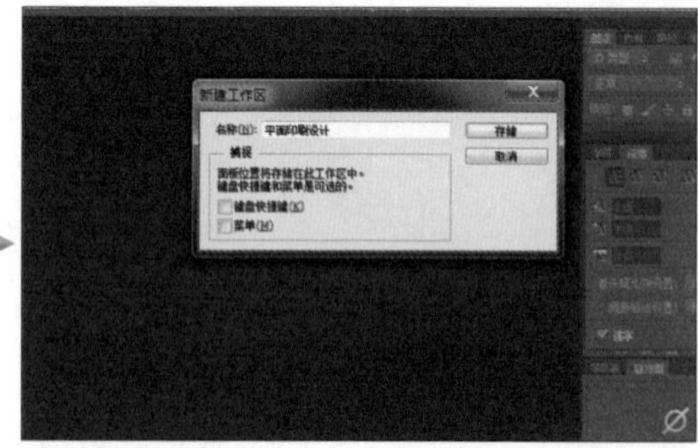

在对话框输入新建工作区的名称，单击 **存储** 按钮即可保存此工作区。

切换自定义工作区

保存自定义工作区后，可在 **窗口 \ 工作区** 下拉列表中找到这些工作区，这样就可以针对不同的工作需求切换到不同的工作区。

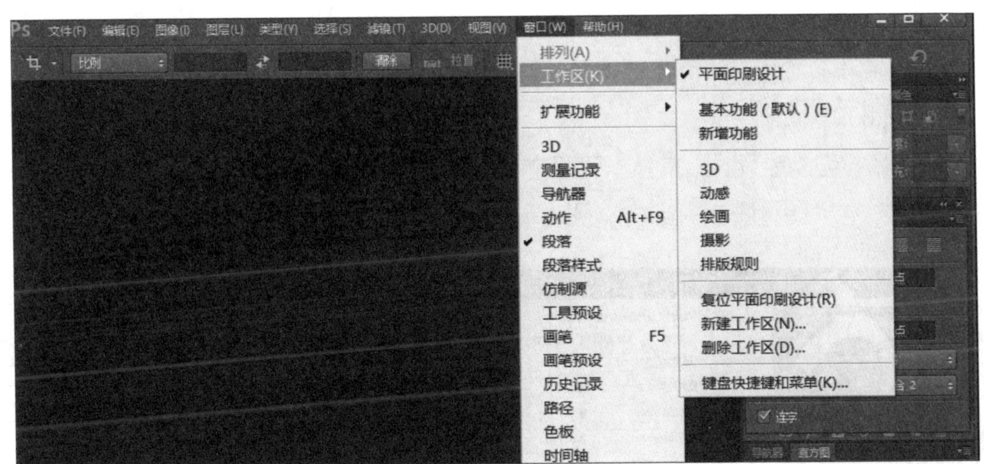

恢复默认工作区

要恢复原始操作工作区时，不需要重装软件，选择 **窗口 \ 工作区 \ 基本功能（默认）** 即可恢复到默认工作区。

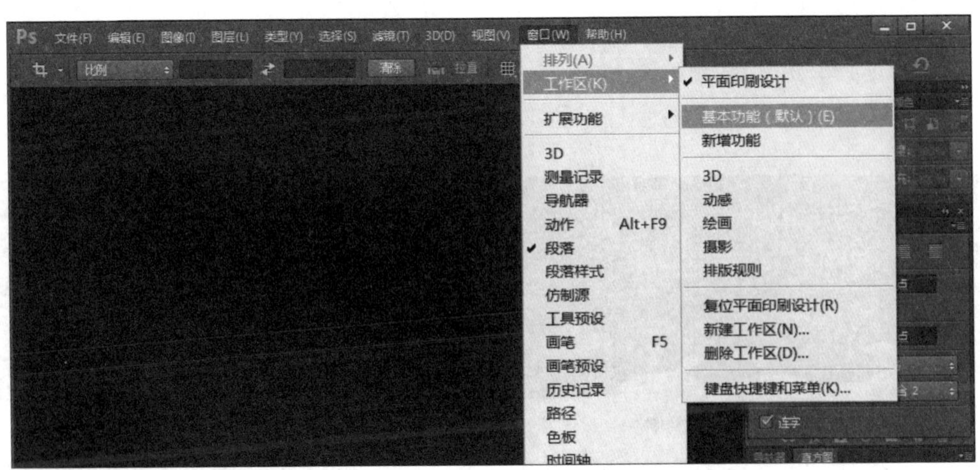

本书各章案例的操作都在 **摄影** 工作区的环境中进行，所以在练习时，务必确认自己所处的工作区为同一个工作区，以方便对照书中操作及效果。

1.3 感受 Photoshop CC 全新功能

Adobe 新推出的 CC 版本，界面的整体设计基本延续了 CS6 的风格，除了新增多个实用功能外，部分原有的功能也进行了强化或改善。云存取服务便是 CC 的一个非常值得关注的特色。

保留细节抑制噪点

当照片被强制放大时，常会出现颗粒或噪点，在新版的 Photoshop 中可以通过 **保留细节** 的方法，消除图像上的噪点，尽量保持照片质量。

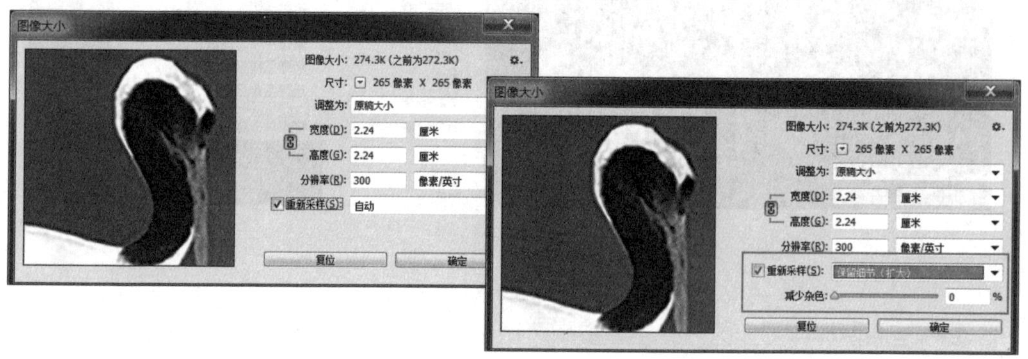

改善内容识别功能

新版的 **内容识别** 功能，在工具栏中多了适应命令，其下有 **结构** 和 **颜色** 两种调整值，让图像在修补、选取或移动的过程中，融合结果更为自然。

▲ 在 **内容识别** 修补之前，边缘还可以看到部分瑕疵。

▲ 在经过 **内容识别** 修补后，图像边缘变得更加完美了。

透视弯曲

Photoshop CC 的 **透视弯曲** 功能，可以改变景物的立体透视、空间比例，或是在合成照片时，精确调整角度及对象大小，让整体的视觉更自然更平衡。

相机防抖功能

是否曾经因为相机抖动而拍出模糊的照片？ Photoshop CC 的 **防抖** 滤镜功能，可以修饰照片的晃动问题，轻松解救照片。

增强的智能对象

通过建立链接的智能对象，保留图像的原始特性或设置，让您可随时重新编辑或移除效果。

动态模糊效果

CC 版在 **模糊** 滤镜部分新增了 **径向模糊** 和 **旋转模糊** 两项功能，分别可沿着径向或旋转图像建立动态模糊效果。

Camera RAW 滤镜化

在 Photoshop CC 之前的版本，必须针对 Raw 文件才能使用 Camera Raw 功能。但现在 Camera RAW 已不局限于 RAW 文件，可以当成滤镜来使用，还支持智能图层，让整个应用变得更有弹性。

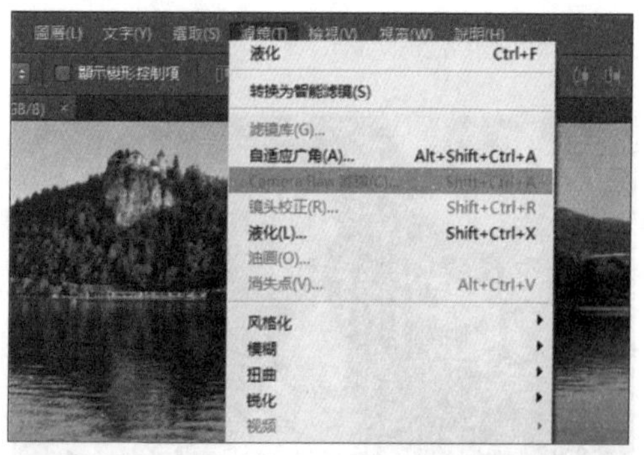

更聪明的智能参考线

智能参考线可帮助您对齐多个形状或对象，让您迅速看到对象间距离，使您的设计与排版更加精确。

1.4 创作与设计一定要用到的工具

对 Photoshop 有了初步认识后，在开始使用前还有些必须要知道的知识，不管是设计创作还是修饰照片，以下介绍的工具都是必需学习的功能。

选择工具——选取特定区域

关于选择工具

选择工具不仅是照片去底的好帮手，还可以针对图像局部区域进行调色、修复、生成蒙版、复制等。常用的选择工具有：**矩形选框工具**、**椭圆选框工具**、**套索工具**、**多边形套索工具**、**磁性套索工具**、**快速选择工具** 及 **魔棒工具**，根据不同的图片，所用到的选择工具也不尽相同。

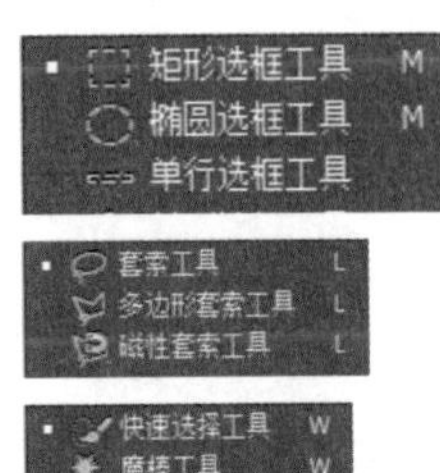

认识选择工具选项栏

单击 **工具** 面板 中的 **套索工具**，可在 **选项** 栏中看到如下选项：

❶ **新选区**：此为默认的选取模式，在此状态下若重新再选取一区域时，前一个选区会自动消失。

❷ **添加到选区**：在建立一个选区后，单击 **添加到选区** 按钮，在鼠标变为 + 号时，在编辑区可以继续增加另一个选区，并添加到原有的选取范围。

❸ **从选区减去**：在建立一个选区后，单击 **从选区中减去** 按钮，在鼠标变为 - 号时，在编辑区继续增加另一个选区，两个选取区重叠相交处，即为第一个选区需剔除的地方。

❹ **与选区交叉**：在建立一个选区后，单击 **与选区交叉** 按钮，在鼠标变为 X 号时，在编辑区继续增加另一个选区，两个选区重相交处即为需保留的选取范围。

❺ **羽化、消除锯齿**：当设定与选择这两个选项时，选区边缘会变得柔和。

形状路径工具——建立形状与路径

绘制图形之前，最重要的是了解如何建立形状与修改路径。

关于路径工具

Photoshop **工具** 面板中的 **钢笔工具** 组或 **矩形工具** 组，都属于矢量绘图工具，相关工具包括：

- **钢笔工具** 组包含了**钢笔工具**、**自由钢笔工具**、**添加锚点工具**、**删除锚点工具** 及 **转换点工具**。**钢笔工具** 组可以绘制各种曲线与直线的路径，主要用来精确描绘图像以产生选区，也是设计手绘图形的常用工具。
- **矩形工具** 组包含了 **矩形**、**圆角矩形**、**椭圆**、**多边形**、**直线**、**自定形状** 工具，可以快速生成各种几何形状或路径。
- **路径选择工具** 组包含了 **路径选择工具** 及 **直接选择工具**，可以调整已绘制的路径。

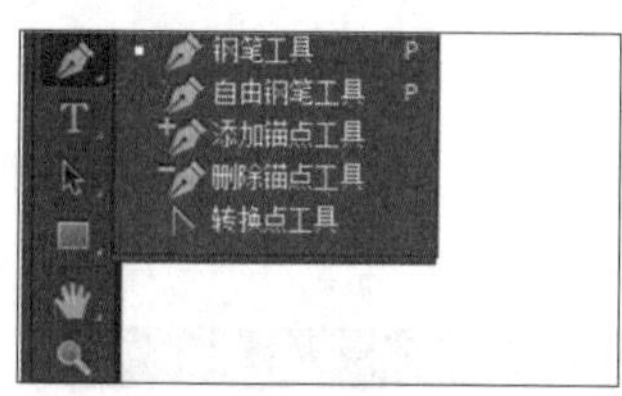

铅笔工具 组

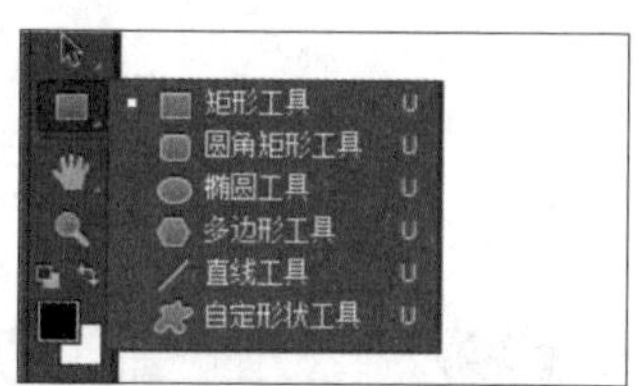

矩形工具 组

路径选择工具 组

使用 **矩形工具** 或 **钢笔工具** 绘制的直线和曲线都是矢量图形，所以在改变大小或比例后并不会有失真或锯齿的问题。

了解路径工具选项

选择 **工具** 面板中的 **矩形工具**，可在 **选项** 栏中看到如下选项：

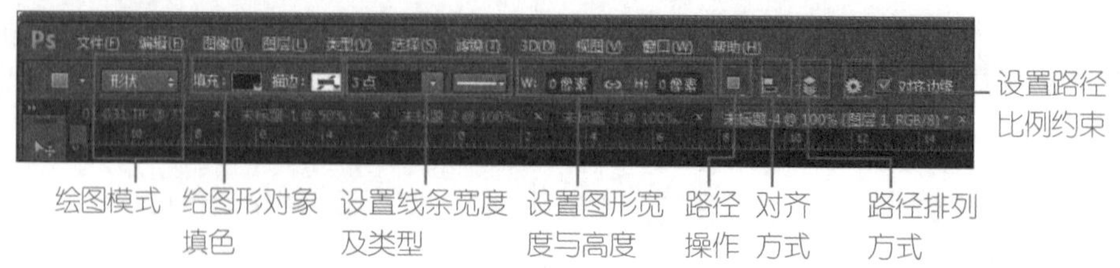

向量绘图的绘图模式

使用 **工具** 面板中 **矩形工具** 组或 **钢笔工具** 组绘图时，可以选择 **形状**、**路径**、**像素** 三种不同模式。

- **形状** 模式：绘图时会自动为每一个对象在 **图层** 面板建立一个图层，这个模式下生成的对象可以独立地进行选取、移动、重新调整尺寸、更改色彩及对齐等操作，同时也会自动将绘制的路径显示在 **路径** 面板中。

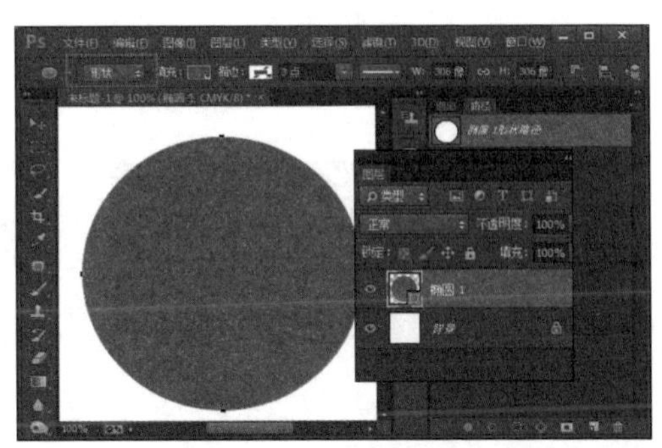

- **路径** 模式：在当前图层绘制工作路径，并不会产生新图层，用户可将路径生成选区、填色或用于其他用途。这个模式下生成的路径也会显示在 **路径** 面板中，工作路径的显示是暂时的，除非将它存储起来。

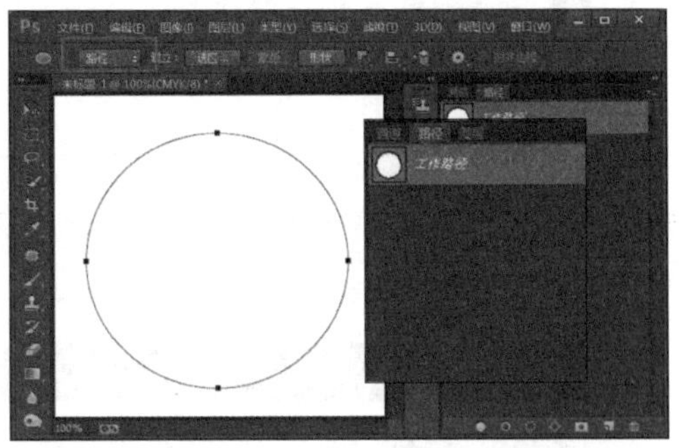

- **像素** 模式：直接在图层上绘画，在此模式下生成的图形是点阵格式，而不是矢量格式。

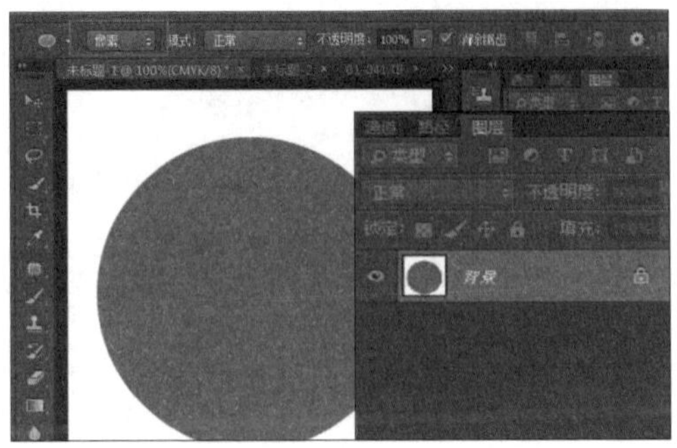

画笔工具——绘画与照片修复的好帮手

画笔是进行图片后期制作的非常重要的工具，除了用于绘画的画笔工具，还有用于图片修复的 **污点修复画笔工具**、**修复画笔工具**、**修补工具等**，以及 **模糊工具**、**锐利化工具**等还有用于图片校准的工具。根据不同的用途所延伸出来的画笔类型，其操作方式大同小异，也都各有其专门的作用。

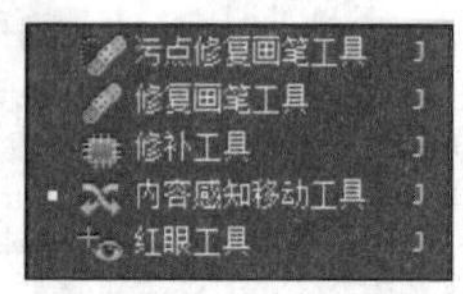

理解画笔工具及其选项

画笔工具 主要是利用当前的前景色在图层中进行绘画操作。用画笔工具可以建立出柔和的手绘线条，还可以模拟真实的笔触，创作出与普通作画相似的质感，如果搭配不同的笔刷样式、混合模式及透明度，将能够为作品带来更多的创意。

选择 **工具** 面板 **画笔工具**，可在 **选项** 栏中看到如下设置：

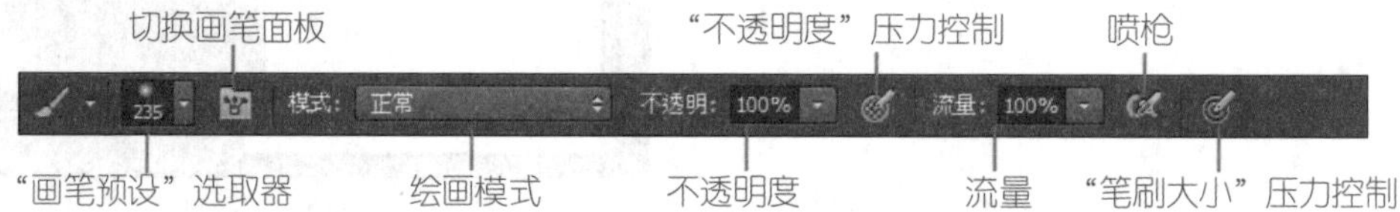

画笔样式的基础设置

画笔的使用其实很简单，只要设好 **前景色** 色彩，接着单击 **"画笔预设"** 选取器，选择面板中合适的预设画笔，并调整 **尺寸** 与 **硬度** 后，就可以在图层中按住鼠标左键拖曳进行绘画。

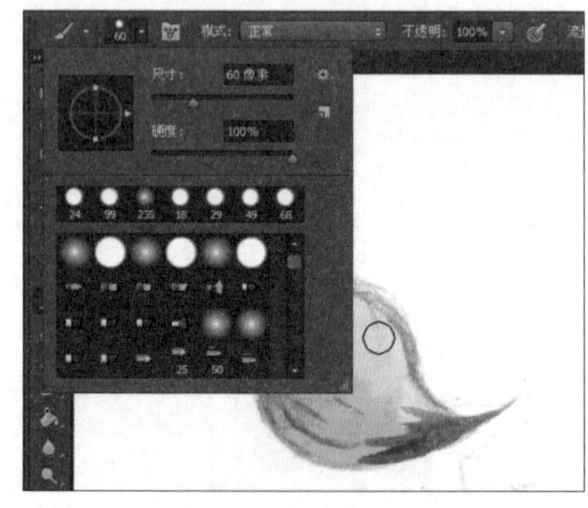

如果在使用 **画笔工具 操作的过程中，需要随时加大或是缩小笔刷的尺寸，可根据需求利用快捷键**[或] 键逐次加大或缩小笔刷的尺寸，除了可以直觉感受到细节的调整外，还可节省频繁打开 **“画刷预设” 选取器** 面板的时间。

如果要修改不透明度，可直接在“不透明度”输入框内输入数值。

笔刷样式的高级设置

除了在选项栏可以简单设定笔刷的大小、硬度、不透明度、笔刷上色流量等基础设置以外，如果对当前的笔刷样式不满意，还可以单击 **选项** 栏上的 **切换画笔面板** 按钮以修改现有的画笔设定或是自定义新的画笔。

另外在面板中单击 **画笔预设** 标签，可切换到该面板，这里整理了预设的画笔样式，我们可以通过缩略图来观察每一个画笔的笔触。

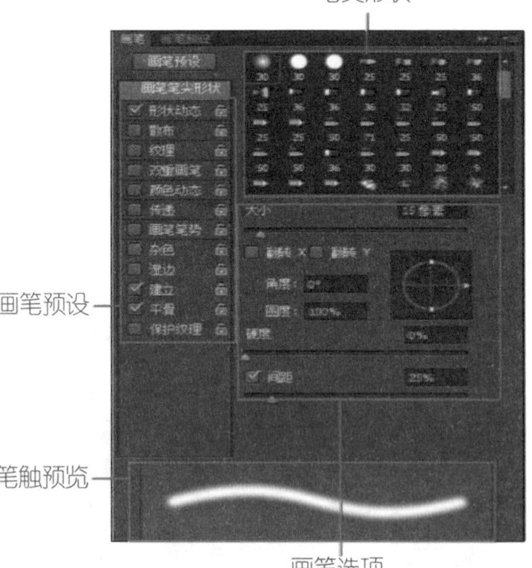

▲ **画笔**面板

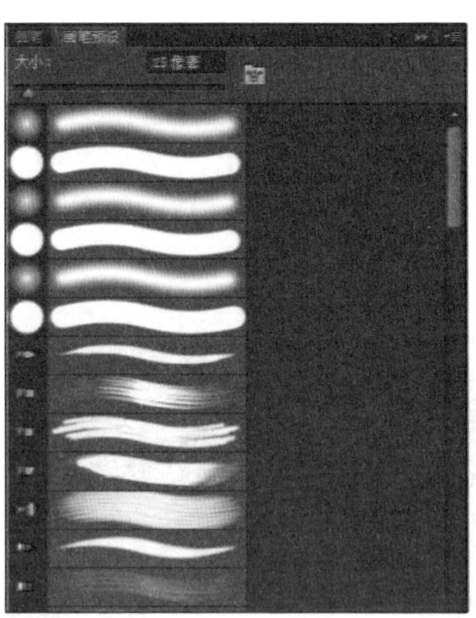

▲ **画笔预设** 面板

修改预设画笔样式

画笔工具除了可以套用默认的画笔样式外，还可以通过内置的十五种样式库来自由增加或替换。

选取 **工具** 面板 **画笔工具后**，在 **选项** 栏单击 **画笔预设 选取器**，然后单击右上角的“设置”按钮，可在出现的列表中选择其他样式库。

这时会出现一个对话框，单击 **确定** 按钮可加载指定画笔取代原来的画笔样式，单击 **添加** 按钮则把所选样式加入当前画笔样式列表。

自定义或加载外部画笔样式

如果内置画笔样式库无法满足需求，可通过自行手绘或导入普通图片，来自定义画笔样式。

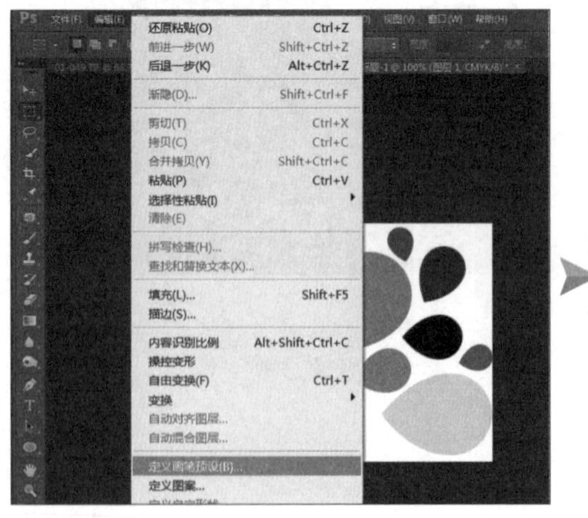

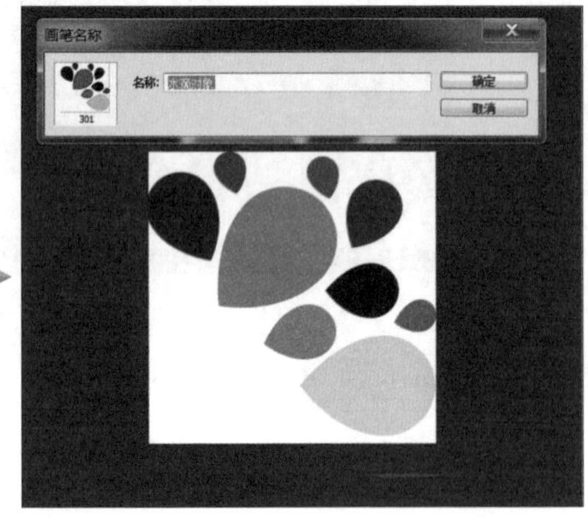

将定义成画笔的图像转换成灰阶效果，并设置正方形比例尺寸，然后选择 **编辑 \ 定义画笔预设**（B），出现一个对话框。

为新画笔输入名称后单击 **确定** 按钮，这样在“画笔预设”**选取器** 中就可以看到新增样式。

在百度中输入“画笔下载”“画刷素材”或是“Photoshop 画笔”等关键词，都可以搜索出很多网站提供的原创画笔，很多内容甚至是免费的，这些文件可以通过加载的方式为画笔增加额外样式。

选择 **工具** 面板中 **画笔工具**，在 **选项** 栏打开 “**画笔预设**” **选取器**，然后单击 **按钮 \ 载入画笔**。

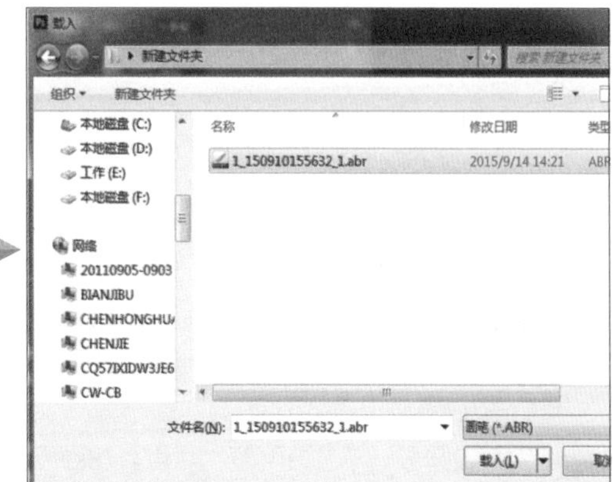

下载的画笔文件扩展名为 .abr，选取要载入的画笔文件后单击 **载入** 按钮，这样在 “**画笔预设**” **选取器** 中就会发现许多新画笔。

照片修复画笔工具

照片的一些瑕疵如日期、污点、脸上痘痘、眼袋、红眼等，只需用 Photoshop 修复工具如**污点修复画笔工具**、**修复画笔工具**等进行修复即可。这不但可以改善瑕疵，更能提升相片“完美程度”。这一系列的工具，除了一些特殊的选项外，其他选项都如同画笔一样可以通过“**画笔预设**”选取器或利用快捷键 [ ] 逐次放大或缩小画笔尺寸。

以 **污点修复画笔工具** 为例，它不用设置取样点，只是在需要修复的地方直接单击，Photoshop 就可以从图片周围吸取像素的纹理、透明度等，填入所要修复的区域。

此画笔适合快速修补图片中小范围且背景单纯的瑕疵，如痘痘、黑斑、疤痕等。

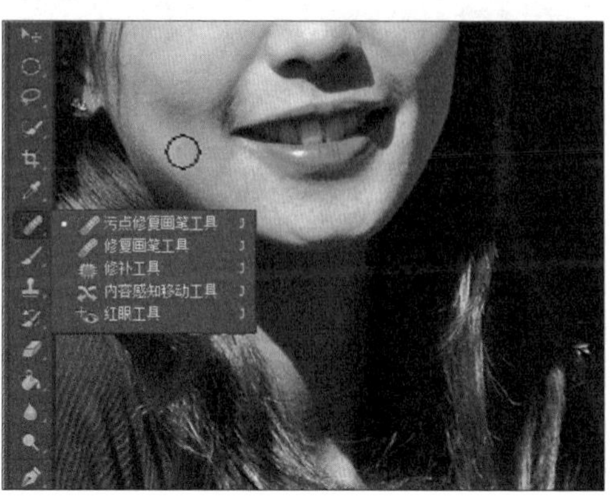

仿制图章画笔工具

在图片修饰及合成过程中，仿制图章是最常使用的操作。只要设定好画笔，就可以通过复制达到清除杂物、移花接木的效果。仿制图章工具 适合用来进行复制或移除图片中的瑕疵，而 **图案图章工具** 则可将图案重复复制到同一或不同图片中。

以 **仿制图章工具** 为例，按住 Alt 键同时在图像中单击要仿制的 A 来源，放开 Alt 键后再在 B 部分进行仿制。

运用柔边圆形画笔及透明度，可重复加强修饰的部分。而不断按 Alt 键可以变换参考起始点，以达到自然的修片效果。

校准图片的画笔工具

模糊工具 及 **锐化工具** 可以快速为图片增加模糊或锐化效果，一方面可以产生景深感，另一方面又可以加强图片边缘的对比。而 **减淡工具**、**加深工具** 或 **海绵工具** 则可以将区域内的图片变亮、变暗及强化图片色彩的饱和度。这些工具延续了画笔的操作特性，让用户达到快速校准图片的目的。

以 **模糊工具** 为例，在图片上以拖曳方式涂抹，形成模糊效果。

以 **加深工具** 为例，在图片上以单击方式，加深图片区域的暗部。

图层面板——对象与图片的管理员

Photoshop 打开文件后，通过图层来管理文件中所包含的图片及对象，每个图层中可以放置不同的图片、文字或其他对象。图层具有独立性，在编辑时不会因为调整某个图层而影响其他图层中的内容。

图层重叠时，上方的图层会遮住下方图层的内容，只有透明的部分（以灰白交错的方块表示）才可以显示下方图层的内容。当然图层之间的关系并非如此简单，我们可以通过**混合模式**、**不透明度**等功能来达到不同的效果。

图层大概可以分为背景层、文字层、形状层、调整层及蒙版层。当打开一个图片文件时，Photoshop 的 **图层** 面板最底层会存在一个 **背景** 层，其他再建立或是复制的则为一般图层。 Photoshop 中只能拥有一个 **背景** 层，默认为锁定状态，无法移动位置、排列顺序或是进行其他的设置。

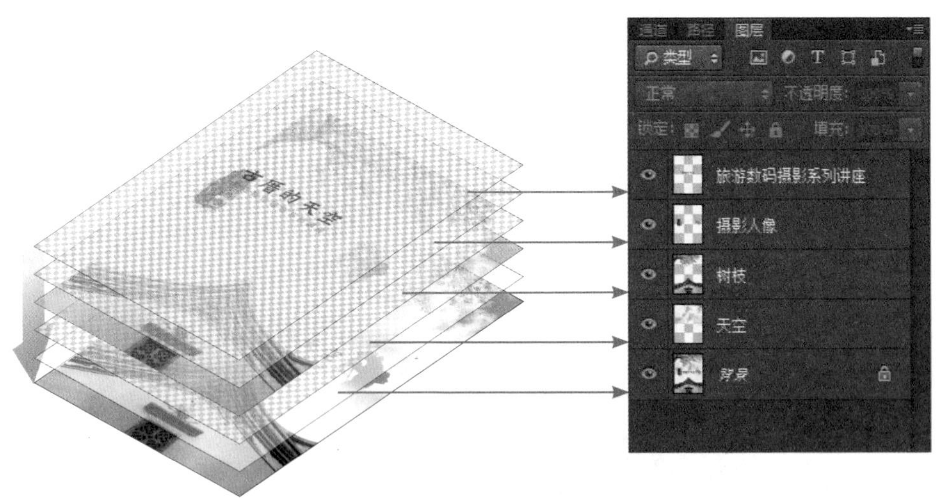

▲ Photoshop 通过图层重叠来形成完整的作品

认识图层面板

对图层有了一些基础的认识后，图层基本编辑或是各种样式以及滤镜的使用，都必须在 **图层** 面板中执行，所以若想要熟练地使用图层，就必须先了解 **图层** 面板。

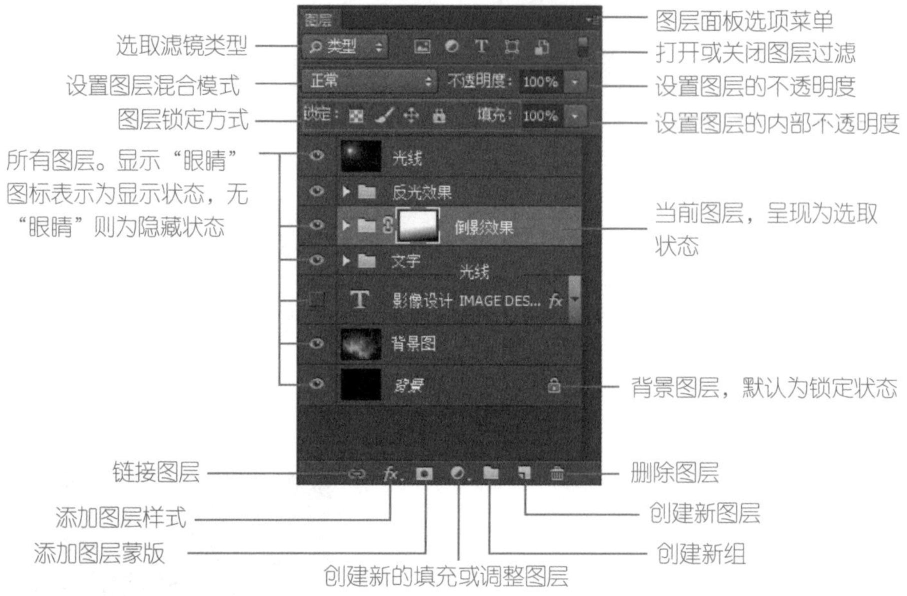

选取滤镜类型

一份精致的作品在制作过程中，势必会产生许许多多的图层，如何在茫茫的“图层海”中找到您要更改的图层呢？图层面板中的 **选取滤镜类型** 可以为您瞬间列出所需图层：

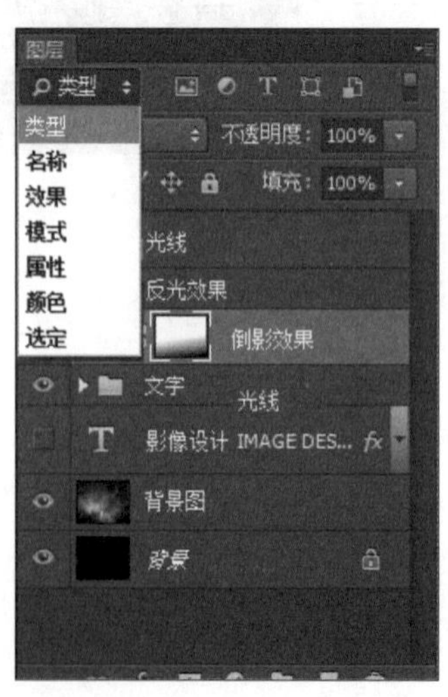

◀ 在 **图层** 面板顶端，全新的滤镜选项可助您在复杂的文件中迅速找到所需图层。可根据类型、名称、效果、模式、属性或颜色来显示图层

例如要找出图层名称中有“反光”关键词的图层：

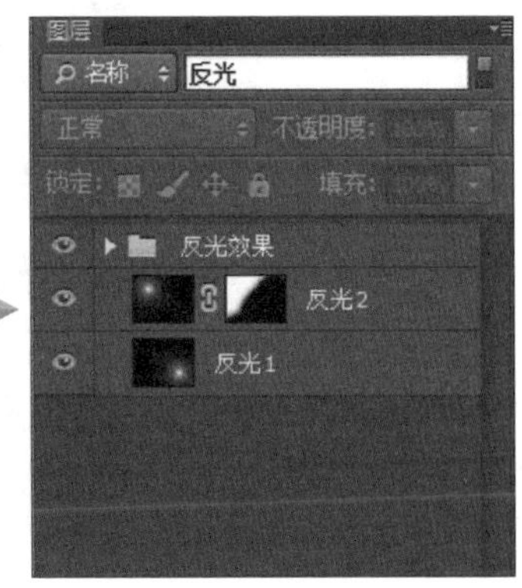

确认 **图层滤镜** 按钮呈打开状态，然后在 **图层** 面板 **选取滤镜类型** 中选 **名称**。

输入关键词后，在 **图层** 面板中就只会显示相关图层。

其他图层滤镜类型

除了使用 **选取滤镜类型** 来筛选图层，还可以用 **图层滤镜** 直接切换到要显示的图层：

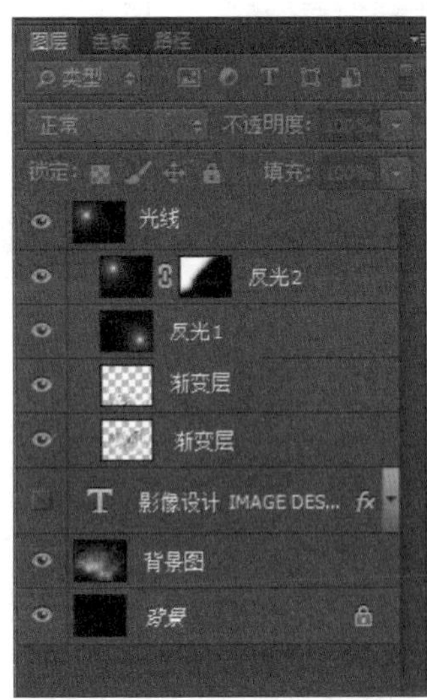

确认 **图层滤镜** 处于打开状态，在 **图层** 面板单击 **像素图层滤镜**、**文字图层的滤镜** 按钮，这样在 **图层** 面板中就只能看到相关属性的图层。

若要只显示形状图层，可先取消其他 **图层滤镜** 按钮，然后再单击 **形状图层滤镜** 按钮即可。

新建图层

在 **图层** 面板选择 **建立新图层**，可以生成新的空白层；或者从菜单中选择 **图层 \ 新建 \ 图层** 也可以完成新建图层的操作。

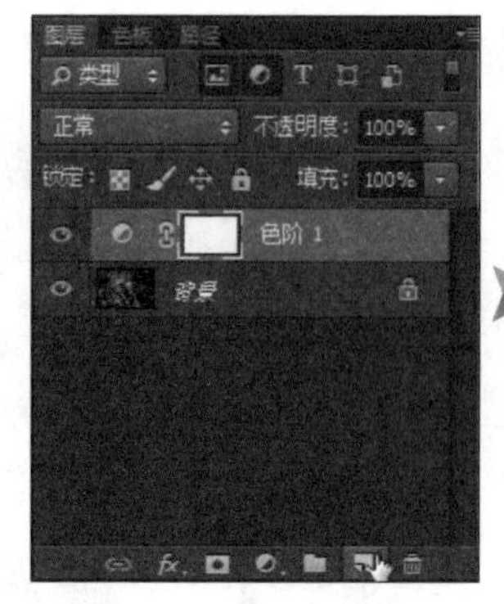

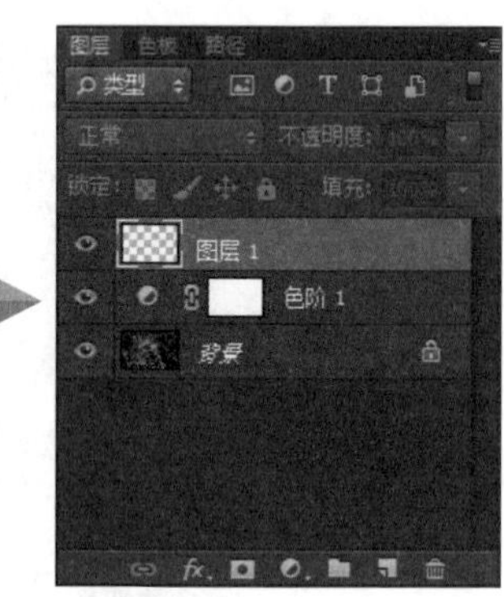

复制图层

在 **图层** 面板选取要复制的图层，用鼠标把此层拖至 **建立新图层** 按钮上即可复制该图层；或者通过菜单 **图层 \ 新建 \ 通过拷贝的图层** 或快捷键 Ctrl + J，都可以完成复制图层操作。

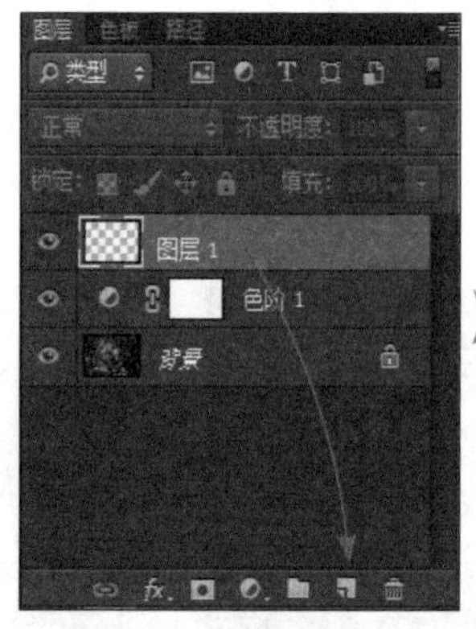

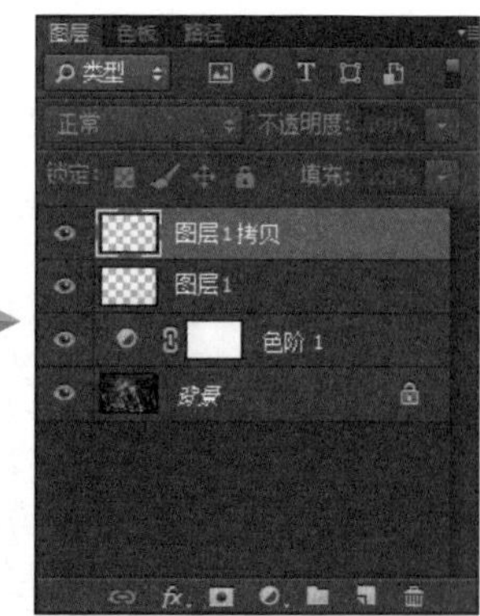

删除图层

在 **图层** 面板选择要删除的图层，然后单击 **删除图层** 按钮或按 Del 键，接着在出现的对话框中单击 **是** 按钮，即完成操作。

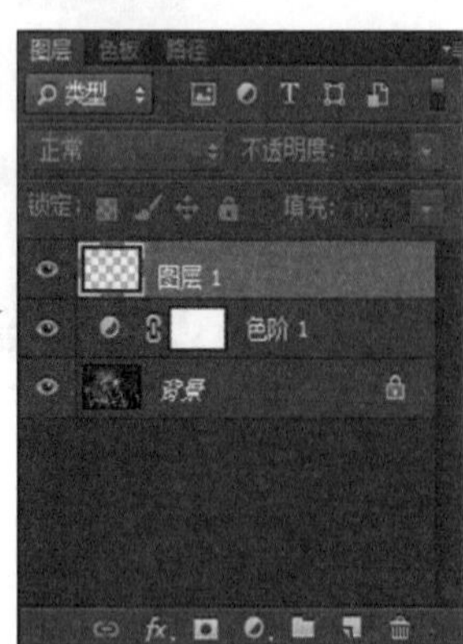

新建与存储文件

新建文件

在菜单中选择 **文件 \ 新建（N）**，可打开一个空白文件：

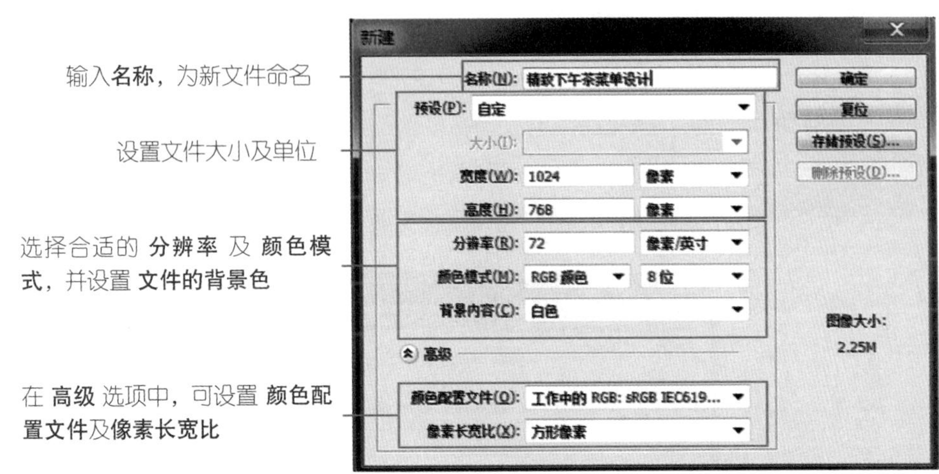

- **预设（P）**：内置常用纸张、照片、Web 等文件的常用尺寸，若 **预设** 中没有合适的尺寸，可在 **宽度** 和 **高度** 字段填入自定义值。
- **分辨率**：对成品的质量有一定的影响，屏幕显示使用 72 ~ 96 像素 / 英寸；印刷输出使用 300 ~ 600 像素 / 英寸。
- **颜色模式**：包含 **RGB 颜色**、**CMYK 颜色**、**Lab 颜色**、**灰度** 及 **位图** 五种模式，是表示图片色彩与亮度的模式。一般对于屏幕显示 (如网页、多媒体等)，建议选择 **RGB 色彩** 模式；对于印刷品的设计，建议选择 **CMYK 色彩** 模式。需要注意的是，在 Photoshop 的 **CMYK 色彩** 模式中，有些滤镜与设置的功能会无法使用，因此建议先以 **RGB 色彩** 模式编辑，最后再将 RGB 图片转换为 CMYK 格式。
- **位深**：指定图片中每个像素可使用的色彩信息。位深的值越大，可用的色彩就越多、色彩呈现也就越精确，例如位深为 8 的图片可产生 256 种颜色变化。不同的色彩模式可设置的位深不尽相同，RGB 模式可选择 8、16、32 位，而 CMYK 仅能选择 8 与 16 位 (要注意的是，在 Photoshop 下有些功能不支持 16 与 32 位，因此建议如无特殊需求，皆设定为 8 位即可)。
- **背景内容 (C)**：**白色** 指将文件的底色设为白色；**背景色** 指将文件底色设为当前 **工具** 面板中的背景色彩；**透明** 指将文件背景色设成透明色。

存储文件

Photoshop 可以通过 **存储** 与 **存储为** 两种命令对文件进行存盘。打开新文件进行图片编辑，完成设计后，选择 **文件 \ 存储**，会直接弹出 **另存为** 对话框，其中可以为文件命名和设置存放位置，也可为图片选择适当的 **格式**。如果希望图片能保留所有 Photoshop 的对象及属性，可在 **保存类型** 中选择 Photoshop (*.PSD;*PDD) 格式。

若是编辑已经存在的图片文件，则选择 **文件 \ 存储** 命令时会直接进行存盘，而不会再弹出 **另存为** 对话框，原文件内容会直接被新的编辑内容覆盖。若不希望原有的图片文件被覆盖掉，则可以通过选择 **文件 \ 存储为** 命令，此命令可以把原来的文件另存为一个内容相同但文件名不同的文件，然后可以在另存的文件上进行编辑修改等操作。

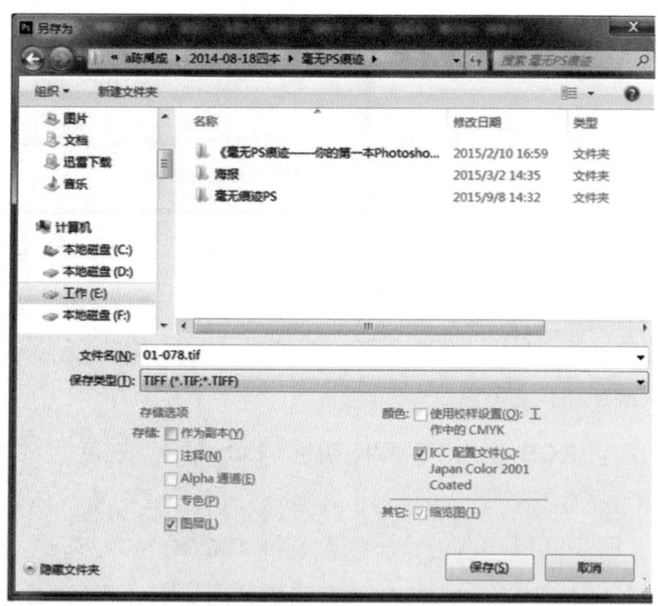

至于文件格式的选择，如果需要将图片再拿到其他软件进行编辑，可以把图片存为无损压缩 (*.TIFF) 文件格式；若是选择破坏性压缩 (*.JPEG) 文件格式，文件的大小可以被压缩到很小，但在重新打开时，会导致图片质量受到破坏。

1.5 图片格式与分辨率

处理图片前，让我们先了解一下相关的基本术语，这属于图片处理的基本功！

常用图片格式

图片处理时要考虑图片的用途与存储格式，这样才可以让该图片符合输出设备需求，并能在不同平台上使用。

PSD 格式

PSD 是 Photoshop 专用的文件格式，可以保留各种图层、色版、混合模式等完整的图片结构信息，方便日后再次编辑。

RAW 格式

RAW 是一种专业摄影师的常用格式，它能完整保存未经处理的照片细节，让用户能在事后针对照片进行大幅度的后期处理，如调整白平衡、曝光、色调对比等设置，因此 RAW 格式的文件比 JPG 格式大很多，需要使用特定的软件并花费较多的时间与资源处理，所以一般在拍摄有丰富细节要求的作品时(例如微距拍摄)才考虑使用。

▲ 照片光线过亮，细节都不见了

▲ RAW 文件进行后期处理后，细节轻松再现

JPG 格式

如果想要将图片、海报等放到网上，JPG 格式是很好的选择，因为它支持全彩图像及高压缩比，用户可以自由调整，以取得最佳质量与文件大小的平衡。由于 JPG 格式属于有损压缩，因此建议最好将原始文件另存起来，以备不时之需。

GIF 格式

这是网络上很常用的图片格式，网页上看到的大多数动画按钮、商标等，多采用 此格式。此格式属于无损压缩方式，而且支持透明背景。GIF 格式最多仅能存储 256 色，所以对于颜色较丰富的照片及连续性渐变照片，就不是很适合。

PNG 格式

PNG 格式支持全彩、保留灰度和 RGB 图像中的透明度，使用无损压缩技术，文件大小会比 JPG 格式大一些，适用于网页设计与一般的文件。

TIF 格式

TIF 格式是点阵格式，为大多数图片处理软件和排版软件所支持，非压缩，支持 RGB 全彩、CMYK、16 色、256 色、灰度、黑白图片类型，所以适用于印刷输出。

图片的色彩模式

对图片进行处理之前，当然还需要对色彩有一定的认识，这将对后期计算机的色彩控制大有帮助，每种色彩模式都有其独特之处，可以根据成品所需来灵活选用。

CMYK 色彩模式 (青 Cyan、洋红 Magenta、黄 Yellow、黑 Black)

以“减色法”混合出各种色彩。颜色在相互混合后，重叠的部分会变暗。对于需要印刷的作品必须转换成这种模式 (印刷四原色)，才可让印刷品的色彩更加准确。但需要注意的是，在 Photoshop 中 CMYK 色彩模式下有些滤镜及设置无法使用，因此建议先以 RGB 模式编辑，最后再转换为 CMYK 模式。

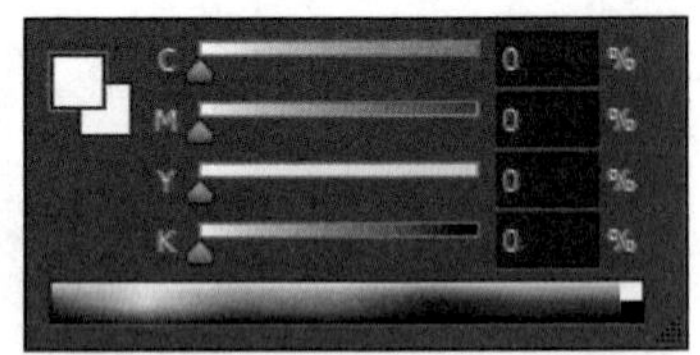

浓度 0 ——→ 100%

RGB 色彩模式 (红 Red、绿 Green、蓝 Blue)

RGB 模式可呈现艳丽的色彩，一般数码相机拍摄的图片均为此模式，若作品最后采用屏幕输出如网页显示，请选择这个色彩模式。

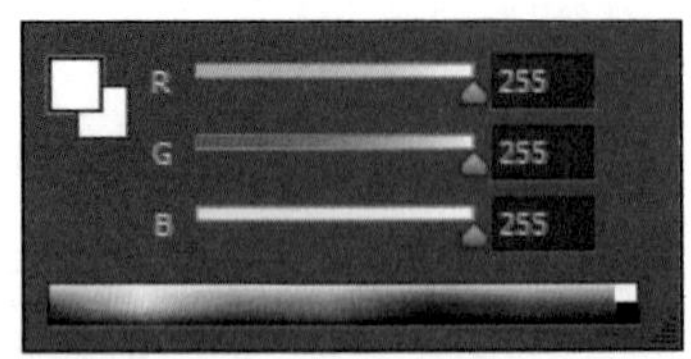

亮度 0 ——→ 255

Lab 色彩模式

Lab 色彩模式根据人类看到的颜色为准，也可以视为一种与装置无关的色彩模式，由一个明度变量 (L) 与两个彩度变量 (a、b) 组合而成。a 变量为绿至洋红，b 变量则为蓝至黄；其中 L 的范围可以从 0 ~ 100，a 和 b 的范围可以从 +127 ~ -128。

灰度模式

灰度模式是指图片上的每一个像素通过 256 种不同深浅的灰色来表示，灰度图片的像素所包含的亮度值从 0 (黑色) ~ 255 (白色)。

索引色模式

图像在色彩理论上是无限的，为了节约存储空间，通过索引色模式，软件会把所有的颜色模拟表示为 256 种色彩的 8 位图片文件。由此可知，索引色会裁减文件大小。若是图片要用于多媒体、网页等需要保持视觉效果的场景，则还是建议转换为 RGB 色彩模式，才不会有色彩上的损失。

查看图片的色彩模式

直接从图片上是很难看出图片到底是哪一种色彩模式的，我们可能通过单击 **图像 \ 模式** 来观察该图像的色彩模式与相关属性。

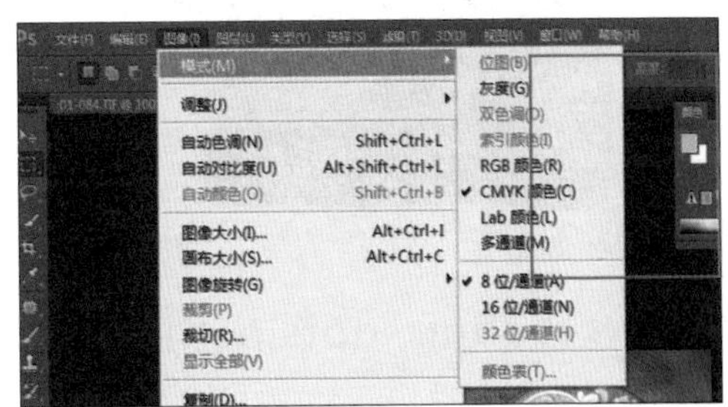

色彩模式的转换

图像的色彩模式会影响文件的大小，我们可根据用途来选用和转换。一般来说，图像在计算机中多数都是 RGB 色彩模式，这种色彩模式下，可以使用 Photoshop 中最多的功能如焦距设定、色彩替换、特效、滤镜等；若图片不是此色彩模式，只通过 **图像 \ 模式** 菜单下的选项进行转换即可利用其中选项可以转换。

RGB 模式

CMYK 模式

灰度 模式

像素及分辨率

像素 (Pixel)

“像素”是计算机上表示图像的基本元素，也是组成“位图”的最小单位，“像素”数量越多越可以表现图像的细节，图像的质量和文件大小也会增加；反之“像素”数量越少或当图像放大的倍数超过一定程度时，图像就会产生失真的锯齿状（一种类似马赛克的色块）。

以屏幕上 1024 × 768 像素的图像为例，其像素数共有 1024 × 768 = 786,436（约 80 万像素），而这个概念也适用于数码相机。以 Nikon D200 为例，它的像素计算方式就由最大的摄影尺寸 3882 × 2592 = 10,062,144 (1000 万像素) 所得来。

分辨率 (dpi，dots per inch)

许多不同颜色拼凑起来的“像素” 所构成的集合体称之为“分辨率”，我们称赞一件作品的质感很好，表示其每英寸的像素数量越多，所记录的图像信息也更为丰富，分辨率的品质就越高，印刷质量就会更好，反之则较粗糙！

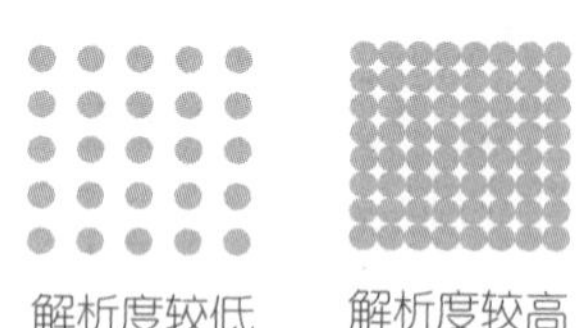

照片冲洗或印刷输出分辨率：300 dpi

如果作品要用在杂志或相关印刷品上，建议 “分辨率” 设为 300 dpi ~ 400 dpi，低于此分辨率会造成作品印刷时产生失真的情况，若用于一般的彩色打印机输出，则 150 dpi 即可。

网页、多媒体输出分辨率：72 dpi

网页、多媒体等在屏幕上呈现的作品，建议“分辨率”设为 72 ~ 96 dpi 即可，这样所能表现的色域较广，也可以适用于较艳丽的色彩。

位图与矢量图

数字图像分为两种图像类型：位图与矢量图，Illustrator、CorelDRAW、Flash 是矢量软件中的佼佼者；而位图处理软件以 Photoshop 最为著名。

位图

位图是由一个一个的像素 (Pixel) 点所构成，以点的方式表示图形中所有色值，如拼图一样组成整张图像。位图图像能真实呈现图像的原貌及色彩上的细微差异，因此是较常见的图像类型，但位图放大后会产生马赛克效果。

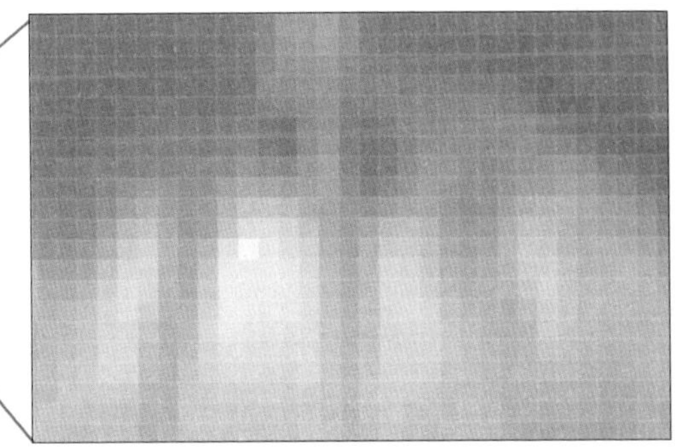

矢量图

矢量图是通过点线面的概念再经过数学运算而构成，保留了图片原本的面貌和清晰度，在缩放时不会出现失真。矢量图在色彩的表现上不及位图细腻（尤以渐变色为甚），又因其图像主要是以数学的方式表达，所以文件一般也比位图要小，这也是为什么网络上 Flash 矢量动画会如此盛行的一个很重要原因！

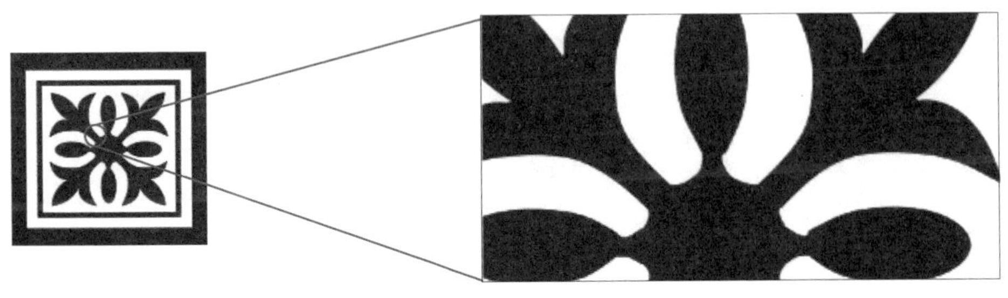

1.6 色彩管理与校准

色彩管理操作主要是确保图片色彩在每个设备中都尽可能准确呈现出来，如屏幕、投影仪、打印机、冲印机等，所以在制作成品时色彩准度是很重要的。图像处理的基本工具就是屏幕，屏幕色彩错了或是无法掌握屏幕的色彩特性，那用再贵的器材或拥有再厉害的设计技法都无法呈现出完美作品。色彩校准方式主要分为： Windows 系统内置校准显示器与专业校色器两种。

使用 Windows 系统内置校准显示器

在 Windows 操作系统上处理图像时，最怕的莫过于出现设计出来的图像由于硬件设备不同打印出的成品与屏幕上色彩不同的情况。为避免这样的窘况，可先通过 Windows 操作系统本身内置的 **校准显示器** 进行色彩校准。虽然 Windows 系统内置屏幕校色功能还是无法与专业仪器相媲美，校准后的色彩与实际印刷出来的色彩还是会有些落差，但对于一般的用户也算是绰绰有余了。

Windows 内置的色彩校准包括屏幕的亮度、反差、白平衡、色温等，我们来看看如何开始设定（以 Win7 为例）：

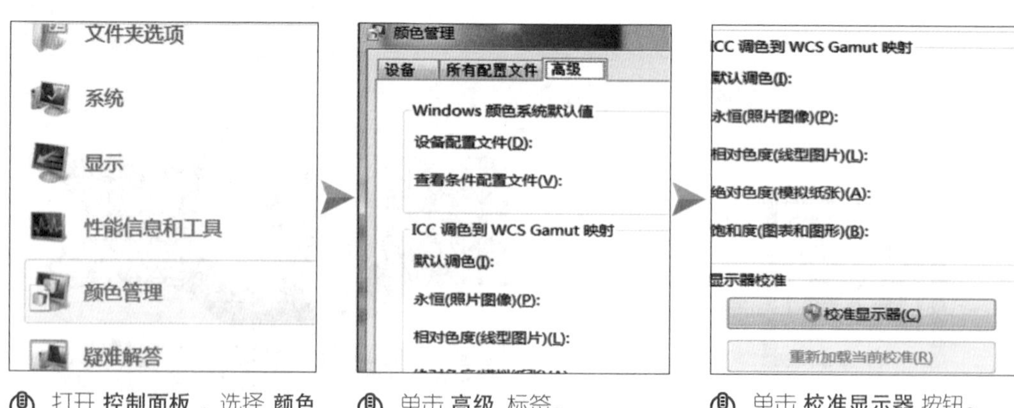

打开 **控制面板** ，选择 **颜色管理**。

单击 **高级** 标签。

单击 **校准显示器** 按钮。

进入 **显示颜色校准** 窗口，首先会看到欢迎画面与相关说明内容，阅读内容后单击两次 **下一步** 按钮，看到下图的画面表示正式进入校色系统：

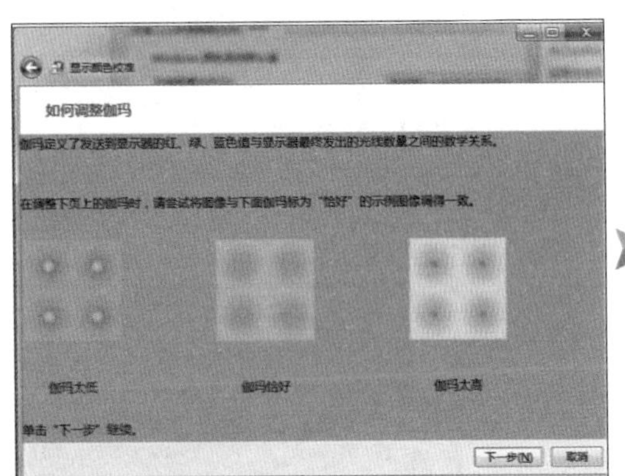

首先调整伽玛，请注意“伽马恰好”示例图像，再单击 **下一步** 按钮 。

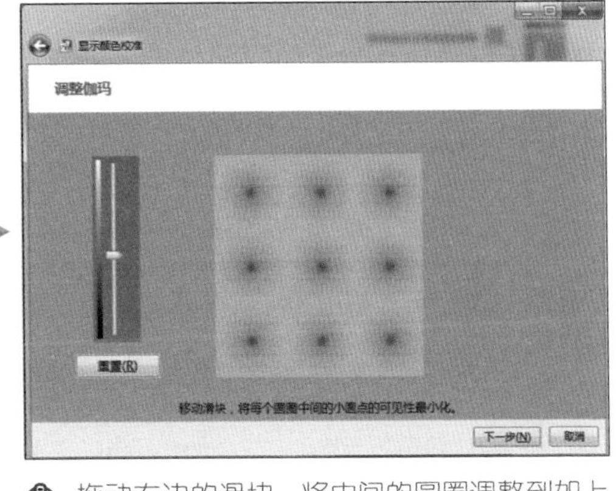

拖动左边的滑块，将中间的圆圈调整到如上一步中“伽马恰好”示例所示的样子。

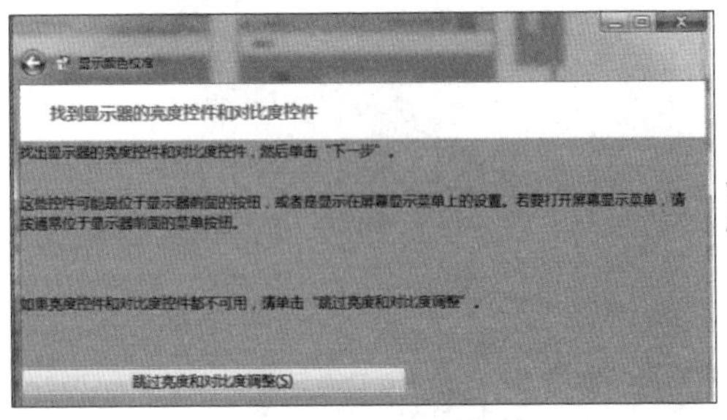

接下来是亮度及对比度的调整，根据屏幕的调整功能按钮进行设定，看完说明后单击 **下一步** 按钮 。

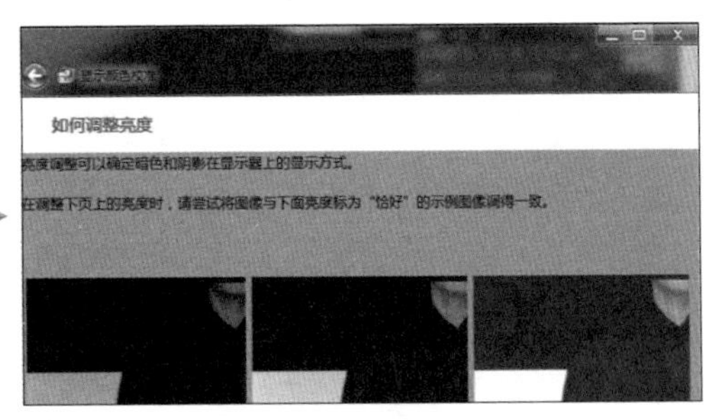

出现四个画面说明调整的方法与标准，根据说明完成亮度与对比度的调整。

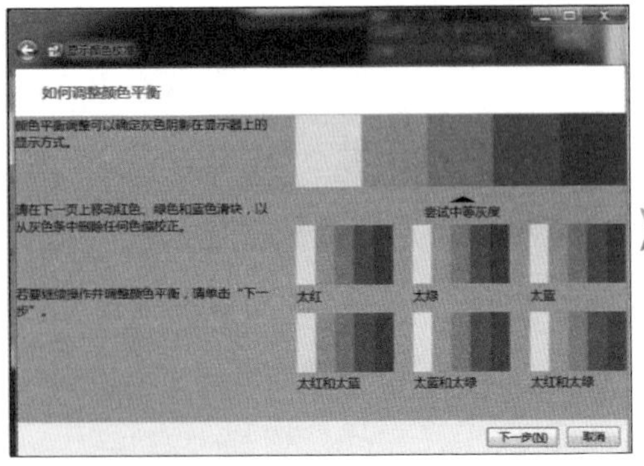

最后在调整色彩平衡时，尽量让那些灰度色条变成灰色，而不要有蓝、绿、红，看完说明后单击 **下一步** 按钮 。

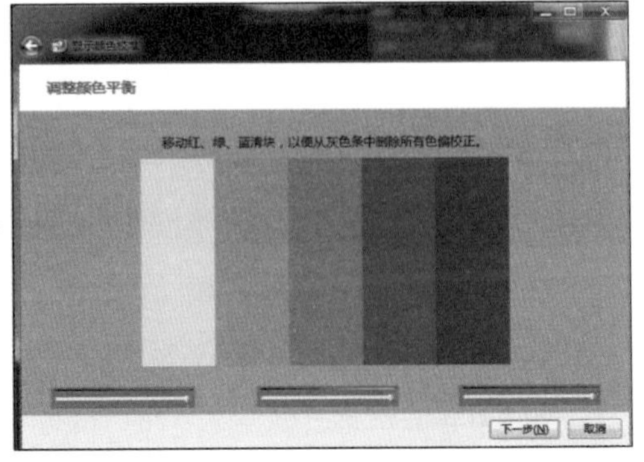

拖动下方的三原色滑块，根据视觉观感进行小幅度微调。

完成以上调整后，最后的画面可以单击 **先前的校准**、**当前校准** 两个按钮比较一下校色前跟校色后的差异，若没问题，单击 **完成** 按钮，大功告成！

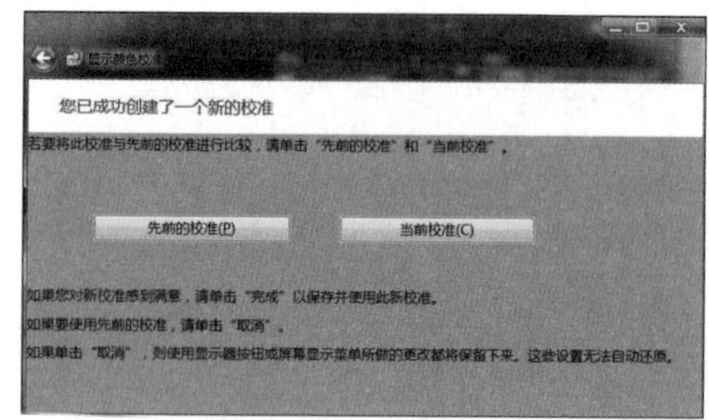

使用校色器校色

屏幕使用久了，眼睛会习惯于它所呈现的颜色，即使屏幕呈现的颜色已经不准确也不会注意到。因为屏幕本身的特性与工作环境的影响，所以要定期为屏幕做校色与色彩管理。

建议您不妨购买一款专业的屏幕校色器，定期为屏幕进行校色；由于校色器的种类不同，设定的画面也会随之不同，所以请参考校色器的使用说明书。

校色前的准备：

- 避免校色中途屏幕进入休眠状态或变暗，请先关闭电源管理和屏幕保护程序的设定。
- 为了得到精确的校准结果，屏幕周围不能有任何光线直射，计算机的颜色质量设置需要 24 位以上或 1600 万色。

多数校色器软件都会针对 **色温**、**Gamma 值** 与 **亮度** 进行设置：

- **色温**：是指光的颜色，不同颜色的光在不同温度时会产生不同色温，色温数值越高就越偏蓝，色温越低就偏红；一般屏幕默认色温都设定为 6500 K。
- **Gamma 值**：简单来说就是色阶对比的度量工具，即中间色阶数值的亮度，较高的 Gamma 值会产生整体上较暗的图像。
- **亮度**：调整屏幕显示的亮度，若屏幕放置在较暗的场所，建议设定在 80 cd/m^2 以下，若在明亮的场所，则建议设定在 120 cd/m^2 以上。

Photoshop 颜色设置

Photoshop 也有内置的色彩管理，让您可以设置工作空间的色域及色彩管理方案描述文件。打开 Photoshop CC，选择 **编辑 \ 颜色设置**，即可进行相关设置。

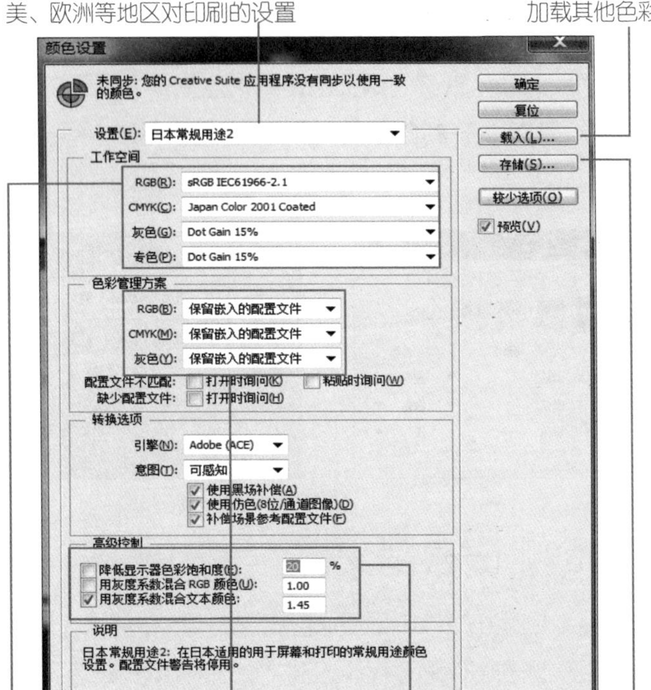

在 **色彩管理方案** 选项中，**RGB** 主要在一般图像处理时使用，**CMYK** 主要在印刷输出的作品中使用，而如果设计黑白作品，就会用到 **灰色** 选项。

小提示 **为何选择 " 日本常规用途 2" 与 "sRGB" 色彩配置文件**

颜色设置 对话框中提供了多款配置文件，其中 **日本常规用途 2** 主要是用于日本地区的颜色设置，大多数亚洲国家的印刷色彩也都使用此设置。

为了追求色彩的准确性表现，国际电气标准委员会 IEC (International Electronic Commission) 制定出 sRGB (standard Red Green Blue) 标准，sRGB 是惠普、微软、三菱、爱普生等厂商联合开发的色彩标准，用来配合绝大多数的显示器、操作系统和浏览器都没问题。其中 sRGB 指屏幕为 6500K 色温以及 2.2 Gamma 亮度；若在选购的显示器操作手册中有指定的设置时，那将会是更优的选择。

1.7 Photoshop CC 的首选项

Photoshop 的首选项中有许多重要而方便的设置，选择 **编辑 \ 首选项 \ 常规** 或通过 Ctrl+K 快捷键来打开对话框。

变更面板主题色

Photoshop CC 面板的颜色默认为深灰色，如果想要改变面板的颜色，可在 **首选项** 对话框左侧字段中选择 **界面**，在 **颜色方案** 选项中选择要改变的色彩，再单击 **确定** 按钮就可以了。

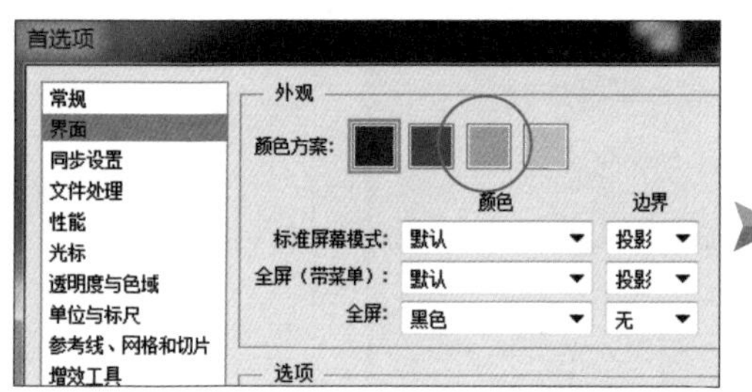

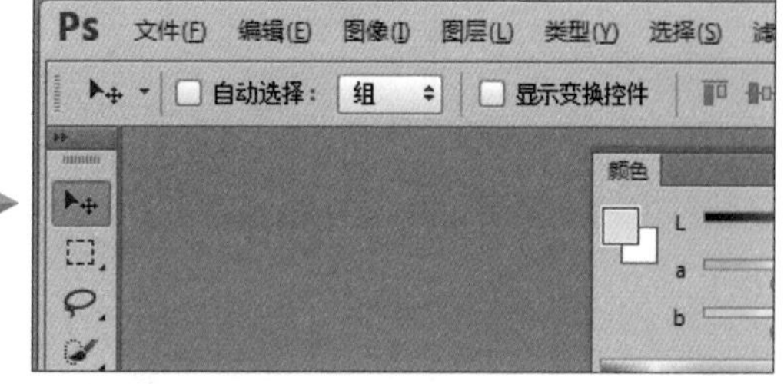

设置手动或自动定时存储文件

文件定时保存可避免因死机或停电而使心血付之一炬，但如果在处理较大的文件时，自动保存的操作很容易干扰到创作的过程，这时，我们可以在 **首选项** 对话框左侧字段中选择 **文件处理**，勾选 **自动存储恢复信息时间间隔**，然后再在其中设置自动存储的时间间隔。

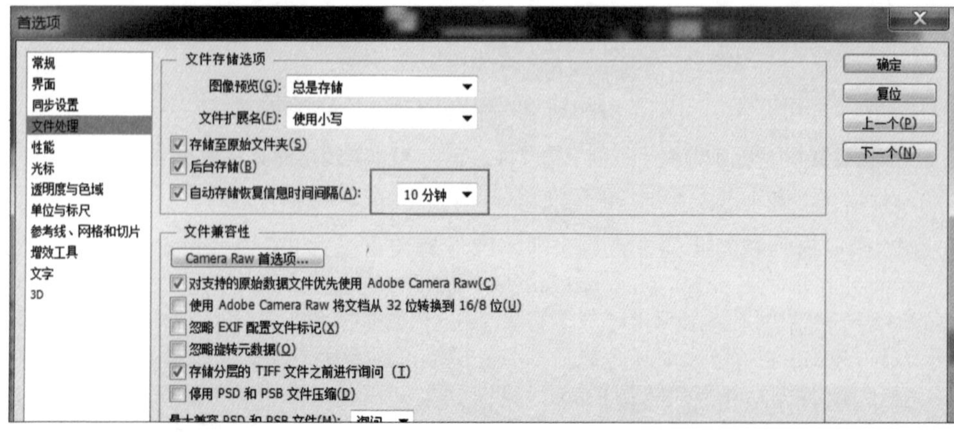

调整 Photoshop 性能

在 **首选项** 对话框左侧字段中选择 **性能**，可调整内存使用比例、设置图形处理器、指定暂存盘等相关设置。

内存使用比例

在 **内存使用情况** 选项框中可指定 Photoshop 可用的 RAM（内存）的最大值，此值建议调整的最大上限约为 60%，若同时还要使用其他图像处理软件，可根据各软件使用比例加以调整。

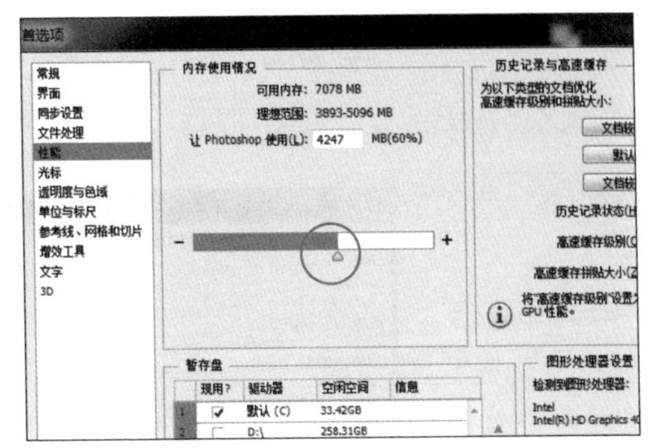

也可直接在 **让 Photoshop 使用（L）**：选项中直接输入内存大小，或拖动下方的滑块改变比例。

图形处理器设置

在 **图形处理器设置** 选项框中，选中 **使用图形处理器** 可以加快旋转、缩放、栅格化、平移、缩放等功能的速度，同时还会打开所有 3D 功能，可以加快图片的运算速度。此设置在重新启动软件后才生效。

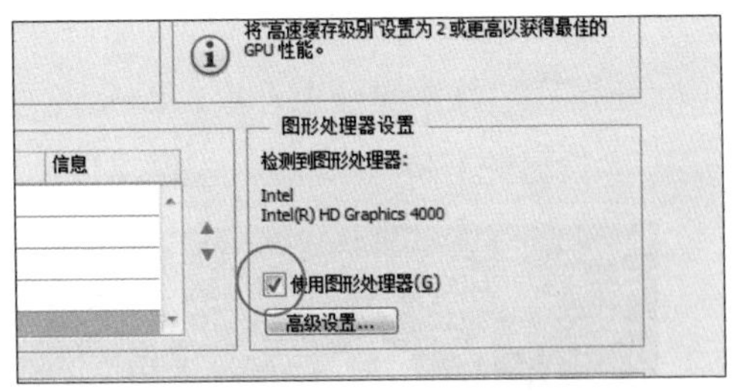

指定暂存盘

当系统中的 RAM 不足无法顺利执行操作时，Photoshop 会使用专利的虚拟内存技术，又称为 **暂存盘**。Photoshop 默认会使用操作系统所在的硬盘作为暂存盘。暂存盘应该指定速度最快、有足够空间并经过碎片整理的空间。为获得最佳性能，建议暂存盘应该设置在非启动盘，并与正在操作的任何大型文件处于不同的磁盘分区中。

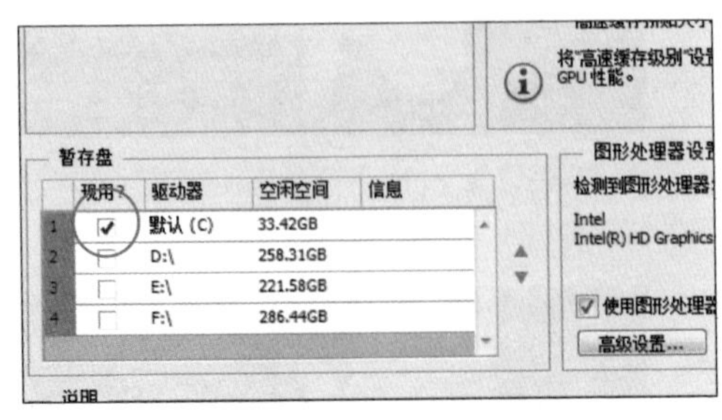

用“历史记录状态”恢复操作步骤

我们常会遇到使用的效果或者设置的数值不如预期的情况，这时我们想要恢复到之前的状态，该怎么办呢？

Photoshop 中是通过 **历史记录** 这个功能恢复操作步骤的。在 **首选项** 对话框左侧字段中选择 **性能**，其中 **历史记录状态** 选项默认可以让用户恢复最近操作的 20 个步骤，设置的数量越多，可恢复的步骤也就越多，最大值为 1000，但设置值越大占用的内存空间也越大，一般取默认值 20 就可以了。

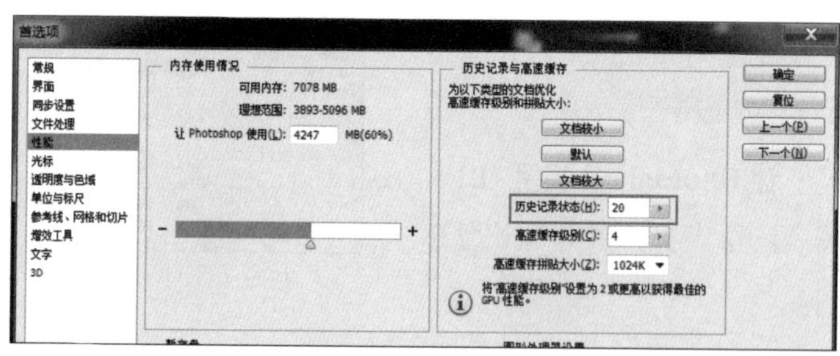

小提示 恢复操作上一步 / 下一步的方法

设置恢复的步骤值以后，回到编辑区，可在 **历史记录** 面板中进行恢复操作：

▲ **历史记录** 面板当前所在的步骤（蓝色部分）即对应了当前图像的状态。

▲ 在要恢复的步骤上单击，图像的状态会立即恢复到该步骤。

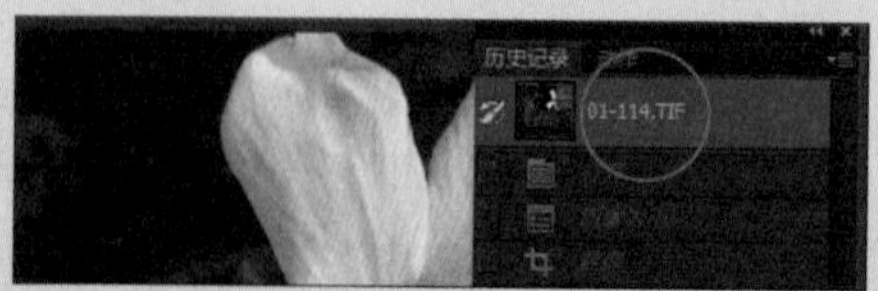

◀ 当调整后仍觉得不适合，想要重新设置，可以在 **历史记录** 面板最上方的缩略图标上单击，则恢复到文件刚打开时的状态。

显示中文字体

在 **首选项** 对话框左侧字段中选择 **文字**，取消复选框 **以英文显示字体名称**，那么在 **字体** 列表中的中文字体就会以中文名称来显示。

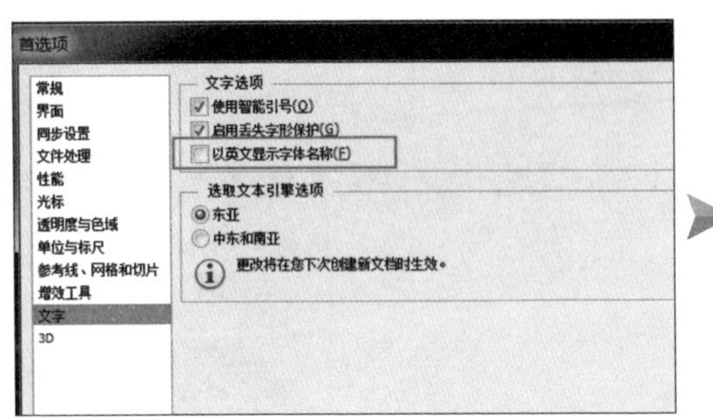

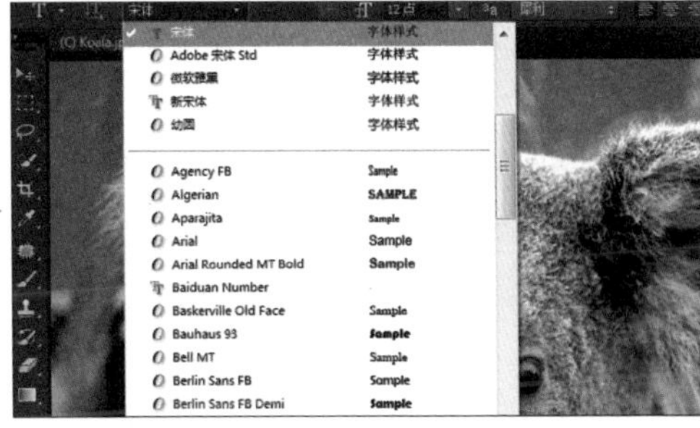

设置 3D 相关参数

在 **首选项** 对话框左侧字段中选择 3D，直接在 **让 Photoshop 使用** 选项中输入 VRAM（显示适配器内存）的值，或者是拖动下方的滑块来改变使用比例，这项设置会在使用 3D 功能时启用，尤其是设计高分辨率的 3D 对象时可让整体互动更为流畅。

此数值可根据硬件情况及使用习惯来设置，若同时还要使用其他图像处理软件，可根据照各软件的使用比例加以调整，最后单击 **确定** 按钮后完成相关设置。

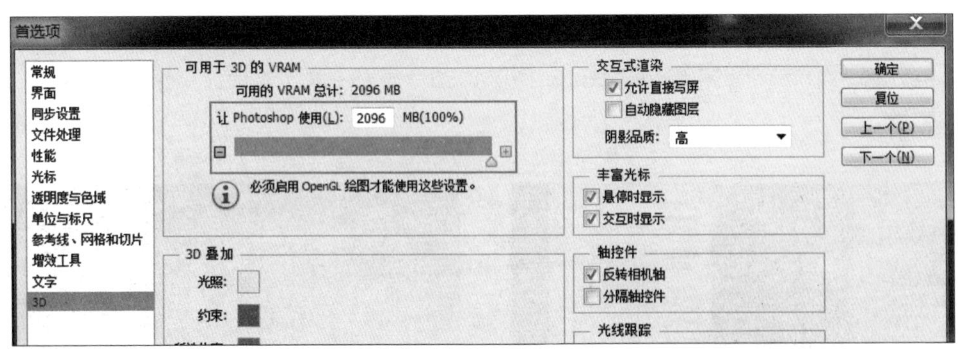

小提示 无法使用或修改 3D 设定？

尽管有些较低级的显示芯片不支持 OpenGL 绘图，但当前一般的显示适配器都能支持，只要在 **首选项** 对话框的 **性能** 选项卡中选择 **使用图形处理器**，就可以修改 3D 的设置了。

1.8 根据输出要求设置图像大小与质量

当您拿到一张照片，也完成了编辑与设计的操作，接下来该怎么做呢？留在电脑里观看或是拿去相馆冲洗？请参考以下说明：

图像输出到成品的流程

下面以简单的图示，整理出图像编辑到正式输出为图像文件的完整流程，这个流程并不是绝对的，但适用于一般情况：

成品规格并进行输出

进行图片输出前，一定要先确认要完成的成品是什么？印刷品？打印机打印？相片冲洗？网页多媒体？成品的属性与图像输出时大小、分辨率、色彩模式与文件格式的设定。

图像合层

首先将编辑后的图像进行合层，即将所有图层合并成单一图层，这样可以确保图像的完整性。

在 **图层** 面板，单击右上角 ▪ 按钮，选择 **拼合图像**。

可以看到已将所有图层整合到一个图层之中。

根据成品规格调整图像大小与分辨率

完成图像合层后，就要根据成品来调整图像大小与分辨率。当整张图像需要缩放时，在菜单中选择 **编辑 / 图像大小**，在 对话框中的 **宽度** 选项中输入合适的尺寸时，此时 **高度** 的值会等比例缩放，再输入合适的 **分辨率**，单击 **确定** 按钮即可。

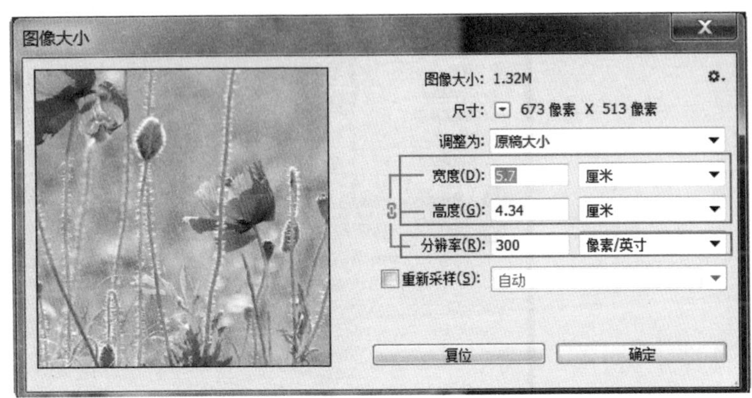

根据成品规格调整图像色彩模式

成品输出常用的色彩模式为 **RGB**、**CMYK** 这两种， RGB 由红、绿、蓝三色组成，适用于打印机打印及屏幕显示；CMYK 则由青、洋红、黄、黑四色组成，如果图像要用于印刷目的，就要使用 CMYK 模式。

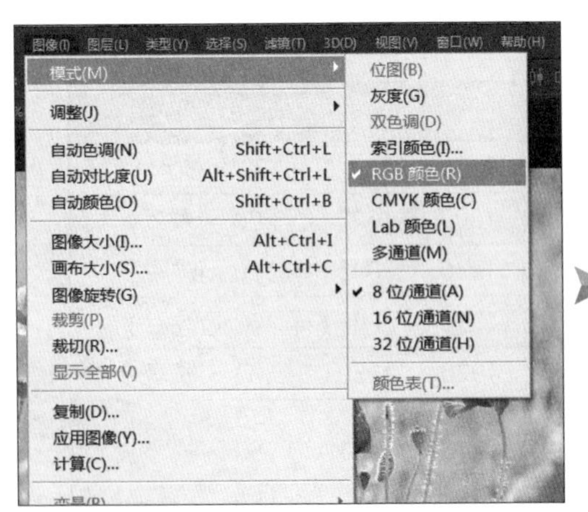

假设最后的成品是要放在网页上的图片，则选择 **图像 \ 模式 \ RGB 颜色**。

在文件名后面，可以看到已标注当前图像的色彩模式。

根据成品要求选择存储格式

建议先将制作好的文件保存为 (*.PSD) 格式，以保留制作时的对象与属性，然后再转存为可用的文件格式，以防临时要修改而找不到原始文件。

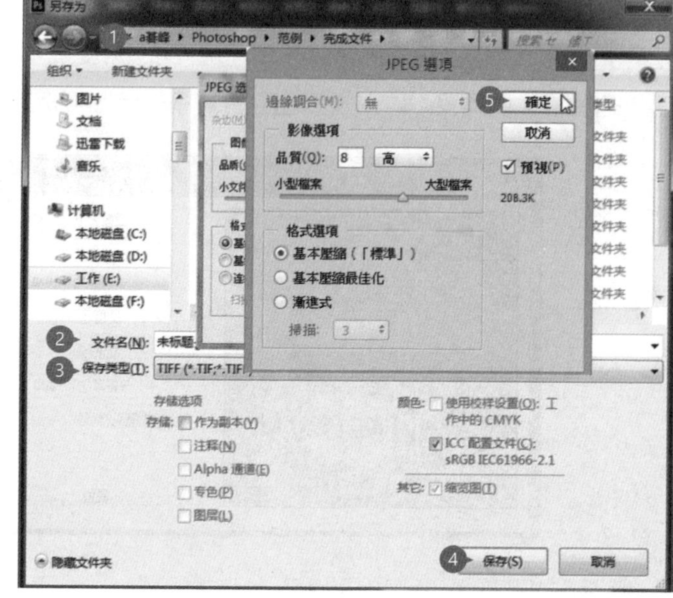

选择 **文件 \ 另存为**，指定文件保存路径、文件名及格式，再单击 **保存按钮** 即可。

照片冲洗时的尺寸

以下将一般照片冲洗（负片）的参考像素及图片尺寸整理成表格，建议在冲洗前先检查一下，确认图像尺寸最好能大于下列数据，才能取得最佳的影像。

照片的实际冲洗尺寸（英寸）	单位（厘米）	建议最低尺寸（像素）
3 × 5	8.9 × 12.7	960 × 1280（约 120 万像素）
4 × 6	10.2 × 15.2	1200 × 1600（约 200 万像素）
5 × 7	12.7 × 17.8	1536 × 2048（约 310 万像素）
6 × 8	15.2 × 20.3	1712 × 2288（约 400 万像素）
8 × 10	20.3 × 25.4	1920 × 2560（约 500 万像素）
8 × 12	20.3 × 30.5	2240 × 2976（约 660 万像素）
10 × 12	25.4 × 30.5	
10 × 15	25.4 × 38.1	2176 × 3264（约 700 万像素）
14 × 16	35 × 40	2536 × 3504（约 800 万像素）
1 寸照	2.5 × 3.5	
2 寸照	3.5 × 5.3	

1.9 Creative Cloud 同步设置

在 Adobe 推出的 Creative Cloud 2015 中，用户除了可以在云端随时存取平面设计、图片编辑、网页开发等应用程序外，还可以将本地的文件同步到云端，再加上协同工作的方式，让大家随时分享创意。

启用文件同步功能

在 Photoshop 的 **链接库** 面板中，通过启用同步功能，可以从 Creative Cloud 读取您的链接库。

小提示 **登录 Adobe ID**

原则上安装 Photoshop CC 时，因为已经输入了 Adobe ID，所以在打开 Photoshop 的同时就已经处于登录状态。如果在 **链接库** 面板没有发现任何启用信息或按钮，可以在 **帮助** 菜单中查看一下是否处于登录状态，如果不在登录状态，可以再选择 **登录**，输入 Adobe ID 与密码后即可恢复登录。

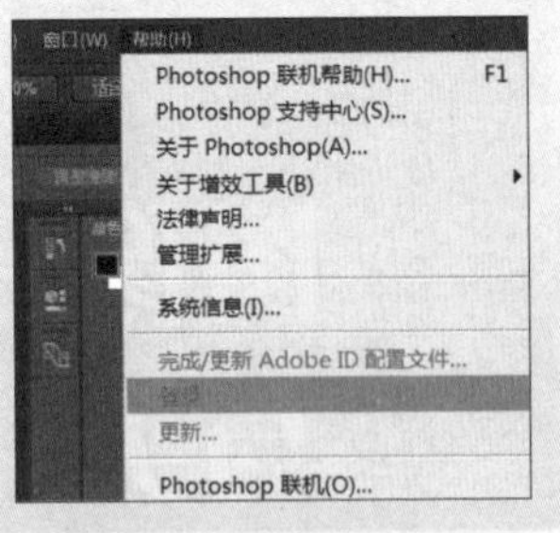

CHAPTER

02

图像色彩的调整与美化

2.1 修图第一步

2.2 提高亮度对比度

2.3 让色彩更鲜艳的调色技法

2.4 彻底解决色偏的问题

2.5 使用“颜色查找”快速修图

2.1 修图第一步

在使用数码相机拍照时，往往是随手就拍，所以常会遇到拍出来的图像歪斜、光线或色彩不理想等情况。通过下面整理出来的一些要点，可让您轻松掌握基本的修图过程。

修图的流程及重点

照片冲洗
网页应用
杂志海报

1
· 查看图片尺寸
· 确认图片最终用途及所需尺寸

需要修图的照片，有可能是客户交付的，也可能是自己拍摄的，所以需先查看该图片的尺寸与分辨率，并确认成品用途，例如：了解该图片最终是用于网页多媒体、杂志海报印刷品还是直接冲洗照片，以便修图过程中选择最合适的设置。

2
· 调整歪斜、裁剪或翻转图像

对于拍摄风景照片来说，最常见的问题就是图片歪斜，照摄时一不留神，照片的水平便可能有所偏差。所以，修图的第一步，可以先对照片的歪斜与角度进行调整，这样的调整操作会影响到照片的尺寸，因此要多加注意。

3
· 调整图片亮度、对比度及饱和度
· 调整色偏

修图的过程包含了去除杂物，调整亮度及对比度、色彩平衡饱和度以及细部调整，修图操作主要是加强图片的质感与景深，但最好还是要保留图片原有的细节，过度修图反而会产生失真的感觉。

4
· 根据作品最终用途，调整图片尺寸、分辨率、色彩模式及文件格式。

搞清楚图片的最终用途，是修图的关键。考虑一下，在完成修图后，我们的成品是要用于网页插图、照相馆冲洗、制版印刷还是喷墨印刷？根据这些不同的用途，我们进行相应的尺寸、分辨率、色彩模式及文件格式的设置。

图像尺寸

像素 (Pixel) 是计算机用来存储图像的基本单位，**分辨率** (dpi) 表示每英寸包含多少个像素，这两个值越大，图像的品质越高。

通过“信息面板”查看图像尺寸

在 **信息** 面板中，默认只显示文件大小，只有手动设置后才可看到图像尺寸及描述文件信息。打开本章案例原始文件 <02-02.jpg> 练习，在 **信息** 面板查看文件信息：

把工作区切换为 **摄影**，接着单击 **信息** 按钮打开面板，单击 ，选择 **面板选项**。

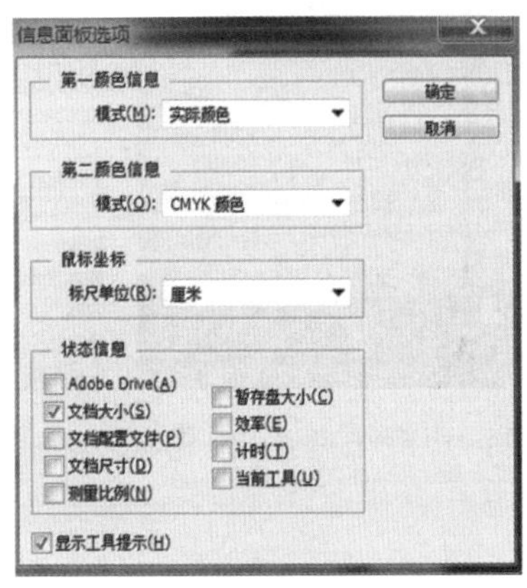

设置合适的 **标尺单位** (常用的是 **像素** 或 **厘米**)，再在 **状态信息** 框中选择需要显示的文件信息，单击 **确定** 按钮。

回到 **信息** 面板即可看到指定的文件信息，其中 “8.67 厘米 × 6.5 厘米 (300 ppi) ” 即为当前图像的尺寸与分辨率。

> 小提示 什么情况下需要调整图像尺寸?
>
> 查看当前图像的尺寸与分辨率后，如果与预计的成品尺寸不同 (例如网页图片需要宽度不能超过 800 像素)，则需要调整尺寸。但建议还是先进行图像的亮度、对比、色彩等操作以后再调整，在调整前，原始尺寸的图像文件依然要保留。

通过“当前窗口”查看图像尺寸

为了方便图像的缩放与相关调整，在文件编辑区左下方显示了该图像的文件信息，但一次只能显示一张图片的信息。

单击编辑区下方的 ▶ 按钮，在列表中选择需要显示的文件信息。

若选择 **文档尺寸**，会在此处显示该图像的尺寸。

小提示 调整默认的标尺单位

在编辑区下方显示文件信息中的 **文档尺寸** 时，会以当前默认的标尺单位 **像素**、**厘米**、**英寸** 等为依据来显示，可以在 **编辑 \ 首选项 \ 单位与标尺** 中的 **单位** 框中 选择合适的默认标尺单位。

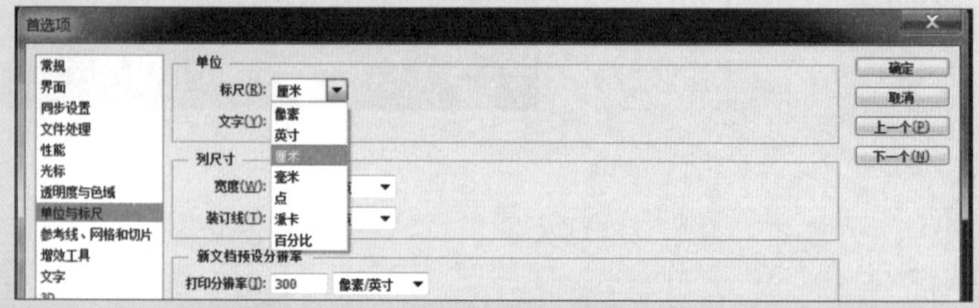

▲ 像素 (Pixels)、英寸 (Inches)、厘米 (Centimeters)、毫米 (Millimeters)、点 (Points)、派卡 (Picas)、百分比 (%)。

歪斜图像的处理

外出旅游时一看到好看的海报或是造型奇特的招牌时，不免都会拿出相机记录一下，但往往却因为视角的关系，拍出来的照片会有些歪斜，为了让照片中的图像恢复到正确的角度或显示比例，就需要使用裁剪工具进行处理。

01 规划出裁剪区域

打开本章案例原始文件 <02-01.jpg>，开始进行裁剪：

从 **工具** 面板中选择 **透视裁剪工具**。

指定图像要裁剪的主体：先在 A 单击鼠标左键，然后把鼠标指针移到图像左下角要裁剪的位置 B 单击鼠标左键。

再分别在右下角及右上角单击要裁剪的位置（C、D）。

02 微调裁剪区

初步选好裁剪区后，可通过裁剪区控制点更精确地调整裁剪区范围。

将鼠标移至图像四角的控制点，待鼠标呈 ▷ 状时，拖动控制点的位置，可对裁剪区做更精准的调整。

透视裁剪框设定好后，按 Enter 键即可完成图像歪斜的调整。

校正图像水平线

拍照时，常会因为赶时间拍出歪斜的照片，扫描或翻拍图片时，也可能会发生水平线歪斜的情况，这时可以通过 **裁剪工具** 来标示出图像正确的水平线，Photoshop 会自动计算出修正角度，将原本歪斜的图像扶正。

01 标示正确的水平线位置并扶正

打开本章案例原始文件 <02-02.jpg>，进行图像的水平线校准：

在 **工具** 面板中选择 **裁剪工具**，在 **选项** 栏中单击 **拉直** 按钮。

在草皮 A 上按住鼠标左键不放，拖至 B 点，画出所期望的水平线位置。

02 裁剪不完美的范围

当画好水平线之后，Photoshop 会根据此水平线来自动计算出旋转角度，进行图像校正，并规划出需裁剪掉的范围，让图像更加完美。

将鼠标移至裁剪区四角处，按 Shift 键拖动四角控制点，可等比例缩放当前裁剪区。

若把鼠标移至裁剪区中，待指标呈 ▶ 状时，按住左键拖动，可平移当前裁剪框中的内容。

裁剪框设置好后，按 Enter 键即可进行裁剪。

经过拉直与裁剪操作，图像虽然已校准，但图像尺寸已跟原来的不同了！

旋转图像

拍出的竖幅图像在 Photoshop 中打开时会如右图横向显示，如何将它转正呢？

打开本章案例原始文件 <02-03.jpg>，选择 **图像 \ 图像旋转**，选择合适的角度。

▲ 原图

After

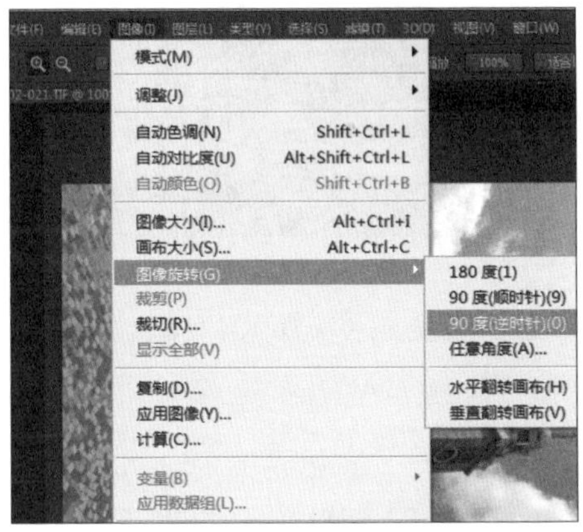

▲ **图像旋转** 功能中有多个可选项

▲ 90 度逆时针旋转

▲ 90 度顺时针旋转

▲ 水平翻转画布

▲ 垂直翻转画布

▲ 180 度旋转

调整图像明暗度或色彩

色彩偏黄、曝光不足或过度、对比度不够、亮度与色彩饱和不足等，这些问题都可以在 Photoshop 中通过菜单的 **调整** 功能或调整面板中的十多种选项进行修正。

下面先讲如何使用菜单的 **调整** 功能，请打开本章案例原始文件 <02-04.jpg> 。

01 打开图像，判断问题

图像文件打开后，先判断图片的问题，再选择 **图像 \ 调整**，利用子菜单中合适的选项进行修正。

模式(M)
1 调整(J)
自动色调(N) Shift+Ctrl+L
自动对比度(U) Alt+Shift+Ctrl+L
自动颜色(O) Shift+Ctrl+B
图像大小(I)... Alt+Ctrl+I
画布大小(S)... Alt+Ctrl+C
图像旋转(G)
裁剪(P)
裁切(R)...
显示全部(V)
复制(D)...
应用图像(Y)...
计算(C)...
亮度/对比度(C)...
色阶(L)... Ctrl+L
曲线(U)... 2 Ctrl+M
曝光度(E)...
自然饱和度(V)...
色相/饱和度(H)... Ctrl+U
色彩平衡(B)... Ctrl+B
黑白(K)... Alt+Shift+Ctrl+B
照片滤镜(F)...
通道混合器(X)...
颜色查找...
反相(I) Ctrl+I
色调分离(P)...
阈值(T)...

02 使用正确的调整功能

通过菜单的 **调整** 功能进行图像的修正后，在 **图层** 面板可以看到调整的效果正直接应用到了图像中。

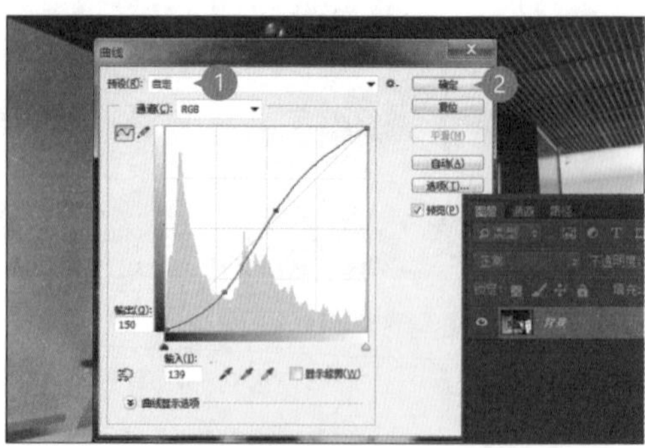

调整 图层是在 Photoshop 编辑图像时强烈建议使用的功能，通过 **调整** 图层进行图像修正不但不会破坏原始图像内容，还可在后续步骤中改变参数，是一项让您更容易掌控图像编辑效果的好帮手。

01 建立调整图层编辑图像

在 Photoshop 中打开图像文件后，先判断图片的问题，再在 **调整** 面板中选择合适的选项，会出现对应的 **属性** 窗口（本例使用 **曲线** 调整图层，设置 **预设** 值为 **线性对比度**）。

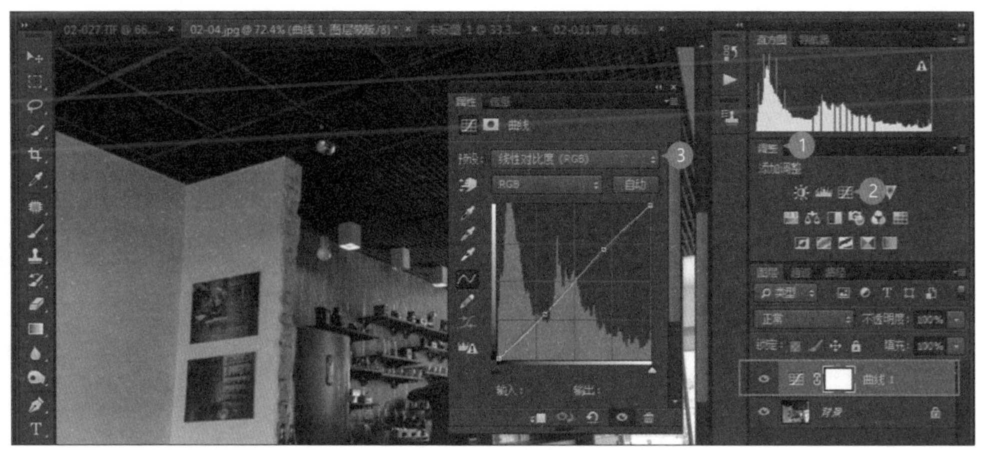

02 通过调整图层重新调整图像

执行完以上命令后，在 **图层** 面板 **背景** 图层上方，多了一个调整图层。当要变更图像的调整参数时，只要在 **图层** 面板中选择想要调整的调整图层，然后单击 **属性** 按钮，就可以再次打开对应的 **属性** 面板进行调整。

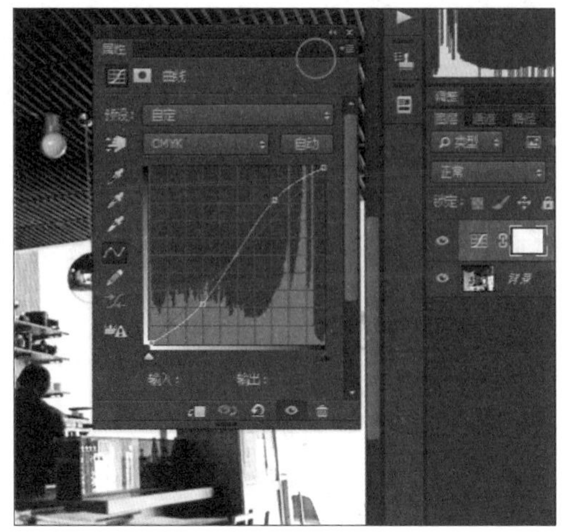

2.2 提高亮度对比度

当发现拍摄的照片和预期效果不同时，如光圈或快门设定错误、光线不好等情况，该怎么办呢？下面介绍几种常见的图像光线问题及解决方式，不同的照片与不同参数调整出来的结果有所不同，建议可以多加练习以有效掌握光线与亮度的变化。

用直方图查看图像曝光程度

如何一眼看穿图像的优劣呢？若没有专业的硬件设备或丰富的验，可借助 **直方图** 显示出图像中曝光与反差的细节，并以图表方式显示每个色彩通道上的像素数量，打开本章案例原始文件 <02-05.jpg> ~ <02-07.jpg> 练习（默认 **摄影** 工作区已有 **直方图** 面板，如没有的话，选择 **窗口 \ 直方图**，可打开 **直方图** 面板。）

单击 **直方图** 面板右上角 选项按钮 \ **扩展视图**，在此模式下可选择合适的颜色 **通道** 进行浏览。

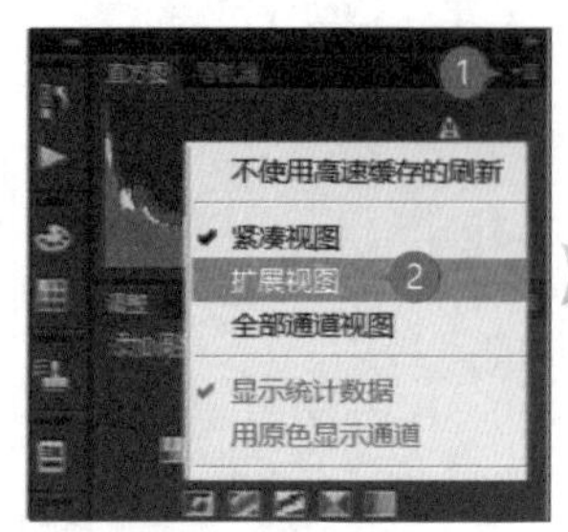

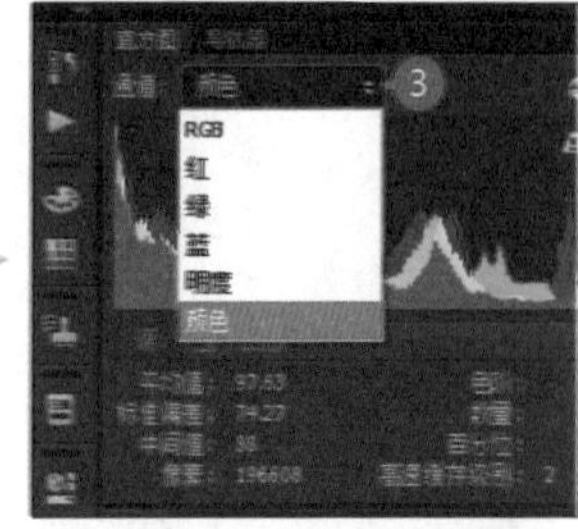

最暗　　最亮

▲ <02-05.jpg>：色调完整且曝光适度的图像

RGB 直方图 面板可以看到这张图像的色阶从左（暗）到右（亮）都有，表示明暗分布相当均匀。

颜色直方图 面板可看出图像中的所有色彩分布都比较平均，左侧暗部达到了最高点，表示有最暗部。

什么是正确曝光呢？其实没有一定的标准，直方图只是一种参考，最终还是取决于拍摄者自己想要亮一点还是暗一点，或者拍摄的地点是美丽的夜景、室内摄影还是烈日当空的海景。**直方图** 面板 X 轴代表屏幕上可见光从最暗到最亮，Y 轴代表图像中不同亮度的像素数量。

通过下面两张图像，可以更清楚地了解如何在直方图中理解不同图像的曝光问题：

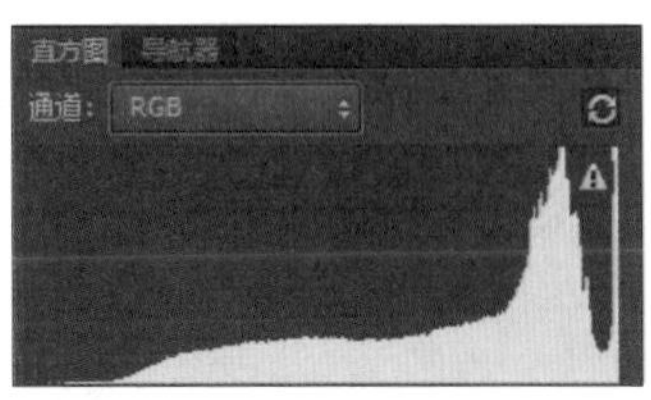

最暗 最亮

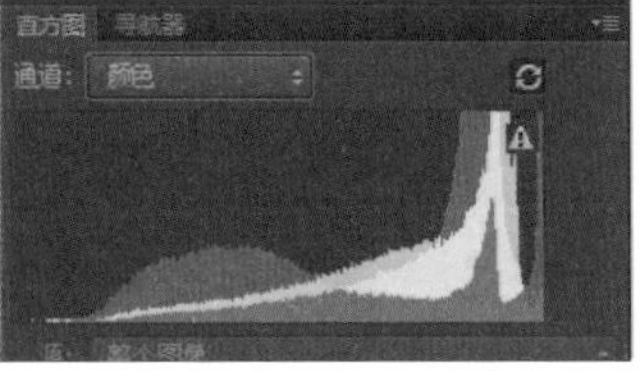

▲ <02-06.jpg>：曝光过度的图像

从 RGB 直方图 面板可以看到色阶分布过度集中在右侧明亮处，暗部甚至没有像素，所以整张图像看起来非常惨白，这就属于曝光过度的问题。

从颜色直方图 面板可看出相片中最亮的部分偏重红与绿，中间亮度则是冷色系，些许偏蓝。

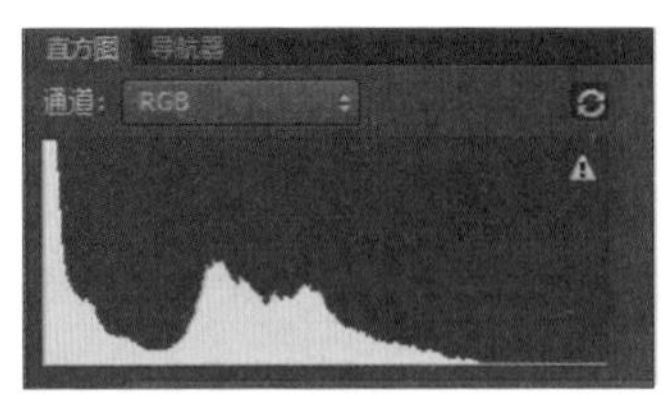

最暗 最亮

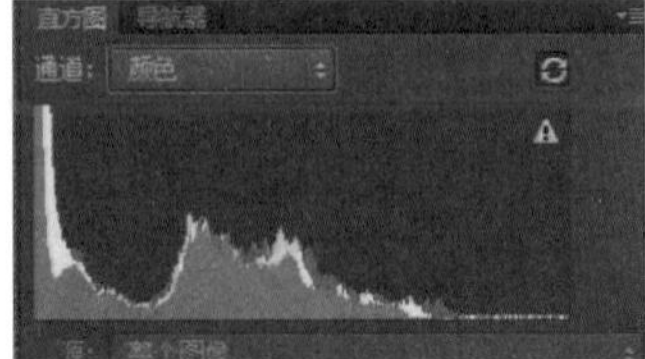

▲ <02-07.jpg>：曝光不足的图像

从 RGB 直方图 面板可以看到色阶分布过度集中在左侧暗部处，这就属于曝光不足，但是色阶波形仍有高低起伏，这代表像素虽然都在暗部，但反差是足够的，应该有机会可以补救回来。

曝光过度的修正

拍摄时，可能会因为光线太强或者曝光太久，导致进入相机的光线超过了需要的数量，那么，图像仿佛就像披了一层薄纱。本例中，我们要把图像缺少的暗部修正回来。

01 通过自动色阶快速修正

打开本章案例原始文件 <02-06.jpg> 。针对此图像，首先用 **色阶** 中的 **自动** 调整功能来进行调整。

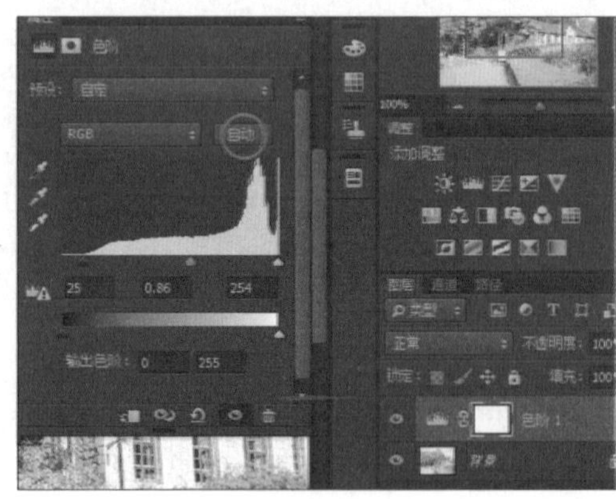

单击 **调整** 面板 ■ **色阶** 按钮，建立调整图层。

在 **属性 - 色阶** 面板单击 **自动**，会看到图像立刻自动完成检查与修正。

02 增强图像暗部

通过自动调整后，虽然曝光过度问题有所改善，但整体来说色调还是偏浅，下面我们就能通过手动方式调整暗部层次了。

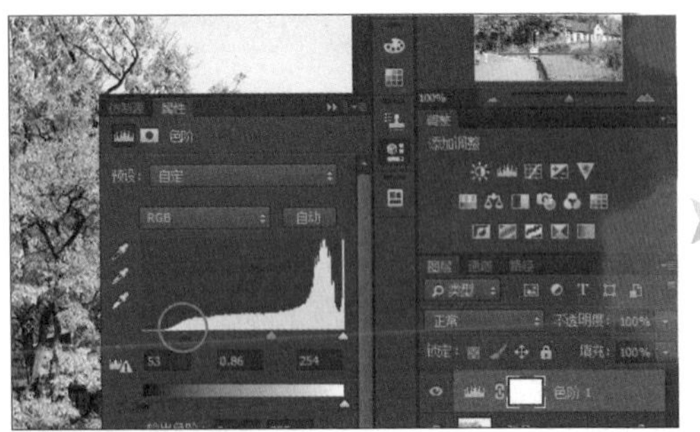

慢慢向右拖动 ▲ **阴影** 滑块，会发现右侧的 ▲ **中间调** 滑块也跟着移动，而图像的对比与暗部色彩变得越来越浓烈。

也可以再左右单独拖动 ▲ **中间调** 控点，来调整图像整体色调的深浅层次。

03 查看调整后的色阶分布

经过调整之后，与原图像的直方图相比，色阶分布已不再偏重于右侧的明亮色调，而是从左（暗）到右（亮）都有，这表示明暗分布已经相当均匀（**直方图** 中的空隙部分代表因调整而失去的细节）。

小提示 利用红、绿和蓝通道调整图像色阶

在 **色阶** 的 **属性** 面板中，**RGB** 模式可调整中间调深浅，若想单独调整当前图像中红、绿和蓝色的色彩，可切换至 **红**、**绿**、**蓝** 通道模式，然后再拖动下方▲ **阴影**、▲ **中间调**、△ **亮部** 三个滑块，即可调整图像的色调范围和色彩平衡。

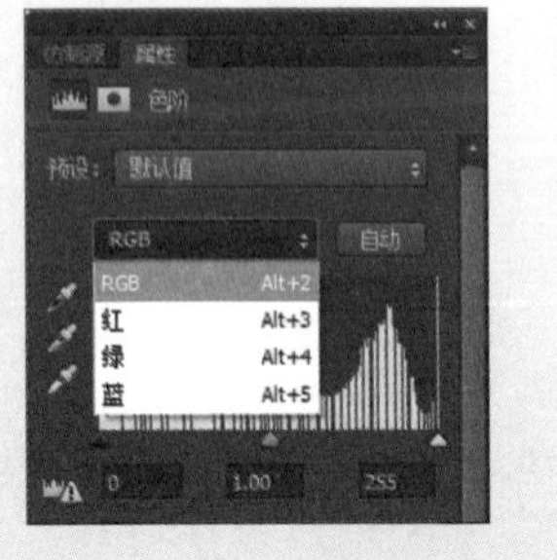

曝光不足的修正

相机是通过"测光"来计算正确曝光量的，如果在拍摄时，进入相机的光量不够（快门速度过快或光圈太小），不能满足真正所需的曝光量，那么图像就会显得比较昏暗。

01 复制背景图层保留相片原貌

打开本章案例原始文件 <02-07.jpg> 。在 **图层** 面板中把 **背景** 图层拖至 **建立新图层** 按钮，生成一个内容一样的新图层。这样当 **背景 拷贝** 图层内的图像套用了新的色阶设置后，**背景** 图层内的图像并不会受影响，完成操作后还可通过隐藏后续调整图层的可见性，来对比图像调整前、后的差异。

02 让影像暗部与亮部色阶更明显

通过 **图像 \ 调整 \ 阴影 / 高光** 功能，进行细部的调整：

在 **图层** 面板选择 **背景 拷贝** 图层，再选择 **图像 \ 调整 \ 阴影 / 高光**。

- **数量**：主要是控制阴影或高光要进行多少校准，若是数值过高会导致图像呈现不自然的色调。
- **色调宽度**：主要是控制暗部、高光与中间调之间的色调范围。
- **半径**：主要用于划定阴影或高光的邻近区域。
- **调整 \ 颜色校准**：调整图像的色彩饱和度。

选中 **显示更多选项**、**预览** 这两项后，根据图像情况设置 **阴影**、**高光** 与 **调整** 框内的值，最后单击 **确定** 按钮完成操作。

03 通过色阶调整图像明暗对比

调整图像色阶中间调与高光的部分，让图像色调对比更强烈。

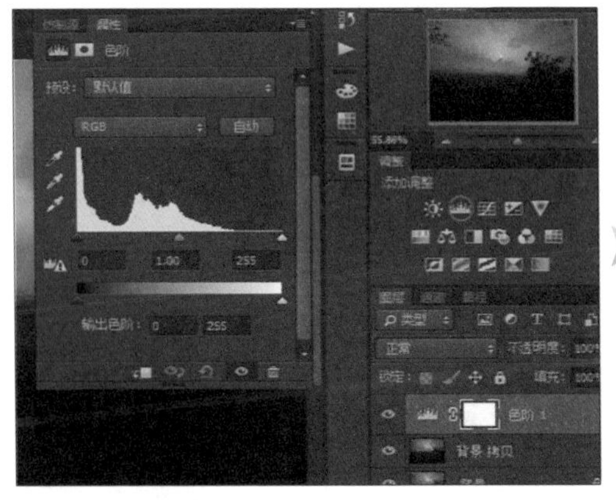

单击 **调整** 面板 **色阶** 按钮建立调整图层。

在属性 - 色阶 面板中，拖动 △ 滑块往左移动，再拖动 ▲ 滑块稍稍往右移动来调整图像对比度，图像明暗对比更加强烈。

2.3 让色彩更鲜艳的调色技法

虽然这是一张构图、对比、曝光都还算可以的照片，但如果能再做一些色调与对比度的调整，可以让照片呈现出更具视觉爆发力的美感。比起只有三个控制点的色阶校准，**曲线** 调整可设置多个控制点，完成更多的高光及暗部的细节调整。

用“自动”颜色功能快速修正色偏

下面通过 **曲线** 功能中的自动颜色校准来快速校准图像色偏。

01 设置自动颜色选项

打开本章案例原始文件 <02-08.jpg>，可以直接使用 **曲线** 面板中的（“自动”功能）进行自动颜色校准，也可以对“自动”功能做不同的设置：

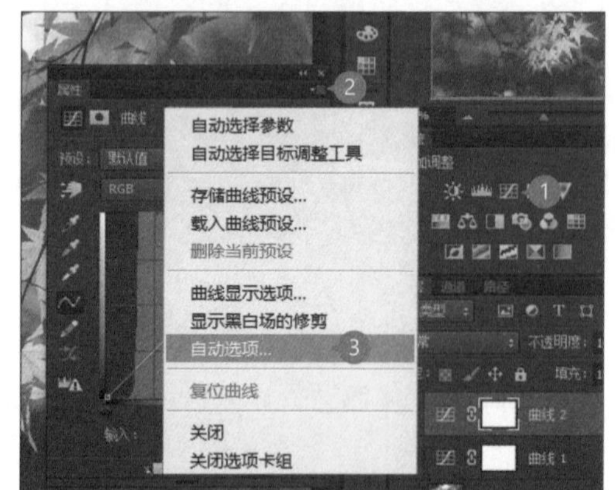

单击 **调整** 面板 按钮建立调整图层，再单击 **属性 - 曲线** 面板右上角的 **选项** 按钮，选择 **自动选项** 打开对话框。

自动颜色校准选项 对话框中有四种算法：

- **增强单色对比度**：主要是增加单种颜色的对比度并保留其他颜色的色彩，让单色的高光更亮，暗部更暗。
- **增强每通道的对比度**：针对不同的通道调整。
- **查找深色与浅色**：找出图像中的深色及浅色，并用这些颜色精准地重现最亮与最暗的部分。
- **增强亮度和对比度**：强调亮度与对比度。

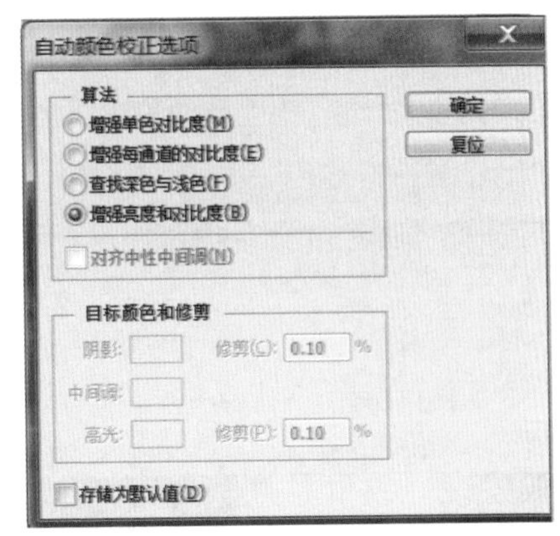

在 **算法** 框中选择合适的算法（图像会实时呈现选中的效果），然后单击 **确定** 按钮即可完成。

02 使用自动颜色校准

回到 **属性 - 曲线** 面板，即完成了用自动算法校准图像。在面板中的曲线调整区域可以看到已自动更改了图像的对比度，整体色彩加大了红色调与蓝色调暗部的比重。

▲ 原始图像的枫叶与背景整体看起来较苍白。

▲ 经过 **曲线** 自动校准后，色调对比更加强烈，枫叶看起来也更立体了。

高级色调与对比度校正

自动颜色校准所完成的效果并不一定尽如人意，想要拥有更多细节就需手动调整。色调是调节气氛的主要元素，红色、黄色为暖色系，蓝色、绿色为冷色系。通过前面的操作，案例中图像的色调对比度已有明显的改善，下面我们继续通过 **曲线**、**亮度 / 对比度** 来增强暖色系及明亮感，让枫叶更显通透。

01 以色板重现阳光色泽

增强图像中“红色”与“蓝色”的表现：

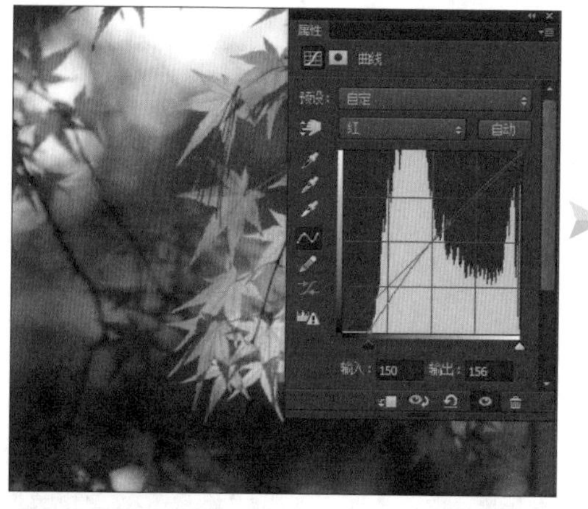

在 **属性 - 曲线** 面板中的通道中选择 **红色**，稍往上拖动曲线，加重图像中红色色彩。

然后在通道中选择 **蓝色**，稍往下拖动曲线，减少绿色可同时提升红色与蓝色 。

02 提升亮度及对比度

与 **色阶**、**曲线** 有着相似效果的 **亮度 / 对比度**，也是在校准图像亮度时常用的功能，既简单又能快速修正图像亮度。

单击 **调整** 面板 **亮度 / 对比度** 按钮建立调整图层，在 **属性 - 亮度 / 对比度** 面板，拖动 **亮度** 与 **对比度** 滑块，稍微地加亮并增加对比度即可。

重要概念　理解“曲线”面板中的相关设置

曲线调整以 X、Y 轴为基础，就可以利用控制点来调整图像的色调及色彩，也可以根据红、绿、蓝三个分色板进行精确的色调调整。

滴管设置：从上至下分别为 **设置黑场**、**设置灰场**、**设置白场**，这三项功能与色阶功能里的滴管工具相同。

编辑点修改曲线：以拖曳控制点方式，调整图像的色调和色彩。往上拉曲线图像会变亮，反之图像会变暗（曲线上最多可设置 14 个控制点，如果要移除控制点，只要将控制点拖出坐标系即可）。

通过绘制来修改曲线：可任意绘制曲线。

平滑曲线值：使用 **通过绘制来修改曲线** 按钮绘制曲线后，可单击此按钮来修饰曲线。

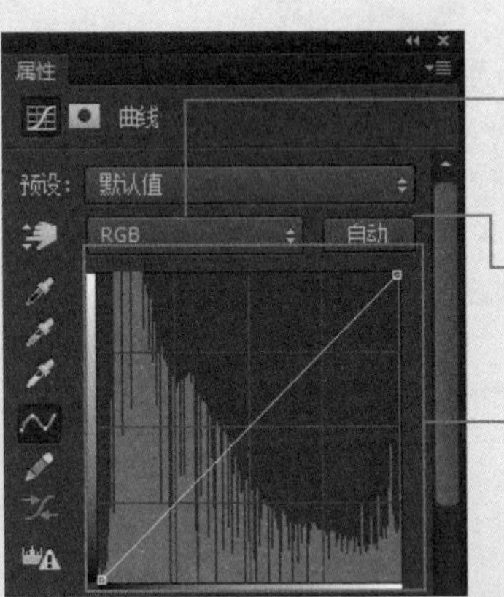

色板：默认是 RGB 色板，另有红、绿、蓝三个分色板；若图像的模式为 CMYK，则有青、洋红、黄、黑四个分色板。可以针对各分色板进行单独的曲线调整

自动：由软件自动计算图像最合适的调整方式

曲线调整区域 是整个面板中最重要的部分，这个区域左下角控制影像暗部，曲线下拉会加深暗部；右上角为影像亮部，曲线上拉则增加亮部，如果在曲线中拖动鼠标，可调整图像中间色调部分（此为 RGB 模式下的调整方式）

2.4 彻底解决色偏的问题

实际拍摄时，常受到钨丝灯(电灯泡)、日光灯、阴天、阳光等不同环境光线的影响，造成拍出的照片偏黄、偏蓝等情况，这就是色偏。另外常见的图像色彩问题还有色彩饱和度与亮度不足而影响原本所要呈现的张力。下面我们通过相关的色彩调整功能，来修正色偏问题并还原图像中原始环境的色彩。

判断图像的色偏程度

用眼睛来判断色偏，可能会因为屏幕的不同而有所不同，建议先用滴管工具吸取颜色信息后再进行校准。打开本章案例原始文件 <02-09.jpg> ，其中 R、G、B 分别代表了红色、绿色、蓝色，所以在判断该图像是否色偏时，将通过这三个颜色来调整。

01 打开“信息”面板

单击 **窗口 \ 信息**，打开 **信息** 面板。

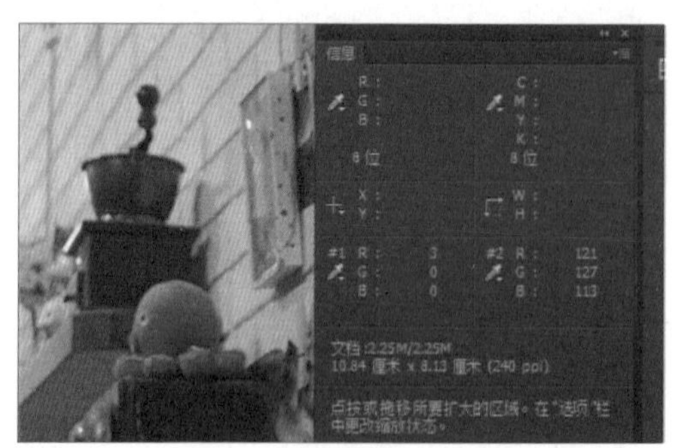

02 透过图像中应该是白色的区域来判断色偏

色偏常用白色、灰色、黑色来判断，因为这类颜色的 RGB 值均相等：白色 (RGB 255,255,255)、灰色 (RGB 125,125,125)、黑色 (RGB 0,0,0)，在判断是否有色偏的时候是一个很好的依据。如果图像中应该是白、灰、黑的地方出现了 RGB 值不相等的情况，那就一定是有色偏了，下面我们以白色区域为例来进行判色偏的练习。

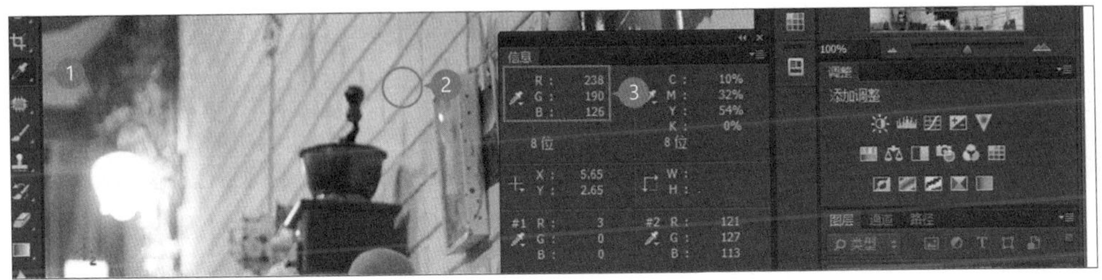

单击 **工具** 面板 **吸管工具**，将吸管移到图像中本应呈近似白色的区域并单击鼠标，吸取该处色值，一般来说 **信息** 面板中的 RGB 值应该相当接近，但现在却发现 R、G 值偏高，表示这张图像偏黄，所以在后续调整时，需为此图像减少红、绿色，增加蓝色。

快速调整偏黄图像

01 用最暗、最亮与灰点修正色偏

在 **曲线** 面板中有多种修正色偏的方式，以下示例是通过简单的吸色重新校准图像中最暗、最亮与灰点，以调整色偏与对比的问题。

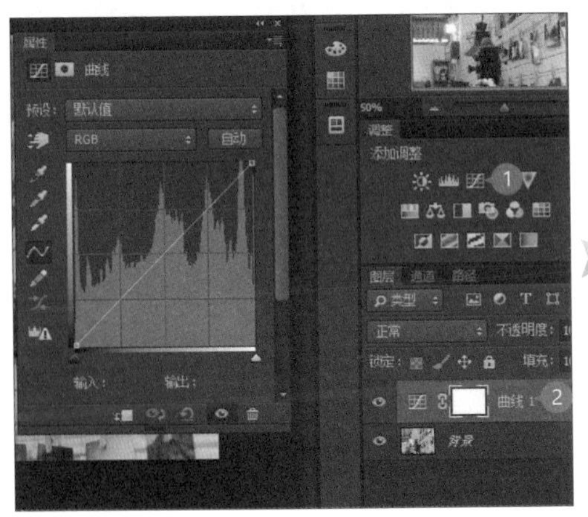

单击 **调整** 面板 **曲线** 按钮建立调整图层。

在 **属性 - 曲线** 面板选择 **设置黑场**，目测找到图像最暗点（旧电话机下方），后单击鼠标，此时图像会以该最暗点作为标准调整色彩。

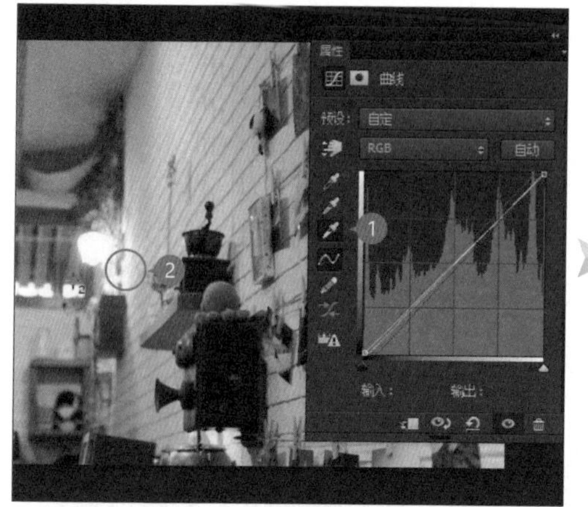

在**属性 - 曲线** 面板选择 **设置白场**。目测图像最亮点并在该处单击鼠标，此时图像会以该最亮点作为标准调整色彩（由于灯光已是黄灯，所以以墙壁反射灯光处为最亮点）。

在**属性 - 曲线** 面板选择 **设置灰场**。目测图像灰色区域并在该处单击鼠标，此时图像会以该灰点为标准调整色彩（选择的灰点越接近中间灰值时，校准的色偏会越精确）。

02 提升整体亮度

在 **曲线调整区域** 中，可以看到蓝、绿、红三条曲线，蓝色加强而绿色与红色减少，这样一来即改善了图像偏黄的问题。接着在 **属性 - 曲线** 面板，稍向上拖动主曲线（白）的控制点以提高图像整体亮度。

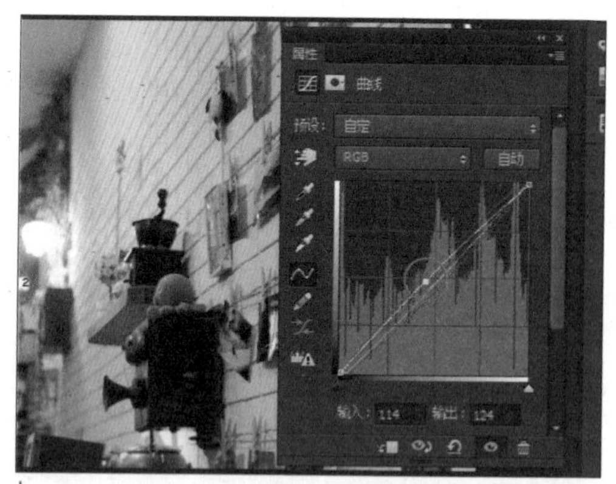

在曲线（白）的亮部，用鼠标稍往上拉，提升图像整体亮度。

小提示 高级的模拟灰度平衡卡校色

曲线 校色时，上面的例子是以目测方式来获取最暗、最亮与灰点，然而，若用 **临界值** 取得暗、亮部，效果会更明显，可参考第六章的相关讲解。

用“色彩平衡”调整图像中的颜色组合

01 套用色彩平衡

色彩平衡 工具主要适用于图像因环境光影响而无法呈现出真实的色彩时，或者想调出特别的色调时使用。

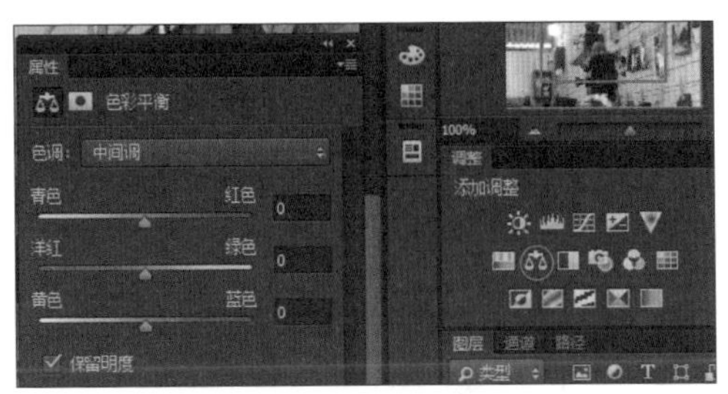

在 **调整** 面板单击 **色彩平衡** 按钮建立调整图层，分别调整各个颜色。

02 根据图像色调调整互补色——减少红、黄色，增加蓝色

进入 **属性 - 色彩平衡** 面板，可以看到色彩平衡有三组互补色的调整滑杆。以第一组为例，若将滑块往 **红色** 拖动，图像色彩会增加红色减少青色；同理将滑块往 **绿色** 拖动，图像色彩会增加绿色减少洋红色；将滑块往 **蓝色** 拖动，图像色彩会增加蓝色减少黄色，所以这三组称为互补色。

案例中的图像，现在的情况是需要针对 **阴影**、**高光** 进行分别修正，主要方向是减少红、黄色并以蓝色调来平衡色彩。

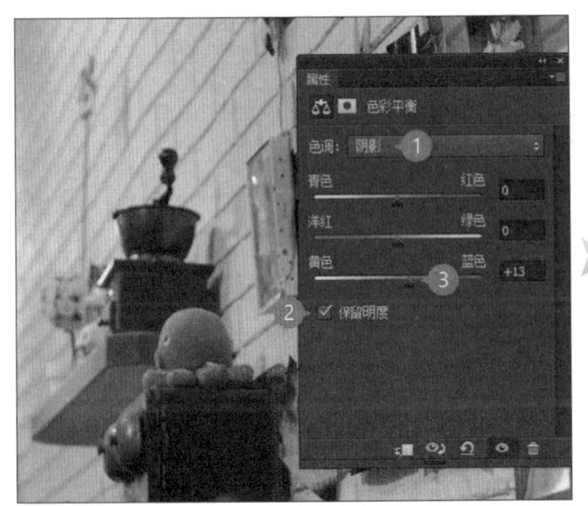

首先调整阴影。把 **色调** 设置为 **阴影**，勾选 **保留明度**，增加蓝色抑制黄色，可让对比更强烈。

接着调整高光，主要是让严重偏红黄的墙面尽量还原本来的色彩。设置 **色调** 为 **高光**，减少红色色调。

用“色相 / 饱和度”调整饱和度与明度

01 使用色相 / 饱和度

色相 / 饱和度 工具最常用的场合是通过饱和度让图像色彩更加鲜艳，也可以指定图像中红、黄、绿、青、蓝、洋红任一颜色进行色相上的变化。

单击 **调整** 面板中的 ▣（**色相 / 饱和度**）按钮，建立调整图层。

02 降低红、黄色的饱和度

进入 **属性 - 色相 / 饱和度** 面板，可以看到调整 **色相**、**饱和度** 与 **明亮** 的三个调整滑杆。过度的饱和度反而会让图像细节消失，若还无法熟练掌握滑杆的调整方式，可以直接在滑杆右侧输入框内输入数值，以达到精确的调整效果。

因为在前面的色偏调整中已抑制了图像红、黄二色，现在开始增加图像的颜色饱和度，但一样还是要抑制红、黄色调。

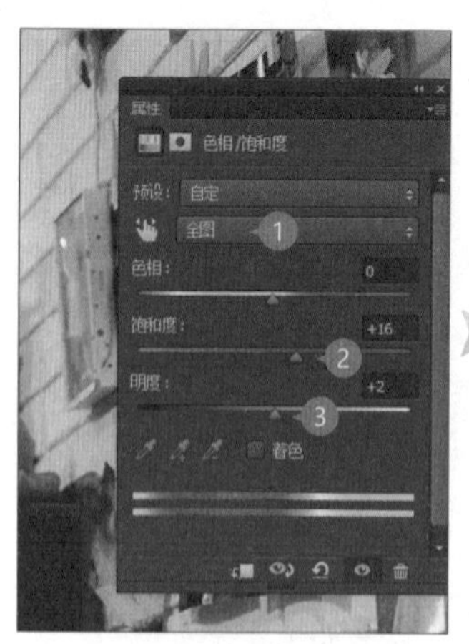

首先调整图像整体：设置 “**全图**”，增加饱和度并稍微提高一点明度。

接着降低黄色的饱和度：设置“**黄色**”，降低饱和度，但稍微提高黄色的明度。

降低红色的饱和度：设置 “**红色**”，降低一些饱和度与明度。

用"可选颜色"作最后的色调微调

01 使用可选颜色

可选颜色 工具，可指定图像中红、黄、绿、青、蓝、洋红、白色、中性色、黑色中的任一颜色，进行该颜色的 C（青）M（洋红）Y（黄）K（黑）混色比例调整。

单击**调整** 面板 中的 **选取颜色** **按钮**，建立调整图层进行颜色微调。

02 调整颜色的浓度与偏色

进入 **属性 - 可选颜色** 面板，可以看到每个颜色选项中均有青、洋红、黄与黑四色的百分比滑杆，如果输入正数即为加重该色的混合色比例，输入负数则相反。

选择 **绝对**，把 颜色设为"**白色**"，降低 **黄色** 与 **黑色** 色值，让墙面更加明亮。

把颜色设为"**黑色**"，增加一点 **黑色** 色值，弥补之前调整时失去的暗部细节。

经过多种色彩调整操作，原本偏黄、色调饱和度及对比度不高的图像，摇身一变成为颜色、饱和度、对比度都正常的作品。然而每张图像色偏状况不尽相同，套用各项色彩调整功能时均需斟酌图像的具体问题再予以调整。

2.5 使用“颜色查找”快速修图

当同一批在相同场景拍摄的照片都发生偏色时，如果要一张一张地修复会是一件非常耗时的事情，这时可利用 **导出颜色查询表** 功能，将修复结果一一套用在其他照片中，既省时又省力。

当我们把一张偏色严重的照片修完后，可利用 **颜色查询表** 功能将所有调整图层结果导出，然后套用到其他偏色照片，打开本章案例原始文件 <02-09.psd> 练习。

01 导出调整图层的结果

首先将已调整好的调整图层结果导出。

选择 **文件 \ 导出 \ 颜色查询表**，打开对话框。

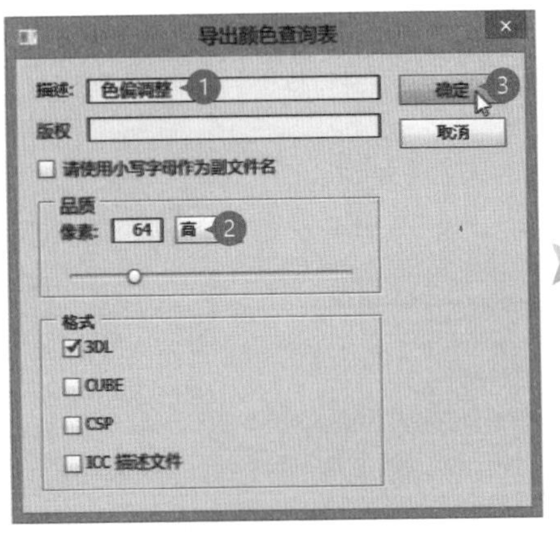

输入合适的 **描述** 文字，设置 **品质 \ 像素: 高**，格式选 **3DL**，单击 **确定** 按钮。

选择合适的文件夹位置并命名，完成后存盘。

02 应用颜色查询表

接着打开本章案例原始文件 <02-10.jpg>，将刚刚导出的 **颜色查询表** 导入即可。

单击 **调整** 面板中的 ▦ 按钮，建立调整图层，准备加载颜色查询表。

在 **属性 - 颜色查找** 面板，选择 **3DLUT 文件** 按钮 \ **载入 3DLUT...**。

打开刚导出的 **3DL 文件**，单击 **打开** 按钮即可将修复完成的结果套用到新的图像中。

CHAPTER

03

犀利又聪明的去底大法

3.1 用“对”的工具

Photoshop 提供了不同的工具组合来创建选区，本节先针对各个选择工具的界面、适用场景及创建过程进行初步了解。

所谓去底，就是把图像去除背景，如同剪报一样裁剪出需要的部分，在 Photoshop 中可通过 **选框工具**、**套索工具**、**魔棒工具**等来实现。每个工具的用法都不同，如何在去底前选择合适的选择工具，是事半功倍的关键所在。

根据形状来决定选择工具

图像中的主要选择对象如果是标准的几何形状，如矩形、圆形或 1 像素宽的直线，则可使用 **矩形选框工具**、**椭圆选框工具**、**单行选框工具**、**单列选框工具**。

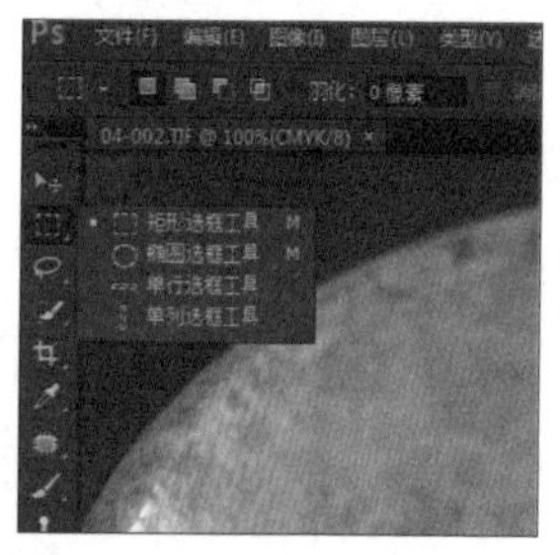

根据主体边缘来决定选择工具

若图像中的选择对象边缘是弯曲的不规则形状，但却简单清晰，则可使用 **套索工具**、**多边形套索工具**、**磁性套索工具**。

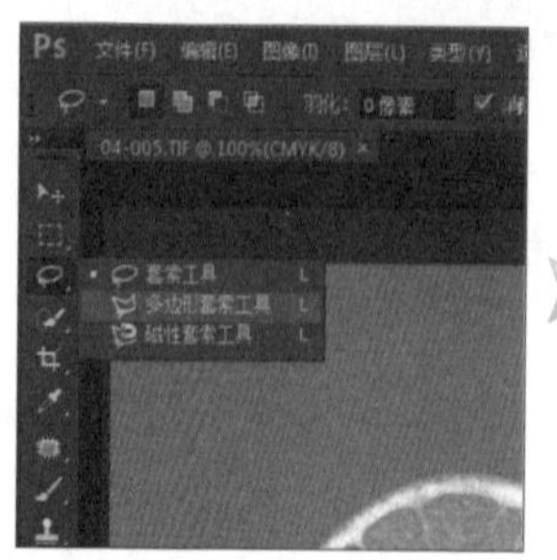

根据背景颜色来决定选择工具

如果选取对象与其背景的色彩对比较大时，可使用 **快速选择工具** 或 **魔棒工具**。

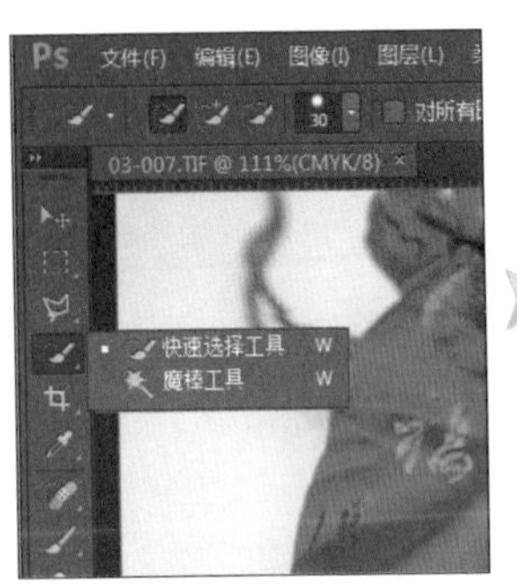

最精确的去底工具 —— 钢笔工具

Photoshop 中最精确的选择与绘图工具非 **钢笔工具** 莫属了。钢笔工具可通过建立锚点的方式来建立路径，以快速完成去底效果。

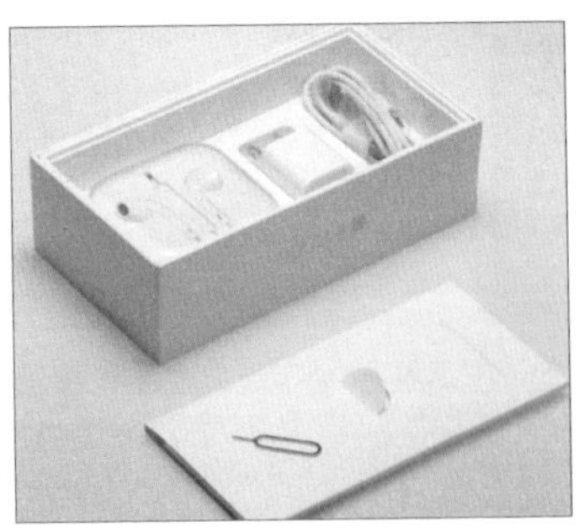

3.2 用选择工具去底

工具 面板中相关的选择工具包括 **魔棒工具**、**快速选择工具**、**选框工具**、**套索工具**、**钢笔工具**等，当使用选择工具时，只需将鼠标移到该工具按钮并单击鼠标即可。

用魔棒工具去底

适用于背景色与主题色反差较大的图像，打开本章案例原始文件 <03-01.jpg> 进行练习。

01 使用魔术棒工具

因为此图像的背景为单纯的品红色，所以可使用 **魔棒工具** 进行选择。

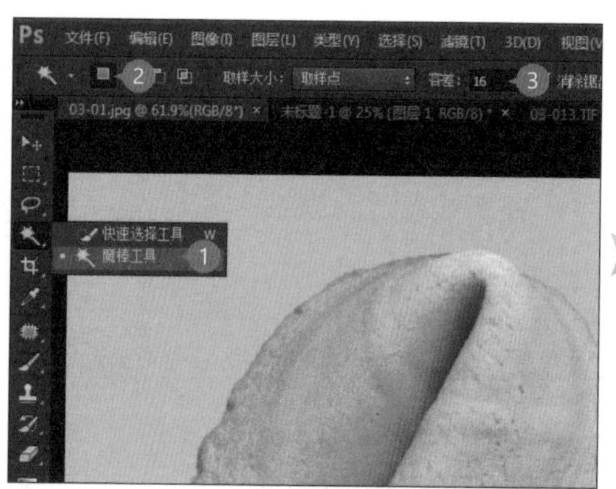

在**工具** 面板中选择 **魔棒工具**，在 **选项** 栏选新选区，并设置 **容差** 为 **32**。

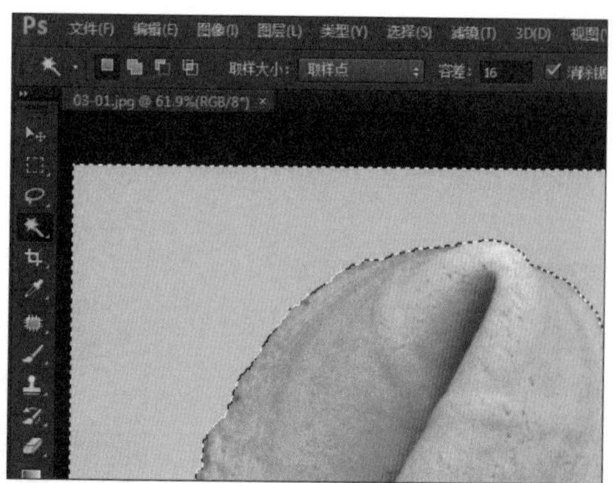

在图像背景区域任一处单击（如果选取的颜色 RGB 色值分别为 195 时，则容差 16 表示 179 ~ 211 的色彩都会被选中）

小提示 如何增加或减少选取范围

用 **魔棒工具** 选择时，因为所设的 **容差** 值不同，可能会造成选择过多或过少的情况，这时可利用 **选项** 栏最左侧的工具来调整：

添加到选区：当鼠标在图像上方呈 状时，可将当前未选取到的区域添加进来。

从选区减去：当鼠标在图像上方呈 状时，可将当前已选的区域进行减少。

与选区交叉：当鼠标在图像上方呈 状时，可对当前重叠的选取范围进行选取。

02 反向选取

用魔棒工具完成选取后，再通过反向选取功能选择饼干。

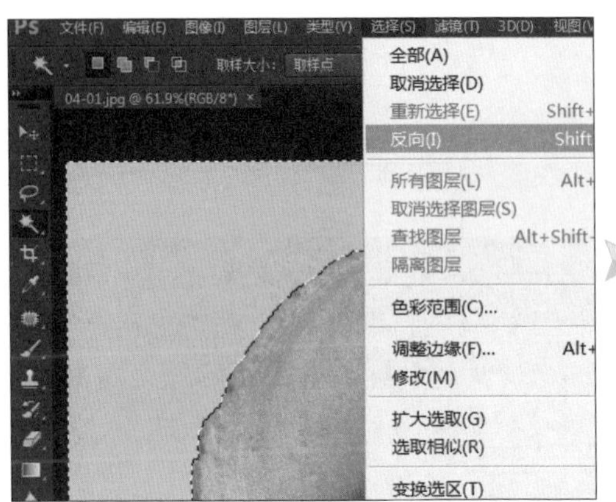

在菜单中选择 **选择 \ 反向** 命令。

▲ 这样就可以完成选取饼干的操作了。

03 将选择范围复制到新图层中

将选区的范围复制成另一个新的对象。

选择 **图层 \ 新建 \ 通过拷贝的图层**（或按 Ctrl + J 键），把选择范围复制到新图层，可在 **图层** 面板看到新增的图层。

在 **图层** 面板，单击 **背景** 图层前的 ，可隐藏该图层，这样即可看到背景已经透明，去底的操作就这么轻松完成了！

用快速选择工具去底

当主体的颜色属相同色系且与背景色差很大时，可以用此工具快速选择，打开本章案例原始文件 <03-02.jpg> 进行练习。

01 使用快速选择工具

因为雕塑的主体颜色相似度极高，所以可用 **快速选择工具** 进行选取。

在 **工具** 面板选择 **工具**，在 **选项** 栏单击 **新选区** 按钮。

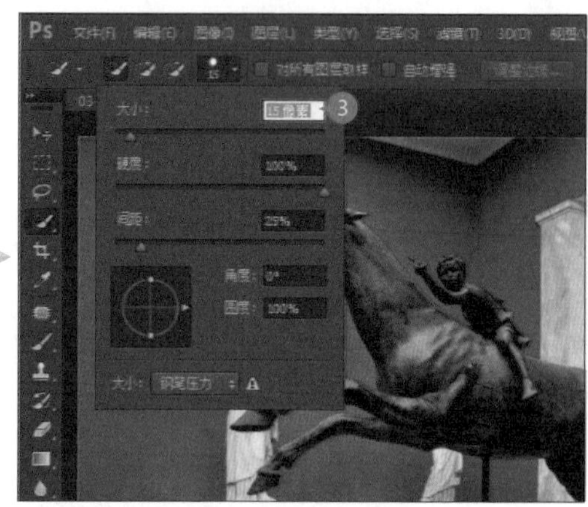

继续在 **选项** 栏的 **画笔选取器** 中设置合适的笔刷大小。

沿主体边缘拖动，由 Ⓐ 拖至 Ⓑ，即可出现一个选区。

在 **选项** 栏单击 **添加到选区** 按钮，适时变更 **画笔选取器** 的笔刷大小，在主体上继续增加其他选区，大致选取的范围如图所示。

在 **选项** 栏中单击 按钮，可从选取范围中减去多选的部分。

02 将选择范围生成一个新对象

利用 **调整边缘** 功能，可以让选择范围边缘更自然，得到更好的去底效果。

在 **选项** 栏单击 **调整边缘** 按钮，打开对话框。

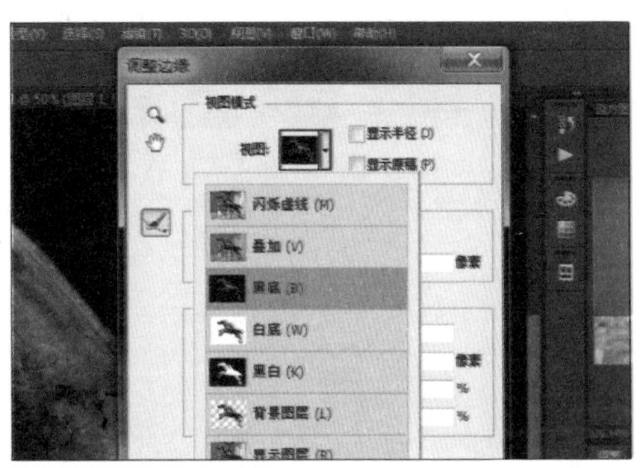

在 **视图模式** 框中设置视图为“**黑底**”模式。

选中 **智能半径**，设置 **半径 2.5 像素**、**对比度 10**；选择 **输出至 " 新建图层 "**，单击 **确定** 按钮，这样即可在 **图层** 面板看到新增的 **背景 拷贝** 图层，并将选择范围内的主体复制到新图层中，且 **背景** 图层前方主观 **自动隐藏该图层**，这样就完成了去底的操作。

用选框工具去底

主要适用于一般形状如矩形或椭圆形选择，打开本章案例原始文件 <03-03.jpg> 练习。

01 使用椭圆选框工具

图像中的美食使用了圆形盘子，所以可通过 **椭圆选框工具** 来进行选择。

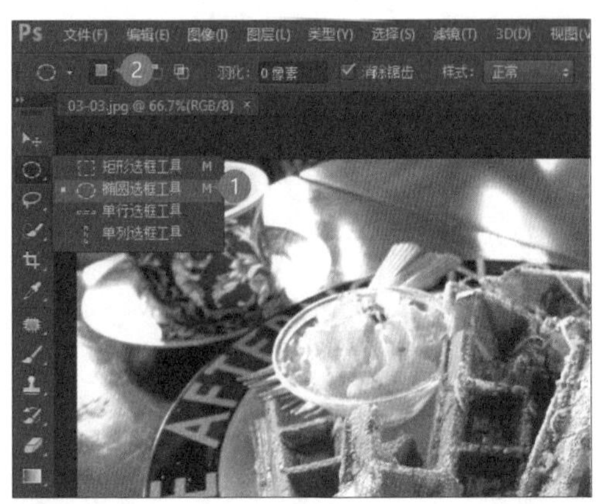

单击 **工具** 面板 ◯ **椭圆选框工具**，在 **选项** 栏单击 **新选区**。

把鼠标移至欲选取的圆形中心点，按住 Alt 键的同时把鼠标由Ⓐ 拖至Ⓑ，即可出现一个圆形选区。

02 调整选择范围

使用拖曳方式建立的选区难免有些误差，可以通过以下方式进行微调。

从菜单选择 **选择 \ 变换选区**，选取范围即会出现变形控制点。

分别拖动四周的控制点，让选择区域与盘子大小一致（译者注：按 Ctrl 键时可任意调整控制点）。

最后稍微旋转一下选区角度，按回车键即可完成变换选区的操作。

03 将选区复制到新图层中

将选区复制成另一个新对象。

按 Ctrl + J 键复制选区到新图层，在 **图层** 面板中可看到新增的 **图层 1** 图层。

在 **图层** 面板单击 **背景** 图层前方的 ，隐藏该图层。

◀ 这样即可看到背景已经透明，轻松实现了用选框工具进行去底的操作！

用套索工具去底

套索工具 适用于边缘有棱角且线条简单清晰的不规则几何形状，通过线条建立选区，以达到图像去底的效果。套索系列工具组合中包含了**套索工具**、**多边形套索工具** 及 **磁性套索工具** 三种。大致来说，**套索工具** 可以直接在图像上通过拖曳的方式建立不规则的选区；**多边形套索工具** 则是以单击设点的方式建立笔直的选区。

01 使用套索工具

因为图像中主体的边缘线很清晰，所以可以使用 **磁性套索工具**，它就像磁铁一样，吸附图像边缘以建立选区，打开本章案例原始文件 <03-04.jpg> 进行练习。

在**工具** 面板选择 **磁性套索工具**，在 **选项** 栏单击 **新选区** 按钮以及如图设置属性参数，回到图像上方鼠标指针呈现 状。

将鼠标移到主体边缘位置，单击鼠标建立起始点，接着沿主体边缘移动，在转弯处可单击鼠标增加拐点，重复此操作直至将鼠标移回起始点，此时鼠标会呈 状，单击鼠标封闭选区。

小提示 磁性套索的相关设置

选择 **磁性套索工具** 时，**选项** 栏的 **频率** 范围为 1 到 100 之间，其数值越大代表检测点越多，速度也越快；而在选取的过程中，如果不小心选错时可按 Backspace 键还原至上一个检测点；封闭选区后，可参考 3.2 节中的说明增加或减少选取范围。

02 将选区复制到新图层中

将选区的范围复制成另一个新的对象。

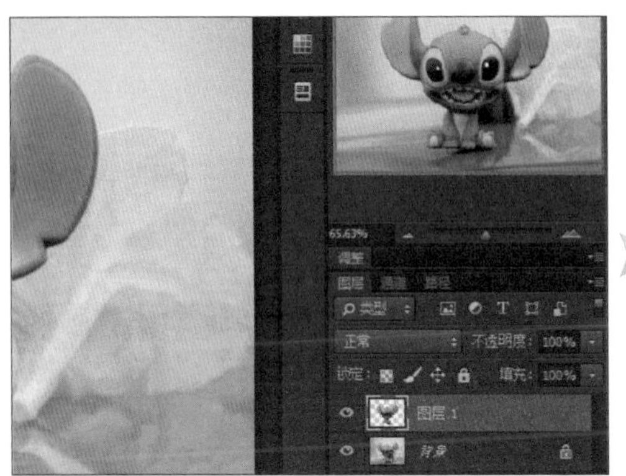

按 Ctrl + J 键可复制选取范围到新图层，在 **图层** 面板中可看到新增的 **图层 1**。

在 **图层** 面板单击 **背景** 图层前方的，隐藏该图层，即完成去底操作。

小提示 放大屏幕显示比例 \ 移动屏幕显示区域

在建立选区的过程中，如果想选取转弯处的细节，可以按 Ctrl + + 键放大屏幕显示比例；反之按 Ctrl + - 键可缩小屏幕显示比例。

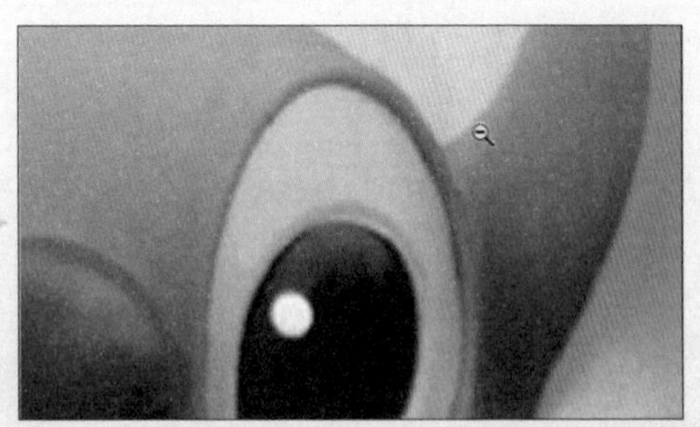

同样，在选取过程中，如果想要移动屏幕显示区域，按住 Space 键不放，待鼠标呈 状时，即可以移动编辑区。

用混合选择工具去底

选择工具要如何选择呢？其实只要顺手就好，并没有绝对的标准，而且为了能快速选取还可以互相配合使用，打开本章案例原始文件 <03-05.jpg> 进行练习。

01 通过标尺拖动参考线

为了精确选取圆形部分，先选择 **视图 \ 标尺**，在编辑区打开标尺。然后再选择 **工具** 面板中的 **移动工具**，进行如下的参考线设置操作。

将鼠标移到左侧标尺上，按住鼠标不放往右拖动至茶盘左边缘后放开，会出现一条淡蓝色参考线。

按照相同方法，在上方标尺上按住鼠标不放，往下拖至茶盘的下边缘后放开，会出现一条淡蓝色参考线。

02 使用椭圆选框工具

因为照片中的茶盘为椭圆形，所以可使用 **椭圆选框工具** 进行选取。

在参考线的交点拖出一个椭圆形选区，选择 **工具** 面板 **椭圆选框工具**，在 **选项** 栏单击 **新选区**，在左下角参考线的交叉点上按住鼠标不放，由 A 拖至 B，如图所示，将部分茶盘范围先选出来。

03 使用磁性套索工具

圈选茶壶与杯子部分，使用 **磁性套索工具** 来快速选取。

选择 **工具** 面板中的 磁性套索工具，在 **选项** 栏单击 **添加到选区** 按钮及如图设置属性参数，回到图像上方，当鼠标指针呈 状时沿茶壶边缘进行选取。

最后将鼠标移回起始点，鼠标指针呈 状，单击鼠标左键封闭选区（同样地再选取右侧杯子部分）。

04 使用套索工具

使用 **磁性套索工具** 选出选区，一定会有多选或少选的范围，这时再利用 **套索工具** 来修饰这些选取范围。

选择 **工具** 面板中的 **套索工具**，在 **选项** 栏单击 **从选区减去** 按钮。

回到图像上方，用鼠标沿着茶壶或杯子边缘圈选多余的范围，将多选的选取范围减去。

在 **选项** 栏单击 **添加到选区** 按钮，再回到图像上方，将茶盘或是其他未选取的部分——圈选起来，让选取范围更完整。

05 将选取范围复制到新图层中

将选区的范围复制成另一个新的对象。

按 Ctrl + J 键复制选取范围到新图层，在 **图层** 面板中可看到新增的 **图层 1**。

在 **图层** 面板，选择 **背景** 图层前方的 ，隐藏该图层。

◀ 完成了！这样即可看到背景已经透明，完成了综合运用各种选择工具进行去底的操作。

3.3 用图层蒙版去底与合成

图层蒙版 就是将蒙版直接建立在图层上，利用绘图或选择工具创建图像显示的状态，在蒙版上黑色范围为图像要被盖住的部分；白色范围则为图像要显示的部分。蒙版并不会破坏原始图层，蒙版区域也可以增加、减少或是删除。

▲ 图层蒙版可以显示出不同的图像区域

01 加入图层蒙版

这里，我们要用图层蒙版功能来制作简单的图片合成效果。打开本章案例原始文件 <03-06.psd>，编辑区中已预先摆放了两张风景照片，请根据如下步骤设置图层样式：

选择 **风景** 图层后，单击 **添加图层蒙版** 按钮，即可新增一个空白蒙版。

从 **工具** 面板选择 **画笔工具**，然后分别单击 D 和 X 键，即可设置 **前景色** 为 **黑色**，**背景色** 为 **白色**。

02 使用黑色画笔工具擦拭遮色片

此处，我们要将 **风景** 图层擦掉，所以需使用 **画笔工具**。

在 **选项** 栏单击 **画笔预设选取器** 按钮，设置 **柔边圆压力**，**大小为 60 像素**。

在 **图层** 面板上单击 **图层** 蒙版缩略图，即可在图像上涂抹。

在图像上反复涂抹，让两张图像合二为一，达到合成的效果（如果将 **前景色** 切换为 **白色** 后再回到图像上涂抹，即可恢复原来被涂抹的区域）。

小提示 作用在图层缩略图与图层蒙版缩略图去底的差异

在 **风景** 图层中，分别选择 **图层** 缩略图与 **图层蒙版** 缩略图后，再使用 **画笔工具**来涂抹，其结果不尽相同，所以在涂抹前请留意所选取的目标是否正确。

3.4 商业级的路径法去底

工具 面板中的 **钢笔工具** 可绘制各式曲线和直线，常用来精确描绘图像以快速创建去底效果或设计手绘图形对象。

在创建选区前，对 **选项** 栏上各个相关设置的说明如下：

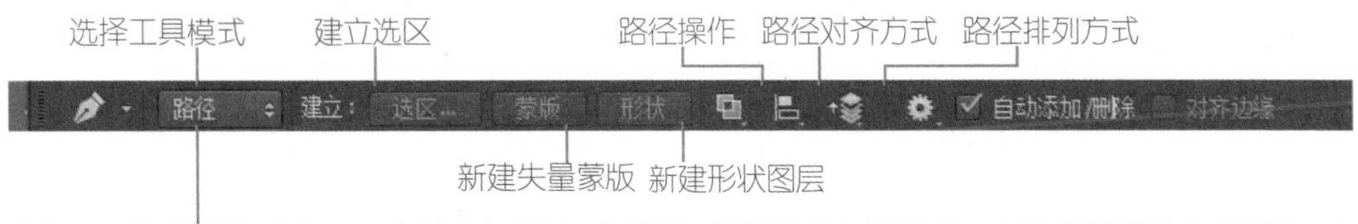

选择工具模式 中的 **路径**，可在图层上绘制工作路径（但不会产生新图层），并可将路径建立成选区、填色或用作其他用途，同时也会自动将绘制的路径显示在 **路径** 面板中。

以钢笔工具编辑图片

01 先用钢笔工具建立基础路径

对初学者来说，可以先用直线的方式选取主体范围，在此我们用 **钢笔工具** 建立选区，可以说这是创建精确选区的第一课。两个锚点间所连接的即是一条直线，三条直线以上即可画出一个区域，打开本章案例原始文件 <03-07.jpg> 练习。

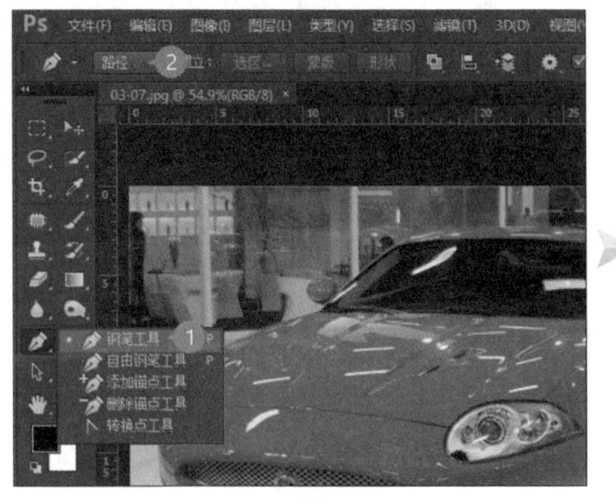

在**工具** 面板中选择 钢笔工具，在 **选项** 栏选择 **路径** 模式。

将鼠标移至线段的起始位置并单击，建立第一个锚点。

移至第二个锚点位置单击鼠标，即完成线段的建立（若按 Esc 键可结束绘制）。

接着，分别在其他合适的位置，单击鼠标左键建立锚点。

如图一步一步在的转角处建立锚点，有圆角或弧度的地方也是以直线方式，大范围的圈选出汽车主体区域。

如果要封闭与结束路径的绘制，需将鼠标移至第一个锚点上，当指标旁出现一个小圆圈时单击该锚点，即可封闭路径（绘制后路径会自动显示在 **路径** 面板中）。

02 使用转换点工具来转换路径曲线弧度

接下来就要将上个步骤绘制出来的直线微调成有弧度的曲线，使其更贴近对象的边缘，只要耐心学会第一个转换锚点的操作，抓住精髓，接下来操作都将非常得心应手！

在 **工具** 面板中选择 **缩放工具**或者按 Ctrl + + 键，放大图片以便调整细节。

在 **工具** 面板中选择 **转换点工具**。

将鼠标移动到任一锚点上，指针会变成 状。

按住锚点不放往右上拖动，待出现两条控制手柄时放开鼠标。

小提示　改变线段的绘制方式

使用 **钢笔工具** 进行线段绘制的过程中，也可以直接按 Alt 键不放，再将鼠标移至锚点上，会发现已快速切换为 **转换锚点工具**，此时可以改变线段的绘制方法。

接着将鼠标移到右侧的手柄控制点上，指针会变成 状。

拖动右侧手柄控制点，调整该锚点右侧线段，至呈现出合适的弧度后放开，同理再调整左侧线段。

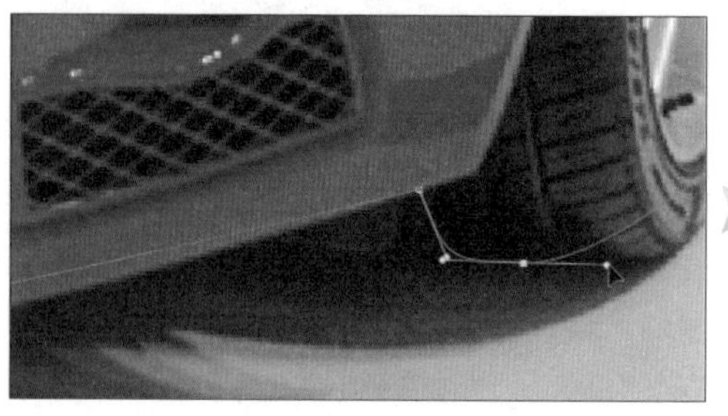

继续将鼠标移动到下一个锚点上，拖动锚点产生手柄，再拖动手柄控制点，待线段呈现出合适的弧度后放开。

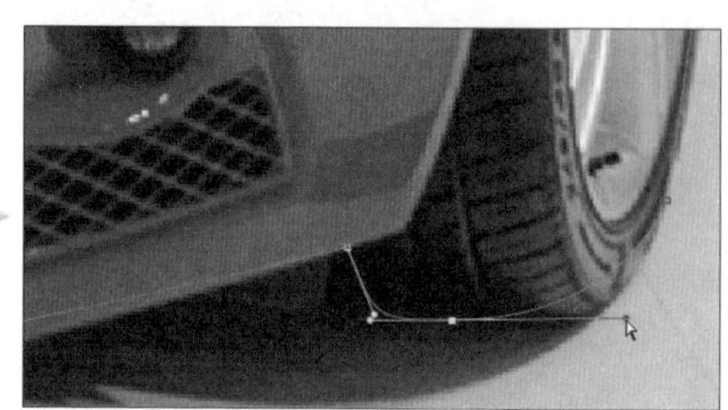

如果拖动后的线段不要有角度，可按住 Ctrl 键的同时将鼠标移动到控制手柄上，呈 状时再拖曳控制手柄，这样就不会产生角度。

高级的锚点编辑

01 改变锚点位置

当放大显示时，发现锚点的位置不是很精准，可利用微调的方式来修锚点位置。

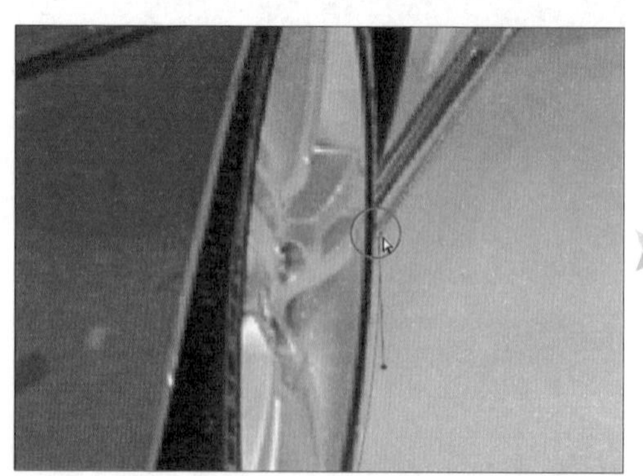

将鼠标移至要改变位置的锚点上，按住 Ctrl 键不放。

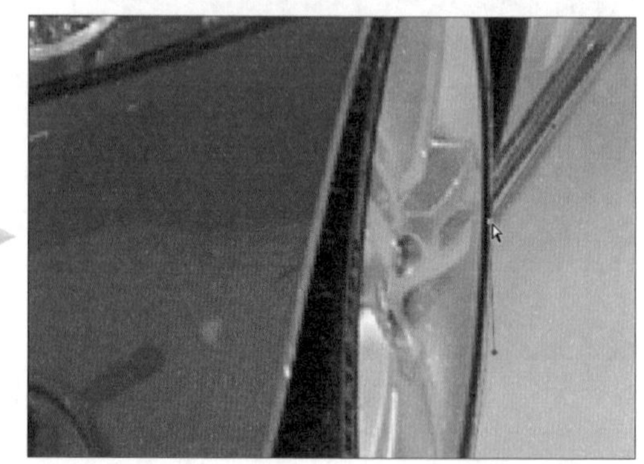

待鼠标呈 状，即可如图所示拖动锚点至正确位置。

02 增加、删除锚点来增加细节

建立直线路径时，锚点越少越容易编辑，但后续为了让选区更加精确，最常用的操作就是新增或者删除锚点，以下将示范这些操作。

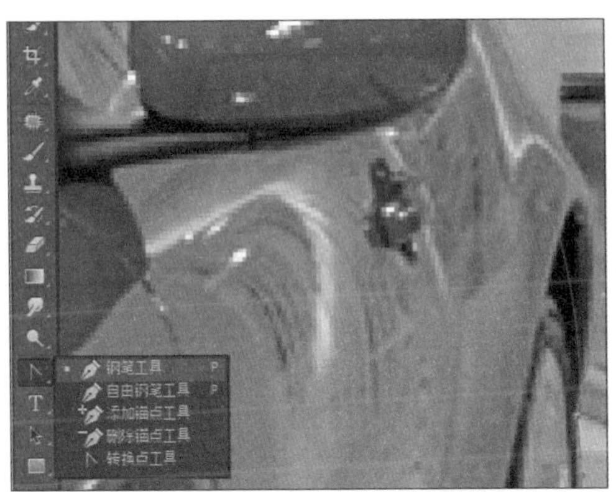

在**工具** 面板中选择 **钢笔工具**。

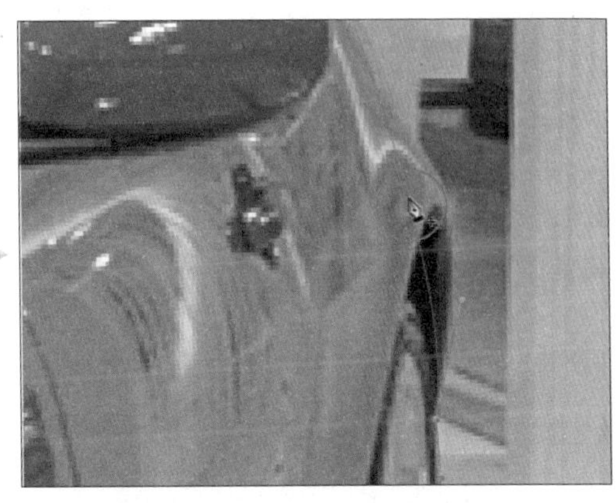

将鼠标移至如图路径上（无锚点处），待其呈 状时，单击鼠标可新增一个锚点。

继续将鼠标移到如图所示的路径上，待其呈 状时，单击鼠标再新增另一个锚点。

最后将鼠标移至如图所示的路径（有锚点处）上，待其呈 状时，单击鼠标即可删除该锚点。

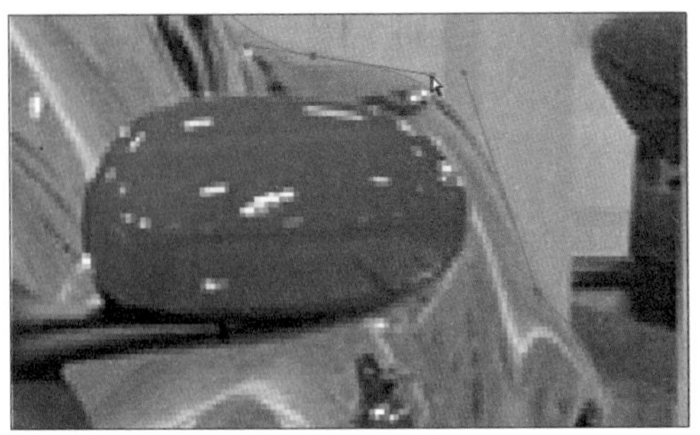

为新增的两个锚点调整出最合适的弧度及位置。

依照前面的示范操作，继续在其他锚点上通过控制手柄功能分别调整出合适的曲线。

03 将选取范围复制到新图层中

将选区内的图像复制成另一个新的对象。

在 **路径** 面板中单击 ，将路径作为选区载入，即可生成选区。

回到 **图层** 面板按 Ctrl + J 键，单击 **背景** 图层前方的 ，隐藏该图层。

◀ 这样就轻松完成了商业级的图片去底效果！

小提示 路径面板的功能

路径 面板中除了会记录通过 **钢笔工具** 绘制的路径外，还有没有其他功能呢？通过以下几个小案例来简单说明一下。先从 **工具** 面板选择 **画笔工具**，在 **选项** 栏设置 **前景色**，**画笔尺寸为 30 像素**，再在 **路径** 面板中选中 **工作路径**，接着执行如下操作试试看：

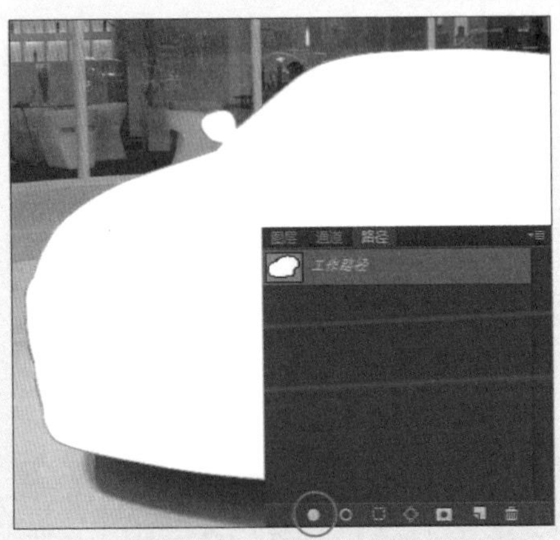

在 **路径** 面板单击 **用前景色填充路径**，会看到选区内已经填满当前的前景色。

在 **路径** 面板单击 **用画笔描边路径**，会看到选区边框已经填满颜色。

在 **路径** 面板中单击 **将路径作为选区载入**，会看到选区。

在**路径** 面板单击 **创建新路径**，会新增 **路径 1**。可在此重新绘制路径。

3.5 心爱宠物的毛发去底

毛发去底一直是许多使用者心中的痛，不管用套索工具还是用钢笔工具绘制路径，最后的去底效果总是差强人意。如何完成一张细腻又自然的毛发去底，将是本节要教您学会的技巧，请跟着案例一起练习吧！

快速选取范围

01 选取照片中的猫咪

首先使用 **快速选择工具** 选取主体，打开本章案例原始文件 <03-08.jpg>。

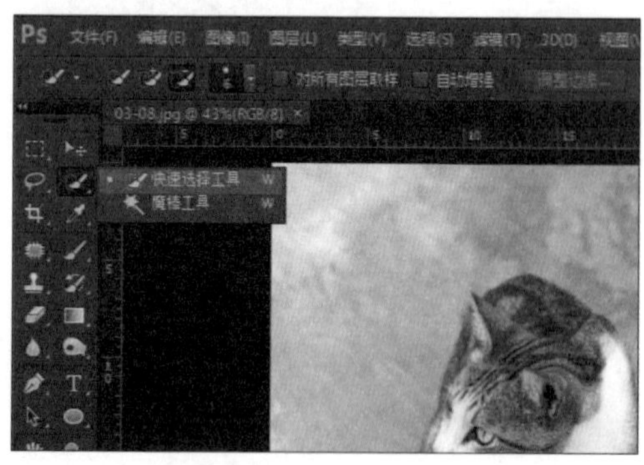

在 **工具** 面板选择 **快速选择工具**。

在 **选项** 栏单击 **新增选区** 按钮，再单击 **画笔选取器**，设置 **画笔尺寸为 20 像素，硬度为 100%，间距为 25%**，再选中 **自动增强**。

待鼠标呈 ⊕ 状，在图像中的猫咪主体上拖动鼠标，绘制出一个选区。

先快速、大范围地圈选出猫咪的区域，略有超出的范围也没关系。

02 修饰选取范围

完成粗略的快速选取范围后，通常会多出一些不必要的选区，这时就要做调整，以让选区更加得完美。

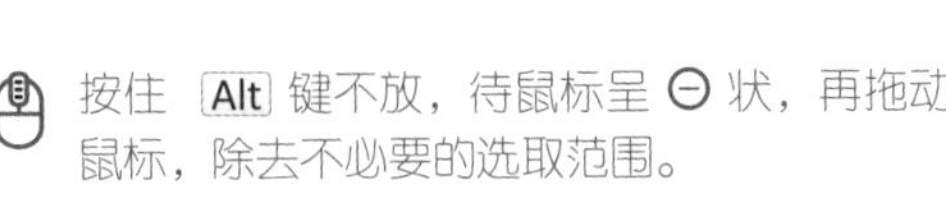

按住 Alt 键不放，待鼠标呈 ⊖ 状，再拖动鼠标，除去不必要的选取范围。

同时可按 [或] 键适时地改变笔刷大小，再增加或减去选区范围直到合适。

调整边缘 —— 毛发去底的好帮手

调整边缘 功能可提高选区边缘的质量，在 **选项** 栏单击 **调整边缘** 按钮打开对话框，进行设置前，相关选项说明如下：

视图模式

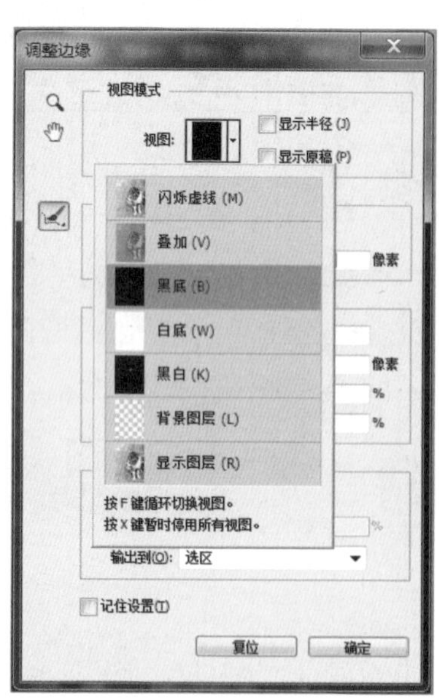

- **视图**：在下拉列表中共有 **闪烁虚线**、**叠加**、**黑底**、**白底**、**黑白**、**背景图层**、**显示图层** 七种选区的视图模式，如需每种模式的信息，可将鼠标暂停在该模式上，即会出现提示信息（按 F 键快速切换七种视图模式；按 X 键打开或关闭视图）。
- **显示半径**：选中此项会显示使用 **调整半径工具** 或 **抹除调整工具** 进行过边缘调整的区域。
- **显示原稿**：选中此项会显示原始选取范围，方便对照。

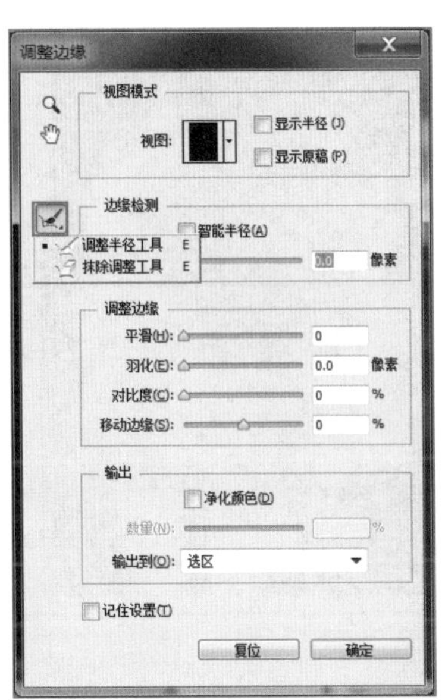

边缘检测

- **智能半径**：选中此项会自动调整图像边缘的硬边及柔边半径。
- **半径**：设置边缘调整的选区大小。尖锐边缘使用小半径，边缘柔和使用大半径。

调整半径工具 / 抹除调整工具

- **调整半径工具** 及 **抹除调整工具**：**调整半径工具** 可以扩大选区边缘并依设定值达到更细致的调整，**抹除调整工具** 可以清除调整过的边缘，还原原始边缘。

调整边缘

- **平滑**：调整图像边缘的锯齿程度，建立平滑效果。
- **羽化**：柔化图像边缘。
- **对比度**：图像边缘的柔边效果会因为对比度的增加而变得明显。
- **移动边缘**：数值若为正，会外移柔边边界；数值若为负，会内移柔边边界，同时可以清除边缘不必要的颜色。

输出

- **净化颜色**：通过选区的邻近像素颜色来移除周围的彩色边缘。
- **数量**：当选中 **净化颜色** 时，可以通过此处设置移除颜色的程度。
- **输出到**：可以将调整过的选区范围输出为当前图层上的选区或蒙版，或是生成至新的图层或文件。

01 设定调整边缘

经过前面的介绍后，下面利用 **调整边缘** 对话框中的设置来为毛发的一部分微调出更优的选区。

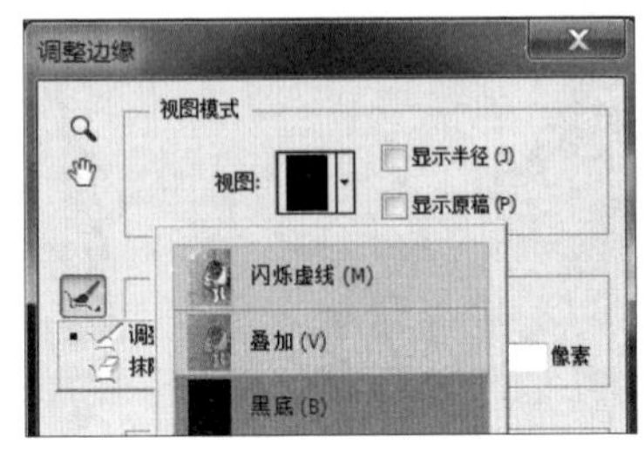

在 **视图模式** 中设置 **视图为“黑底”**
（可根据图像具体状况调整视图模式或设置值）。

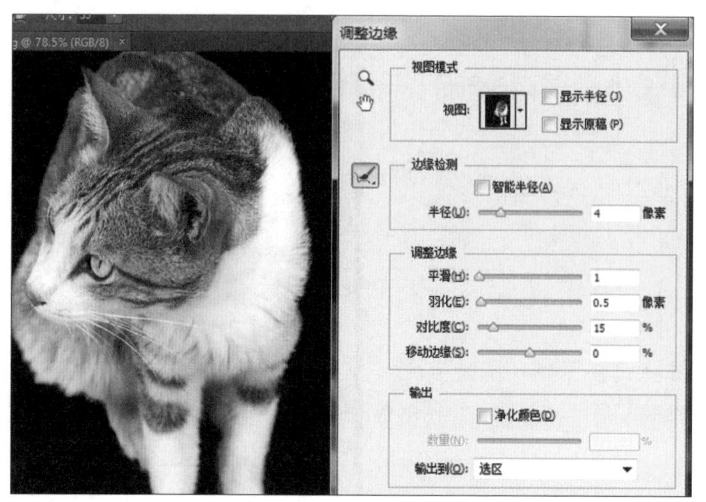

选中 **智能半径**，设置 **半径为 4** 像素，在 **调整边缘** 中设置 **平滑为 1**、**羽化为 0.5** 像素、**对比度为 15%**。

小提示　如何设置调整边缘数值

每一张图像的具体情况都不尽相同，那该如何调整边缘数值呢？其实有个简单的方式，您可以一边调整数值滑杆，一边观察编辑区上图像的变化，效果不足就加大数值，太过头就减少数值，以此方式完成调整。

02 优化主体边缘细节

调整出较佳的边缘细节后，接着使用手绘的方式来优化边缘细节。

单击左侧的 **调整半径工具**，在图像中猫咪边缘拖动进行绘制，完成后软件会自动帮您算出最佳的边缘效果。

沿着猫主体完成一圈绘制后，可对不明显的部位重复绘制几次，完成后会让选取范围的边缘毛发更细腻。

选择 **抹除调整工具**，涂抹效果不佳的边缘处，适时地调整画笔大小慢慢画出细节部分。

选中 **净化颜色**， 设置 **数量为 50%**，**输出到新建图层**，单击 **确定** 按钮后会发现新增了一个 **背景 拷贝** 图层且已完成去底。

小提示 焦点区域选择范围

在 Photoshop CC 版本中新增了一种选择方式——**焦点区域**，它有点像 **快速选择工具** 的加强版，选择 **选择 \ 焦点区域** 即会自动在图像中产生选取范围，您可在对话框中进行更详细的设置。

视图模式

- **视图**：在下拉列表中共有 **闪烁虚线**、**叠加**、**黑底**、**白底**、**黑白**、**背景图层**、**显示图层** 这七种选区的视图模式（与 **调整边缘** 设置相同）。

焦点区域新增工具 / 焦点区域消除工具

- **焦点区域新增工具** 及 **焦点区域消除工具**：可通过这两种工具手动调整选区细节。

数量

- **焦点对准范围**：拖动的数值越大则选取的范围越大，数值越小选取范围越小。
- **高级 \ 图像噪点层次**：选取范围内有背景杂边，可增加此处的层次。

输出

- **输出到**：可以将调整过的选区输出为当前图层上的选区或蒙版，或是生成到新图层或文件。

最后生成的选区也可再通过 **调整边缘** 做更细腻的微调，单击 **调整边缘** 按钮即可立即打开对话框。

3.6 精致又自然的发丝去底

能不能把人物发丝去底做得精致又自然，可有力地证明自己的实力。下面我们使用 **通道** 去底的方式，一起来看看如何快速又不失真地完成一张完美的发丝去底。

认识通道

通道 用于是存储图像色彩信息中的“灰度”数值，**通道** 面板中列出了图像中所有颜色的通道；通道内容的缩略图显示在名称左侧，当编辑通道时，缩略图就会随之自动更新。

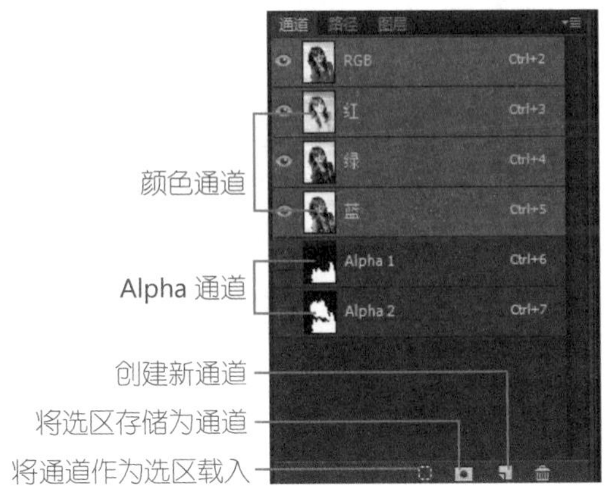

- 当打开新图像时，会自动建立颜色通道，图像的色彩模式决定了所建立的通道的数量。例如 RGB 图像会有**红**、**绿**、**蓝** 三个通道，CMYK 图像有**青**、**洋红**、**黄**、**黑**四个通道，而灰度图就只有一个**灰色**通道。
- Alpha 通道可以把选区存储为灰度图像，也可以存储为图层蒙版，让您处理或保护部分图像。
- 图像最多可以有 56 个通道，所有新的通道都具有和原始图像相同的像素及尺寸。
- 通道需要占用的空间大小，由通道中的信息所决定。包括 TIFF 和 Photoshop 格式在内的某些文件格式，会压缩通道信息以节省空间。
- 只要以支持图像色彩模式的格式存储文件，就可以保留色彩通道，但必须将文件存成 Photoshop、PDF、TIFF、PSB 等格式，才能保留 Alpha 通道。

制作去底用的通道

01 选择对比度最大的通道

要利用通道去底时，首先最重要的就是要确认运用哪一个通道，打开本章案例原始文件 <03-09.jpg>，接著打开 **通道** 面板。

选择 **通道** 面板中的 **红** 通道，即可在编辑区看到红色通道的色彩分布情况。

选择 **通道** 面板中的 **绿** 通道，即可在编辑区看到绿色通道的色彩分布情况。

选择 **通道** 面板中的 **蓝** 通道，即可在编辑区看到蓝色通道的色彩分布情况。

以上三个通道比较的话，**蓝色**通道的对比度与发丝边缘的细腻度是最好的，所以建议使用蓝色通道来选取主体范围。

小提示 适合通道去底的照片

并不是每一张照片都适合使用通道去底法，要使用通道去底最重要的一点是"发丝与背景对比反差要非常明显"，这样在通道中才能得到最佳的效果，一般棚拍的人像最适合使用此方式去底。

02 复制通道加强色阶对比

确定要使用的通道后，接着就要利用这个通道来制作基础选区。

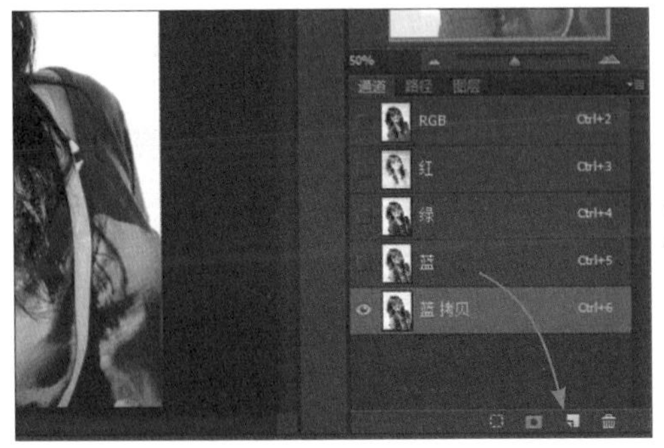

在 **通道** 面板选择 **蓝** 通道，拖至下方 **创建新通道**按钮，复制出 **蓝 拷贝** 通道。

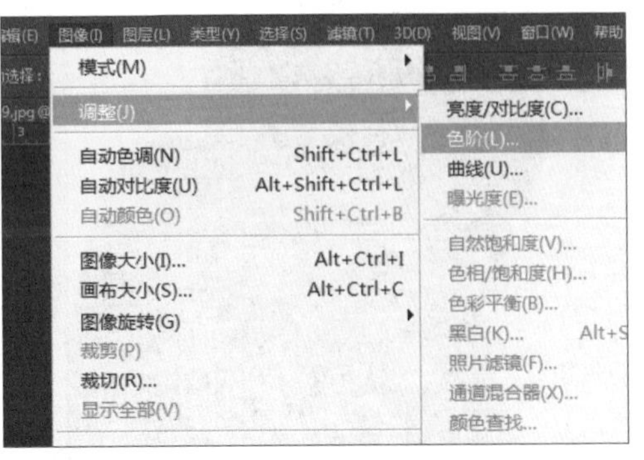

选择 **图像 \ 调整 \ 色阶** 打开对话框。

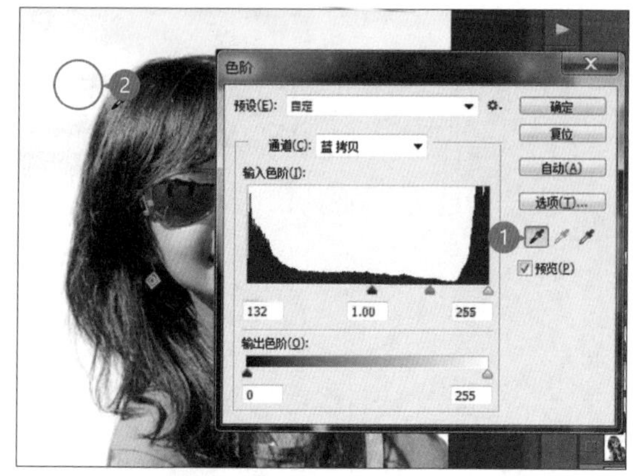

首先要设置图像的黑场（最暗点）。选中 工具，把鼠标移至编辑区图像上合适的位置单击鼠标（建议设置 **最暗点** 时，不直接选择发色最黑的部分，而是如图选择灰色头发区，这样可以将大部分的灰色区域一次变黑）。

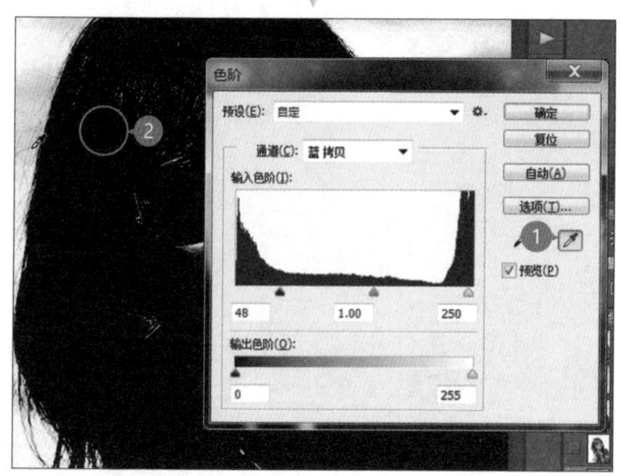

接着用 工具设置白场（最亮点），同样地把鼠标移至编辑区图像上合适的位置（建议设定 **白场** 时，可选头发边缘飘逸的发丝部分，这样可让那些较细且不易表现的部分消掉），这样一来就可以得到对比非常强烈的灰度图像，完成后单击 **确定** 按钮。

完成后会得到如图所示的样子，这时可以看到发丝的部分有非常明显的轮廓了。

03 修补通道未填充处

经过前面的步骤，用于去底的通道创建已完成 90% 了，接着还得用手动方式把尚未完美的部分修饰一下。

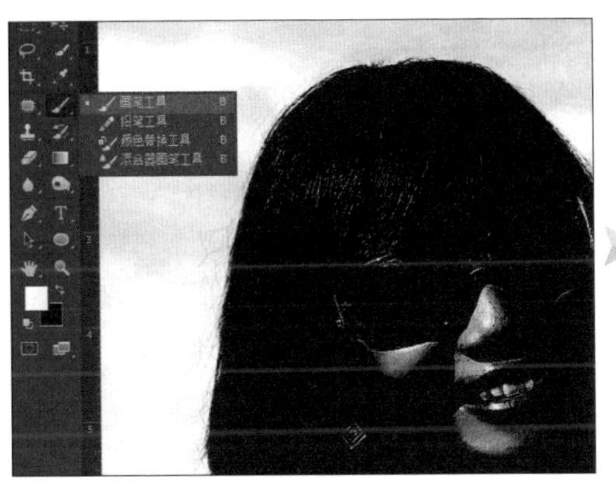

在**工具** 面板中选择 **画笔工具**，并设置 **前景色** 为黑色。

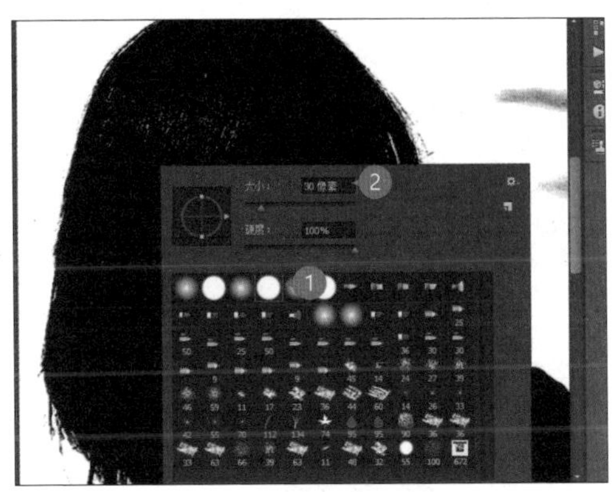

在编辑区任一处右击鼠标，在 **画笔预设选取器** 面板选 “**硬边圆**” 画笔，设置画笔尺寸为 **30 像素**。

小提示 前景色或背景色变换小技巧

如果要填满 **黑色** 区域时，可以先按 D 键恢复为默认的前景色（白）与背景色（黑）状态，再按 X 键即可切换前景色与背景色。

除了以快捷键快速切换预设的前景色与背景色外，如果要填满其他颜色时如何设置呢？以前景色为例，可以单击 **工具** 面板下方 **前景色** 色块打开对话框，接着在 **拾色器** 中选择需要的颜色后，单击 **确定** 按钮即可。

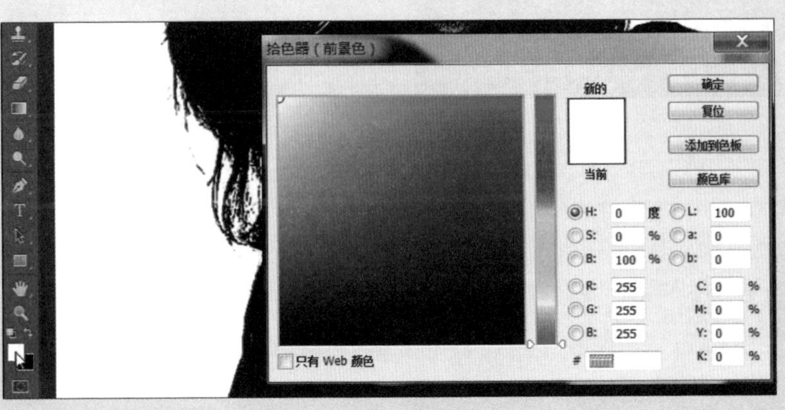

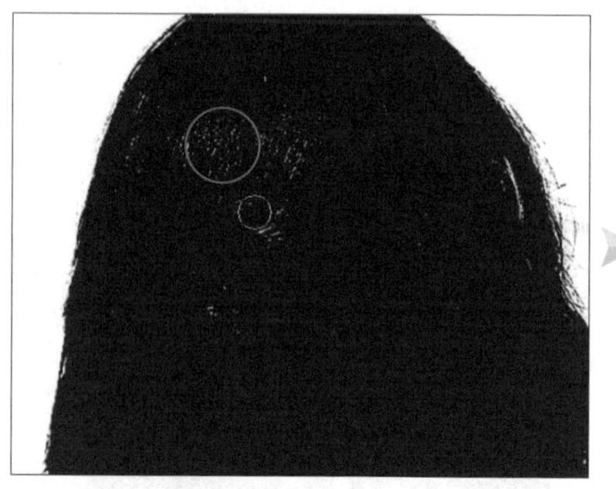

开始在编辑区图像上涂抹未填满黑色的部分(发丝间的隙缝也需涂抹均匀)，适时地改变画笔大小来配合涂抹的区域。

另外也可选择 **工具** 面板中的 **橡皮擦工具**，将杂乱发丝或多余的背景修掉。

将所有要选取的范围均涂抹为黑色，在之后载入选区时会得到更佳的效果。

小提示 利用其他选择工具完成通道创建

利用 **色阶** 调整过的通道，如果还有许多主体未在选区中，可以利用前几节学习的选取方法如 **套索工具**、**钢笔工具**、**快速选择工具**等，将所有主体范围包含在通道区域内。

载入选区完成去底

制作好去底用的通道后，接下来利用这个通道来生成选区，就可以完成精确的发丝去底了。

在 **通道** 面板选中 **RGB** 通道回到正常视图，接着选择 **选择 \ 载入选区** 打开对话框，设定 **通道** 为蓝 **拷贝** 并选中 **反转**，完成后单击 **确定** 按钮（需选中 **反相** 才能选取人物主体）。

在 **图层** 面板，按 Ctrl + J 快捷键复制选区到新图层，在 **图层** 面板中即可看到新增的 **图层 1** 图层。

在 **图层** 面板，单击 **背景** 图层前的 ，隐藏该图层，如此即完成发丝去底。

3.7 手写签名去底

如果在自己拍摄的作品中加上亲笔签名，不仅可以为作品加上版权声明，亲笔签名的笔触也可为作品增加质感，制作一组常用的签名画笔样式，让您随时都可以为作品加上签名。

制作签名画笔样式

先用黑色的签字笔在白纸上签上您的名字，然后用手机拍照上传至计算机中，以此来作为您的数字签名文件，可打开本章案例原始文件 <03-10a.jpg> 进行练习。

01 调整出黑白效果的图像

将拍好的照片先调整出只有黑与白，以方便后面的提取签名操作。

选择 **图像 \ 调整 \ 曲线** 打开对话框。

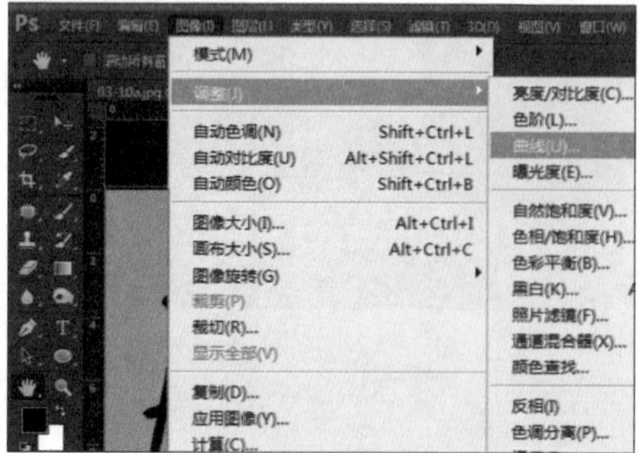

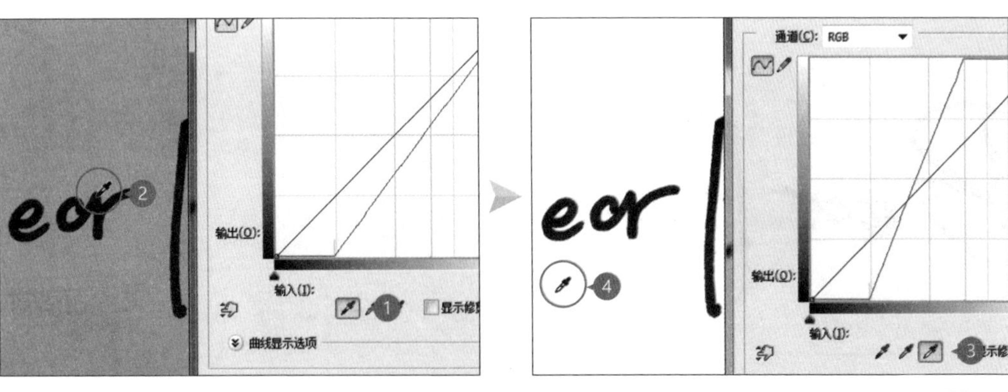

在对话框中选择 （黑场）工具，将鼠标移至签名文字上单击，让签名的部分更黑，再选择 （白场）工具，将鼠标移至白纸上，单击鼠标（可多尝试单击几次白场位置，直至黑白效果最明显即可），完成后单击 **确定** 按钮。

02 调整出高反差效果

虽然已调整出近似黑与白的图像效果，不过实际上黑与白的颜色还不是很纯，下面利用 **阈值** 功能来做进一步调整。

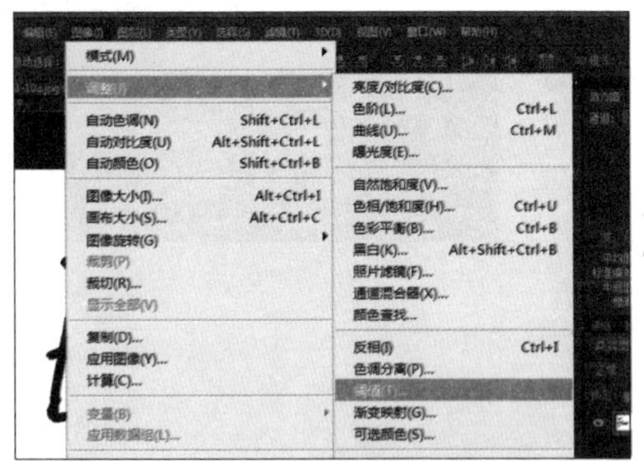

选择 **图像 \ 调整 \ 阈值** 打开对话框。

选中 **预览** 并往右拖动滑块，直至图像得到较佳的结果后单击 **确定** 按钮（笔画粗细合适，影像周遭无杂点即为最佳）。

03 定义画笔样式

接着将制作好的高反差数字签名定义为画笔样式，方便您以后随时使用，选择 **工具** 面板中的 **魔棒工具**。

按住 Shift 键不放，一一单击编辑区中黑色的签名笔画，把签名都选中。

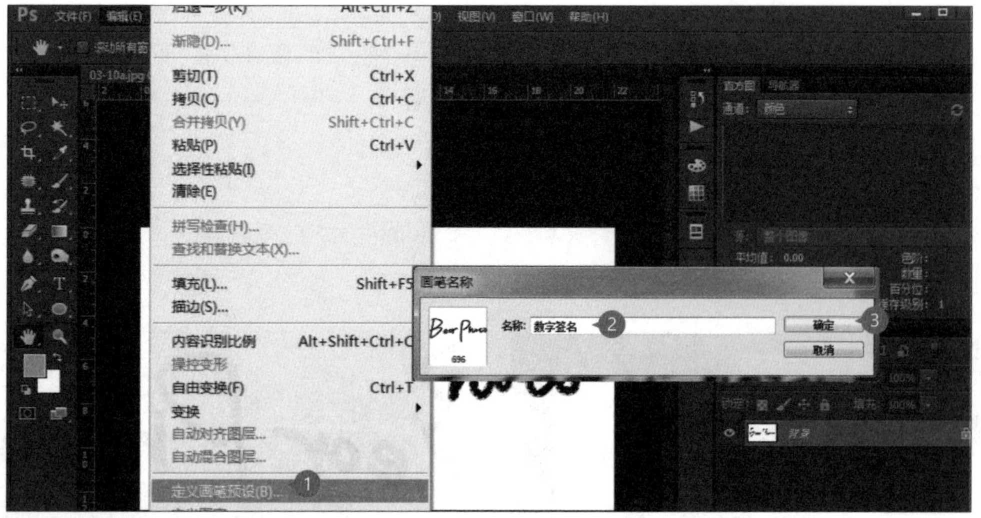

选择 **编辑 \ 定义画笔预设**，打开对话框，命名画笔名称后单击 **确定** 按钮即完成。

小提示　定义画笔的尺寸大小

一般来说，定义画笔时画笔的尺寸大小会根据图像当前的尺寸来决定，并显示在 **画笔名称** 对话框左侧预览图的下方。建议您在制作时尽量使用较高的像素来制作，这样就可避免放大画笔时产生模糊的状态。

在作品上添加数字签名

完成画笔定义后，接下来就可以尝试在自已的摄影作品上添加这个独一无二的数字签名，请打开本章案例原始文件 <03-10a.jpg> 进行练习。

01 指定画笔样式

定义好的画笔会存放在 **画笔预设选取器** 中，通过 **画笔工具** 即可使用。

在**工具** 面板选择 **画笔工具**。

在编辑区图像上单击鼠标右键，将滚动条拉至最下方即可看到刚刚定义的画笔样式，选中并设定合适的尺寸。

02 帮作品加上个人数字签名

指定了签名文字为画笔样式后，再指定颜色即可帮作品加上您的签名了。

设定 **前景色** 为 **白色**（或其他喜欢的颜色），在图像中合适的位置单击鼠标，即可将独具特色的签名添加到作品当中。

CHAPTER 04

专业的照片滤镜收藏馆

4.1 调整广角或鱼眼造成的变形

4.2 仿真景深图像制作

4.3 打造动感的视觉效果

4.4 运用消失点延伸田园风光

ND
489
5
SEATS

4.1 调整广角或鱼眼造成的变形

拍摄的照片是否常会因为广角镜头、鱼眼镜头或手持相机的角度原因，而导致图像歪斜或扭曲？这时可以通过 **镜头校正** 和 **自适应广角** 这两个滤镜来进行调整。

镜头校正滤镜

数码相机如今已成为每个家庭的必备品，随手拍相当方便，但拍出的作品若呈现倾斜或头小底大的问题，就需通过 **镜头校正** 滤镜功能来进行调整。

01 复制背景层保留照片原貌

打开本章案例原始文件 <04-01a.jpg> 进行练习。为了让您在图像校正后能够与最初效果进行对比，所以先对 **背景** 层进行复制，以保留图像原始状态。

在 **图层** 面板按 Ctrl + J 快捷键，复制 **背景** 图层，并重新命名为“镜头校正”。

02 利用垂直线进行歪斜影像校正

选择 **滤镜 \ 镜头校正**，打开对话框。用 **拉直工具** 在预览区中拉出一条直线，让软件作为判断此图像垂直的参照，并以此计算出歪斜角度，将照片转正。

在 **自动校正** 选项卡的 **搜索条件** 框中设定相机信息；在 **校正** 框中选择需要调整的项目及 **自动缩放图像**，再用 **拉直工具** 将鼠标移至房屋拐角处，由 Ⓐ 至Ⓑ 拉一条直线，软件便会自动将图像转正。通过选中图像下方的 **预览**，可以直接看到调整后的结果。

如果觉得校正效果不够明显，可以再在 **自定** 选项中进行细部的调整，完成后单击 **确定** 按钮。

小提示 “镜头校正”滤镜设置项目详细说明

如果图像拥有镜头配置文件，可选择 **自动校正** 标签，这样可快速完成歪斜图像的校正动作，以下先针对其调整项目简单说明。

- Ⓐ **自动缩放图像**：选中后，当调整扭曲的图像时，会自动调整图像大小。
- Ⓑ **边缘**：调整扭曲的图像时会产生空白区域，此设置可针对空白区域进行边缘扩展、透明度、黑色或白色的调整。
- Ⓒ **搜索条件**：根据照片 Exif 信息，列出拍摄此照片的相机制造厂商、机型、镜头型号信息。
- Ⓓ **镜头配置文件**：显示拍摄照片的相机与镜头配置文件，Photoshop 会针对焦距、光圈等信息自动选取对应的配置文件。

由于 **自动校正** 功能主要是根据照片的 Exif 信息来识别用于拍摄照片的相机和镜头，并以对应的镜头配置文件来做校正，所以如果您的照片没有保存这些数据，或软件无法自动识别出最合适的配置文件，建议使用 **自定** 方法进行校正。

接下来，我们看看 **工具箱** 中的五个工具以及 **自定** 选项卡中各个调整项的相关说明。

Ⓐ **移去扭曲工具**：调整与矫正扭曲图像，可由图像中间往外拖，或由外往中间拖。

拉直工具：调整倾斜图像，在图像上绘制一直线，会以该直线为参照，将图像拉直。

移动网格工具：在网格线上拖动可以调整网格线位置，以便图像对齐网格线。

抓手工具：若图像较大，超出了当前的预览区，可在图像上拖动以移动显示区。

缩放工具：在图像上单击鼠标可放大显示，按 Alt 键再单击可缩小显示。

Ⓑ **设置**：可在下拉列表中选择默认校正。

Ⓒ **几何扭曲**：拖动滑块可修正扭曲的图像。

Ⓓ **色差**：可调整红、青、绿、洋红、蓝与黄色边缘色差。

Ⓔ **晕影**：可调整图像四周的阴影。

Ⓕ **变换**：可调整垂直、水平与角度。

Ⓖ **预览**：选中此项可在上方预览区中预览调整结果。

Ⓗ **显示网格**：选中后可以在图像上显示网格线，以便调整歪斜的图像。其中 **大小** 可调整网格的格子间距，**颜色** 可调整网格的颜色。

自适应广角滤镜

鱼眼镜头是一种特殊的超广角镜头，常用来拍摄广阔的风景或室内，不少摄影师喜欢使用鱼眼镜头的夸张变形来营造图像的气势与空间感。下面我们来学习如何调整由鱼眼镜头拍摄出的弯曲照片，将照片中弯曲的图像拉直，让照片回归正常的视觉角度。

01 复制图层并重新命名

打开本章案例原始文件 <04-01b.jpg> 进行练习。为了让您可以在图像校正后对比其前后的差异，所以先复制 **背景** 图层，保留图像原始状态：

在 **图层** 面板按 Ctrl + J 快捷键复制 **背景** 层，并重新命名为“自适应广角”。

02 用“鱼眼”与“限制工具”功能进行校正

选择 **滤镜 \ 自适应广角**，打开对话框。用 **鱼眼** 校正选项对图像扭曲进行初步校正，再利用 **限制工具** 绘制线段，校正图像中弯曲的直线。

设定 **校正：鱼眼**，先用软件校正照片的桶状（凸状）情况，再用 **限制工具**，将鼠标移至图像右侧的大楼墙面要拉直的边缘起始点 Ⓐ处，此时鼠标呈十字状，由边缘起始点 Ⓐ 拖至边缘终点 Ⓑ，生成一条蓝色弧线。

03 调整线段

产生的线段为了符合大楼弯曲的弧度，可以运用线段中的控制点进行细部调整。控制点分为三个部分，中间控制点可以调整线段弯曲的角度，而两旁的控制点可以调整线段旋转的角度，最外侧的两个控制点，则可以调整线段的长短。

将鼠标移至线段中间控制点，呈 ✥ 状时根据墙面线条往左拖一些，进行弯曲校正。

04 拖曳出其他线段进行弯曲校正

因为左侧大楼还有稍微弯曲的现象，所以依相同方式，参考下图另外拖曳出两条线段并进行细部调整，最后单击 **确定** 按钮完成图像的弯曲校正。

小提示 利用裁切工具修饰校正后的图像

某些图像在完成校正并返回编辑区后，可在 **图层** 面板点击 **背景** 层前方的 ，让该层呈隐藏状态，会发现有些图像在进行弯曲校正后，边缘呈现挖空状，看起来不是很美观，这时可以用 **工具** 面板 **裁切工具** 将边缘空白的部分进行裁切。

小提示 “自适应广角”滤镜设置详细说明

自适应广角 功能中，其选项设置详细说明如下：

Ⓐ 工具箱中有五个校正工具：

约束工具：可沿着图像中的关键对象拉出线段，将对象拉直。

多边形约束工具：可沿着图像关键对象拉出多边形，将对象拉直。

移动工具：可以在预览区移动图像的位置。

抓手工具：在图像上拖动，可移动显示区域。

缩放工具：在图像上单击鼠标可放大显示，按 Alt 键后单击鼠标可缩小显示。

Ⓑ **校正** 类型中有四个选项：

鱼眼：校正鱼眼镜头拍摄的扭曲变形，可调整图像的 **缩放**、**焦距** 和 **裁切因子**。

透视：校正拍摄角度和倾斜引起的融合线，也可调整图像的 **缩放**、**焦距** 和 **裁切因子**。

自动：自动检测图像扭曲情况并进行校正。

完整球面：可校正所拍摄的 360 度全景图像，而全景图的长宽比例必须符合 2:1。

4.2 仿真景深图像制作

"景深"是指拍照时相机能够取得清晰图像的被摄物体前后距离范围。Photoshop 中提供了 **场景模糊**、**光圈模糊** 与 **移轴模糊** 三种模糊滤镜为图像制作不同的模糊效果，增加更丰富的表现方法。

多点式场景模糊效果

场景模糊 滤镜可在图像上建立多个模糊图钉，然后再针对每个图钉设定不同的模糊量，这样图像就能拥有多点式的散景效果。

01 加入场景模糊

打开本章案例原始文件 <04-02a.jpg> 进行练习。

在 **图层** 面板按 Ctrl + J 键复制 **背景** 层，并重新命名为"场景模糊"。

选择 **滤镜 \ 模糊 \ 场景模糊** 进入 **模糊** 窗口，首先调整默认的模糊图钉位置、模糊程度与散景效果。

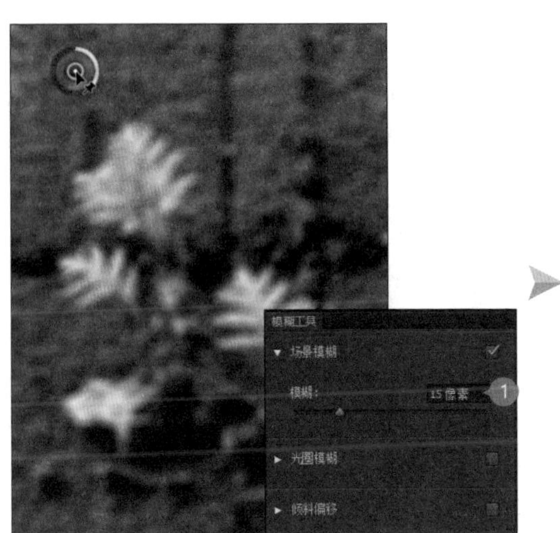

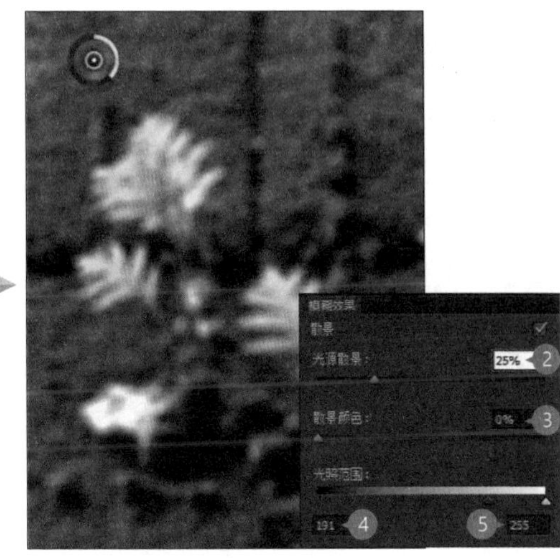

将鼠标移至默认产生的模糊图钉中心点，呈 状时，拖动至如图位置。在 **模糊工具** 面板 \ **场景模糊** 中设定 **模糊 为 15 像素**。再在 **模糊效果** 面板 中将 **光源散景设为 25%，散景颜色设为 0%，光照范围设为 191、255。**

小提示 关于模糊图钉与散景的相关设置

1. 利用模糊图钉控制点调整模糊强度

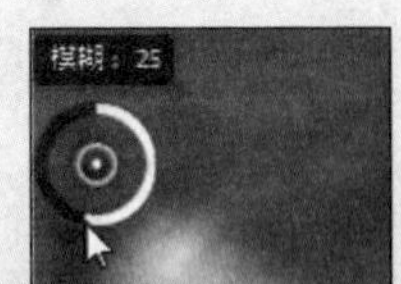

除了在 **模糊工具** 面板设置模糊强度外，还可以利用模糊图钉控制点来调整，模糊强度最大数值可设置到 **500 像素**。将鼠标移至模糊图钉控制点外圈上，按住鼠标左键不放往左拖动，白色范围越多代表模糊程度越强，往右拖动，灰色范围越多代表模糊程度越弱。

2. “散景”效果设置项目详细说明

所谓散景，就是景深范围以外的图像渐渐变得模糊松散的过程，形状由光圈形状来控制，常见的圆形散景是圆形光圈的镜头所产生的，而 **模糊效果** 面板中提供三个散景设置选项：

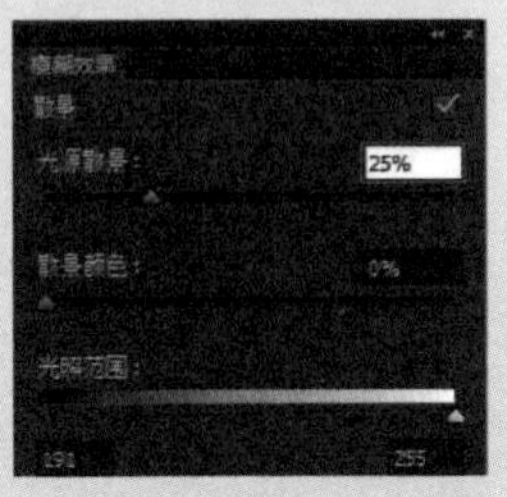

光源散景：控制模糊图像中的白场。

散景颜色：控制散景颜色的鲜艳程度。

光照范围：控制散景白场的光线范围。

02 新增模糊图钉

案例中为了加大背景模糊的范围，再增加四个模糊图钉，并调整模糊的程度。

将鼠标移至如图所选的位置上，当其呈 ✦₊ 状时单击鼠标加入第二个模糊图钉，在 **模糊工具** 面板保持 **模糊值为 15 像素** 的设置。

将鼠标移至如图所选的位置上，加入第三个模糊图钉，并在 **模糊工具** 面板 \ **场景模糊中** 设定**模糊值为 7 像素**。

将鼠标移至如图的两个红圈的位置上，加入第四及第五个模糊图钉，并在 **模糊工具** 面板 \ **场景模糊** 中设定**模糊值为 5 像素**。

小提示　移除模糊图钉

制作过程中如果要移除特定的模糊图钉，只要选取该图钉后再按 Del 键即可；若是要移除全部的模糊图钉，在 **选项** 栏单击 **移除所有图钉**。

03 让图像主体变清晰

这张图像目前有多点的模糊状态，接下来要增强主体的清晰度，让主体在整张图像中可以突显出来。

将鼠标移至如图的叶子上，待其呈 状时，单击加入第六个模糊图钉，在 **模糊工具** 面板 \ **场景模糊** 设置 **模糊值为 0 像素**。

最后在 **选项** 栏单击 **确定** 按钮，完成设置。

> 小提示 隐藏模糊图钉
>
> 如果在设置场景模糊的过程中，觉得图像上太多的模糊图钉会影响观看效果，可以按 Ctrl + H 键隐藏所有的模糊图钉，再按一次 Ctrl + H 键则取消隐藏。

多点式光圈模糊效果

光圈模糊 可以在图像上做出多点式的景深的效果。可以建立多个模糊图钉，且可以调整模糊范围大小，轻松制作出相机难以呈现的效果。

01 加入光圈模糊

打开本章案例原始文件 <04-02b.jpg> 进行练习。首先为图像背景设置合适的模糊程度。

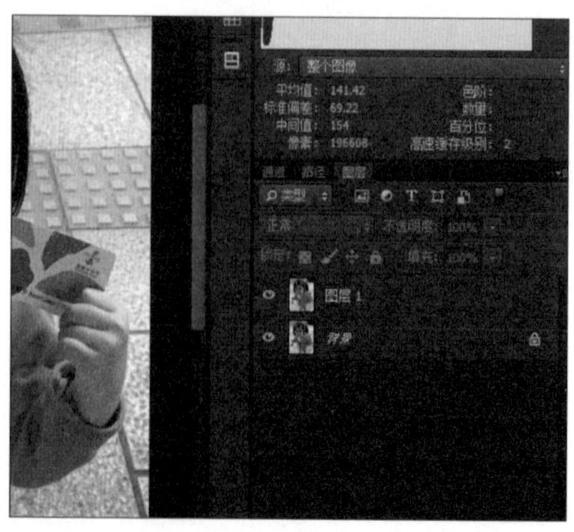

在 **图层** 面板按 Ctrl + J 键复制 **背景** 层，并重新命名为“光圈模糊”。

选择 **滤镜 \ 模糊 \ 光圈模糊**，在 **模糊工具** 面板的 **光圈模糊** 中设置 **模糊值为 18 像素**。

接着在 **模糊效果** 面板取消 **散景** 选项，这个案例中暂不应用。

02 调整模糊范围与位置

模糊图钉中心点会让图像以最清楚锐利的状态呈现，四周的淡化区域则是通过白色圆形控制点调整，外围框线之外就是整个模糊区域，接下来要调整模糊范围的宽高与位置，以突显人物主体。

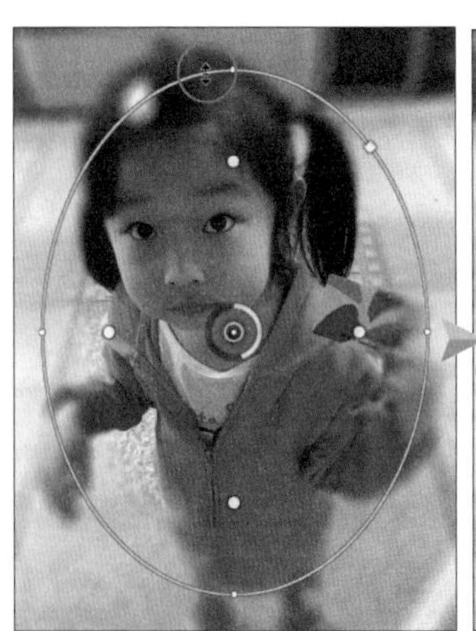

先调整模糊图钉的圈选范围，将鼠标移至模糊图钉边缘，待其呈 ↗状时，往外拖动以成比例地放大范围。

接着调整模糊图钉角度，将鼠标移至模糊图钉左侧边线上的方形控制点，待其呈 状时，往左下角拖动调整角度与宽度。

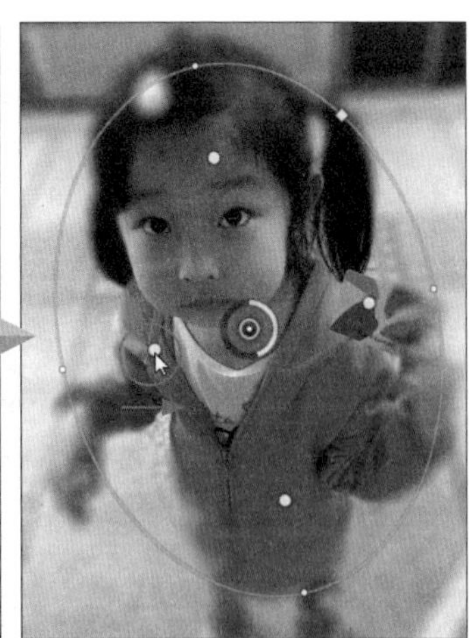

再来调整模糊淡化的程度，将鼠标移至模糊图钉左侧圆形控制点上，按住 Alt 键往右拖动至如图位置，加强袖子四周的淡化效果。

03 新增模糊图钉

为了让小女孩手持的卡片可以更加清晰，接下来再增加一个模糊图钉，并调整模糊的程度。

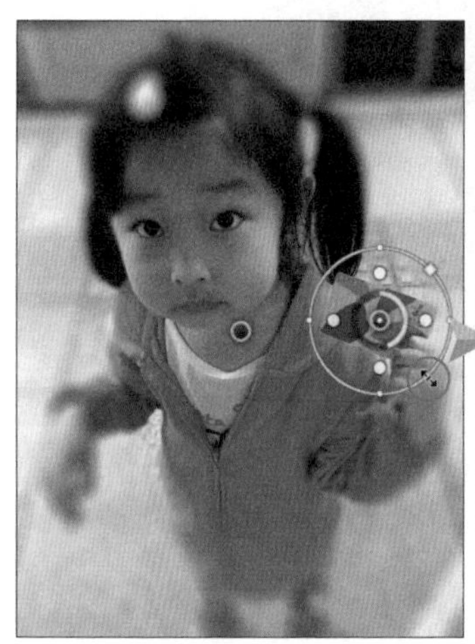

将鼠标指针移至卡片中间，单击鼠标新增第二个模糊图钉，除了拖动调整位置外，将鼠标移至模糊图钉边线，在其呈↖↘状时，往内拖动可成比例地缩小范围。

将鼠标移至模糊图钉左侧的方形控制点上，待其呈 ↕ 状时，往左下角拖动以调整角度与宽度。

将鼠标移至模糊图钉上方的圆形控制点，按 Alt 键的同时往下拖动至如图位置，可加强卡片上方淡化效果。

最后在 **选项** 栏单击 **确定** 按钮完成设置。

玩具模型 —— 移轴摄影效果

听说过移轴摄影吗？移轴摄影就是可把图像呈现出如同玩具模型般的城市或是群众缩影。而 Photoshop 中的 **移轴模糊** 滤镜，只要轻松几个设置就可以让图像拥有移轴摄影效果，让我们一起进入小人国的世界吧！

01 增强图像鲜艳度

打开本章案例原始文件 <04-02c.jpg> 进行练习。要制作玩具模型效果，图像颜色尽量选的鲜艳一些，这样看起来会更逼真。

在 **图层** 面板按 Ctrl + J，复制 **背景** 层，并重新命名为“鲜艳度”。

选择 **图像 \ 调整 \ 色阶**，在对话框中设置 **中间调为** 0.70、**白场为** 255，完成后单击 **确定** 按钮。

选择 **图像 \ 调整 \ 自然饱和度**，在对话框中设置 **自然饱和度** +60、**饱和度** +10，完成后单击 **确定** 按钮。

02 加入倾斜位移滤镜效果

完成图像鲜艳度的调整后，接着要为图像加上滤镜效果。

在 **图层** 面板选择 **鲜艳度** 层，按 Ctrl + J 键复制图层并重新命名为“移轴模糊”。

选择 **滤镜 \ 模糊 \ 移轴模糊**，默认会在图像中央放置移轴模糊图钉，在 **模糊工具** 面板的 **倾斜偏移** 中设置 **模糊值为 18 像素**。

03 调整模糊范围

接下来要调整模糊的范围，让房屋能更像模型玩具。

将鼠标移至模糊范围上方白色实线处，待其呈 ↕ 状后，往上拖一些，让水平这排房屋的清晰范围可以延伸至屋顶处。

将鼠标移至模糊范围下方白色实线处，待其呈 ↕ 状后，往下拖一些，让斜向这排房屋更清楚一点。

接下来要调整模糊淡化的程度，先将鼠标移至上方白色虚线处，待其呈↕状后，往上拖至如图位置，让模糊程度有渐变的效果。

再将鼠标移至下方白色虚线处，待其呈↕状后，往下拖至如图位置，让最下方图像的模糊程度有淡化渐变的效果，最后在 **选项** 栏单击 **确定** 按钮完成设置。

这样就完成了仿真玩具模型的效果，如果您觉得模糊效果不够完美，可再增加模糊图钉，并针对图像中的景物调整模糊图钉的位置与角度。

小提示　旋转模糊角度

制作过程中如果要调整模糊的角度，只需选取要调整的模糊图钉再将鼠标指针移至上下圆形控制点，待其呈↷状后，按鼠标左键拖动，即可旋转模糊角度。

4.3 打造动感的视觉效果

在 Photoshop CC 的 **模糊** 功能中，主打的 **路径模糊** 与 **旋转模糊** 这种滤镜工具，可以为静态图像创造出动态的视觉效果。

让瀑布呈现丝滑柔顺效果——路径模糊

"瀑布" 是很多人喜欢拍摄的风景题材，为了拍出丝绢流水，常常必须延长快门时间。其实通过 Photoshop 的 **路径模糊** 滤镜功能，可以快速打造同样的效果。

01 使用魔棒选取瀑布

打开本章案例原始文件 <04-03a.jpg> 进行练习。由于瀑布的颜色比较单纯，所以可先用魔棒工具进行选取。

在**工具** 面板中选择 **魔棒工具**，在**选项** 栏单击 **添加到选区**，设置 **容差值为** 32。

当鼠标呈 状后，移到图像最右侧瀑布的任一处，单击鼠标进行选取。

接着当鼠标呈 状时，将当前未选取到的中间部分与左侧瀑布进行加选（过程中必须通过持续单击来达到完全选取）。

02 将选取范围复制到新图层并转换为智能对象

首先将选取区的范围复制，产生新的图层并重新命名。

在 **图层** 面板选中 **背景** 图层，按 Ctrl + J 快捷键复制选区到新图层，并重新命名为“瀑布选取区”。

在应用滤镜的过程中，如果担心破坏图像的原始状态，并希望能够有效掌握编辑的数值时，可以将图层转换为智能对象。

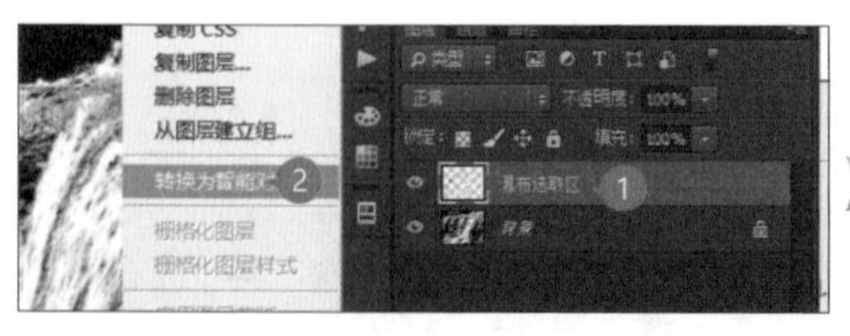

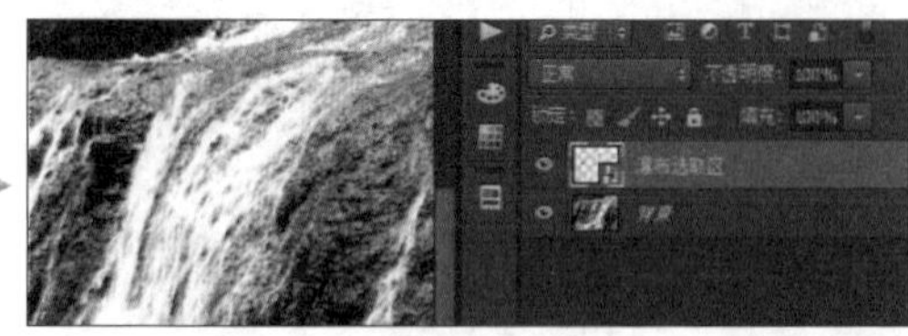

在 **图层** 面板 **瀑布选取区** 图层的文字上单击右键，选择 **转换为智能对象**。

03 加入路径模糊滤镜效果

建立选区并转换成智能对象后，接着要为图像加上滤镜效果。

选择 **滤镜 \ 模糊 \ 路径模糊**，默认会在图像中产生具有两个端点的蓝色路径，这里先在 **模糊工具** 面板下的 **路径模糊中**，指定路径模糊的 **速度值为 28%**。

04 在路径上新增曲线点

路径模糊 功能默认的模糊方向为由左到右，下面用两侧端点与新增曲线点来调整路径模糊的方向。

先选取路径左侧的圆形端点，往右上方拖动至瀑布顶端处。

接着选取路径下方箭头处的圆形端点，往下拖至如图位置。

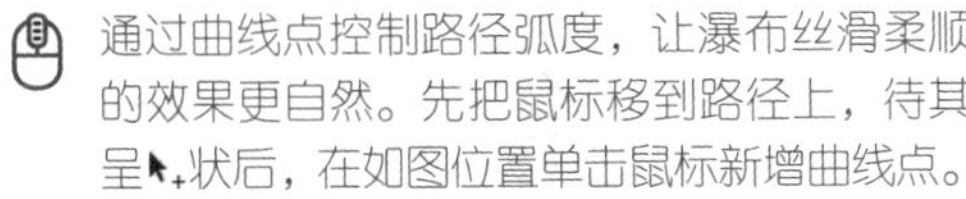

通过曲线点控制路径弧度，让瀑布丝滑柔顺的效果更自然。先把鼠标移到路径上，待其呈▸₊状后，在如图位置单击鼠标新增曲线点。

参考左图，用相同的步骤新增另外三个曲线点（如果要移除曲线点，直接选取后按Del键即可）。

05 用曲线点调整路径弧度

新增的曲线点可以通过选取拖曳的方式调整路径弧度。

将鼠标移到第一个曲线点上，待其呈 状时，单击鼠标选取，再按住鼠标往上拖曳产生向上的弧度。

同样地，参考上图，拖曳另外三个曲线点，调整路径下半段的弧度。

小提示 将曲线点转换成拐点

将鼠标指针移到曲线点上并按住 Alt 键，鼠标呈 状时单击，会发现路径呈现一边有弧度，另一边为直线的效果；如果在转折点上按住 Alt 键，在鼠标呈 状时单击，则可恢复为曲线点。

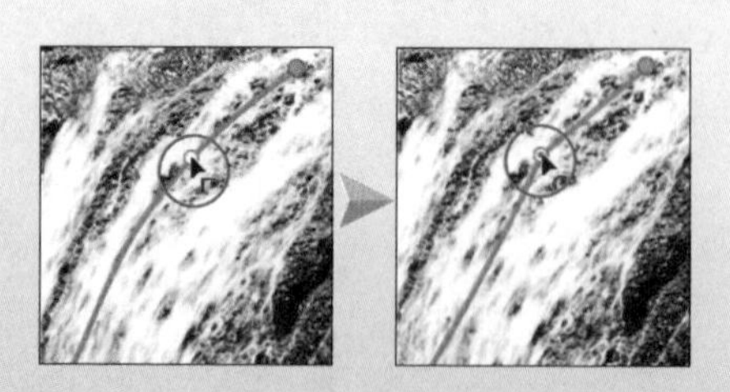

06 微调路径模糊程度

在 **模糊工具** 面板通过最后的调整，让瀑布的水流涓细如丝绸。

选取最上方的端点，在面板中先取消选中 **居中模糊** 选项，再选中 **编辑模糊形状**，这时两侧端点会各自出现红色参考线。

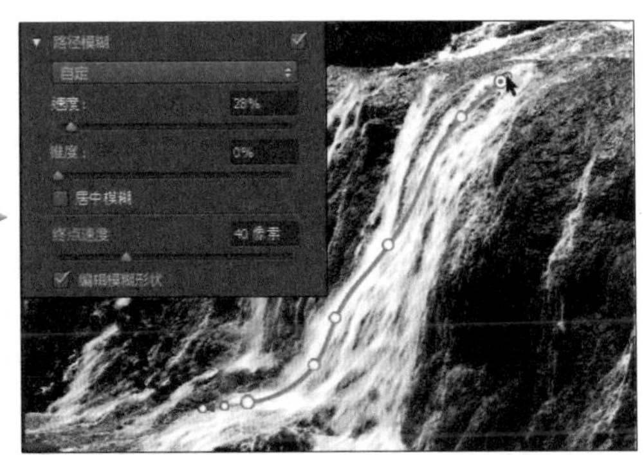

除了可以通过红色参考线的控制点大致调整模糊形状与方向，还可在面板中的 **终点速度** 中设置精确数值 (此例设为 **15 像素**)。

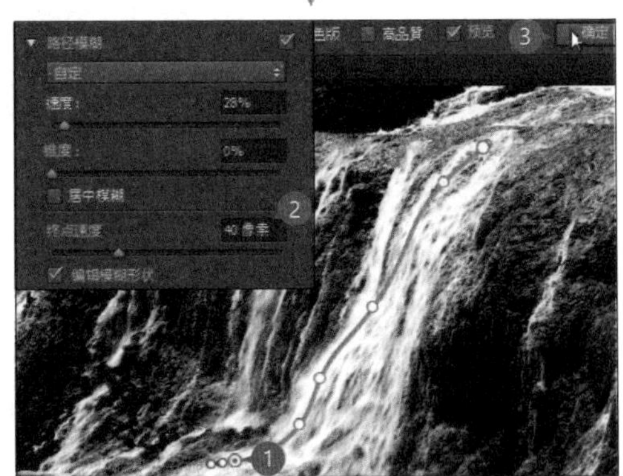

选取路径下方的端点，依照相同操作，通过红色参考线与面板调整模糊形状，最后单击选项栏上的 **确定** 按钮即大功告成。

小提示 **“路径模糊”滤镜设置详细说明**

路径模糊 功能中，对其各设置的含义说明如下：

1. 在**路径模糊**下，提供了 **基本模糊** 与 **后帘同步闪光灯** 基本设置，后者是模拟在曝光结束时打闪光灯的效果。这两个选项都可套用默认值，或自定义参数值。
2. **锥度**：调整模糊边缘的淡化效果，锥度值较高会减弱模糊淡化的程度。
3. **居中模糊**：选中此选项时，可以针对两侧的模糊程度进行取样；如果取消此选项，则只针对一侧的模糊程度进行取样。

营造汽车奔驰的速度感 —— 旋转模糊

通过 " 追焦 " 的拍摄手法，可以在动态的主体上营造出背景模糊的速度感。如果想要让静物照也产生速度感，就可以通过 Photoshop CC 的 **旋转模糊** 功能来实现！

01 加入旋转模糊

打开本章案例原始文件 <04-03b.jpg> 练习，为汽车下方的前后轮胎应用合适的模糊效果，让它们呈现高速转动。

在 **图层** 面板按 Ctrl + J 快捷键复制 **背景** 层，并重新命名为“旋转模糊”。

选择 **滤镜\模糊\旋转模糊**，进入 **模糊画廊** 工作区，首先调整默认产生的模糊图钉的位置与模糊角度。

将鼠标移至默认生成的模糊图钉中心点，待其呈↖状时，拖动至如图位置，在 **模糊工具** 面板的 **旋转模糊** 栏中，设置 **模糊角度为 15°**。

然后通过 **动态模糊效果** 面板改变模糊量，设 **闪光强度为 50%，闪光灯为 4，闪光灯持续时间为 10°**。

小提示 “旋转模糊”选项详细说明

旋转模糊 功能中，针对其选项的设置说明如下：

1. **闪光强度**：控制环境光与闪光灯的比例，原则上闪光越强景物越清晰。当设置为 0% 时并不会显示任何闪光效果，只会显示连续模糊，如果设置为 100%，则会产生最强的闪光灯。
2. **闪光灯**：控制闪光灯的曝光量。
3. **闪光灯持续时间**：指定闪光灯曝光的时间。

02 调整旋转模糊的大小与角度

接下来调整旋转模糊效果的大小与角度，以符合轮胎大小为准。

将鼠标移至模糊图钉边缘。

待其呈 ↗ 状后，按住鼠标右键，以成比例的方式往内拖动进行缩小。

接着将鼠标指针移至模糊图钉边缘的圆形控制点上，待其呈状时往上或往下拖动，调整角度并缩小宽度。

03 复制旋转模糊

完成汽车后方轮胎的 **旋转模糊** 滤镜操作后，下面利用复制操作，创建另一个 **旋转模糊** 并应用到前方轮胎上。

将鼠标移至旋转模糊中心点上，按住 Ctrl + Alt 键不放往左侧拖动。

将复制的模糊图钉移到前方轮胎上即完成了应用，别忘了根据轮胎形状调整一下**旋转模糊** 的宽高与角度，然后单击 **确定** 按钮即可。

04 使用快速选择工具建立选取范围

前面用 **旋转模糊** 让轮胎产生旋转效果，为了让汽车主体呈现在马路上行进的速度感，下面通过选区的建立与动态模糊功能进行营造。

选择 **工具** 面板中的 **快速选择工具**，在选项栏单击 **新选区**，设置适当的画笔尺寸。

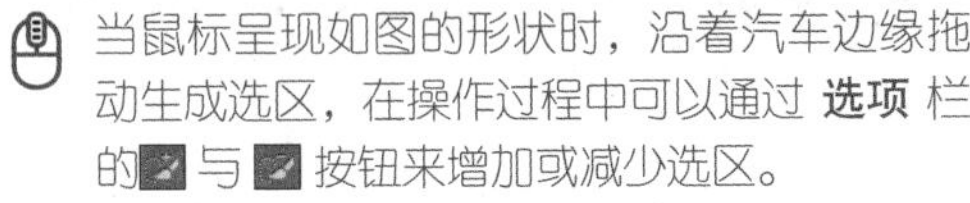
当鼠标呈现如图的形状时，沿着汽车边缘拖动生成选区，在操作过程中可以通过 **选项** 栏的 与 按钮来增加或减少选区。

选择 **选择 \ 反相**，将原本建立在汽车的选区，改为选取背景图像。

05 将选取范围复制到新图层

将选区的范围复制，产生新的图层并重新命名。

在 **图层** 面板中选中 **旋转模糊** 图层的状态下，按 Ctrl + J 键复制选区到新图层，并重新命名为“动态模糊”。

06 制作动态追焦效果

最后套用 **动感模糊**，产生主体清楚、背景模糊有速度的移动感。

选择 **滤镜 \ 模糊 \ 动感模糊**，打开对话框，设置 **角度为** 0，**距离为** 30 **像素**，单击 **确定** 按钮即完成此案例的制作。

4.4 运用消失点延伸田园风光

消失点 功能具有透视平面的功能，适用于像建筑物、花圃、道路等图像，只要图像中有透视角度需要修补，都能通过此功能达到绘制、仿制、变形等效果。

01 复制背景图层保存原始照片

打开本章案例原始文件 <04-04.jpg> 进行练习。为了在图像应用消失点效果后对比前后的效果差别，先复制 **背景** 层，保存好图像的原始状态。

在 **图层** 面板按 Ctrl + J 键，复制 **背景** 层并重新命名为“消失点”。

02 定义节点建立透视平面网格

选择 **滤镜 \ 消失点**，打开对话框。此案例要填满左侧的菜园，并制作出蔬菜随距离渐远的视觉效果。首先为图像定义四个节点，默认选中工具箱中 **建立平面工具** 的状态下，根据如下步骤创建一个四边形的平面网格。

在如图位置 Ⓐ 单击鼠标左键，建立第一个节点，接着往右侧拖动至 Ⓑ 再单击鼠标左键建立第二个节点。

参考左图，在 Ⓒ、Ⓓ 点分别单击鼠标左键，完成第三、四个节点的建立，后面要用这个透视平面网格来进行仿制菜田的操作。

小提示 如何删除建立好的节点？

在建立节点生成平面网格的过程中（尚未结束建立），可以通过 Backspace 键删除前一个节点。

03 进行仿制与填充操作

通过建立的选取范围，可以让图像在特定区域内进行仿制或填充的操作。先设定好来源点，再指定要进行填充的位置。

选择工具箱中的 **印章工具**，在 **选项** 栏设置**直径为** 500、**硬度为** 50、**不透明度为** 100，将鼠标指针移至蓝色框中，按住 Alt 键，待其呈十 状时，在要建立来源的点单击。

此时移动鼠标会看到仿制的内容，将仿制的菜田往左侧移动到原来没有种植蔬菜的土地上方，单击鼠标左键进行覆盖。接着按住鼠标左键不放往右上角持续移动并进行填充（若觉得这样手绘仿制的方式延伸的图像不是很笔直，可以按住 Shift 键后在结束处单击鼠标左键，这样会自动延伸至此处），并在结束处单击鼠标左键，完成仿制操作。

以相同方式，将鼠标指针往左侧陆续移动，并进行填充操作，过程中，如果发现仿制范围不适合做填充内容时，可以再重新通过 Alt 键建立来源点。

过程中如果不满意填充的效果，可按 Ctrl + Z 键恢复上一个步骤，重新进行修补，若是完成填充动作，单击 **确定** 按钮。

小提示 “消失点”工具设置的说明

下面对 **消失点** 功能中的选项进行简单说明：

Ⓐ 工具箱中有十个工具：

编辑平面工具：编辑与调整平面大小。

创建平面工具：可定义平面的四角节点、调整大小、形状及拖出新平面。

选框工具：可建立矩形选区，也可以移动或仿制。

图章工具：通过单一图像的取样点来进行仿制绘图。

画笔工具：可利用设定的颜色，在平面中绘制。

变形工具：以移动边框控制点的方式缩放、旋转及移动浮动选取范围。

吸管工具：在预览窗口的图像上选取颜色，或直接在色块上单击打开 **拾色器** 选取颜色。

抓手工具：在预览窗口中拖动图像进行浏览。

缩放工具：放大或缩小预览窗口中的图像。

Ⓑ **网格大小**：调整网格的大小。

Ⓒ **角度**：调整选取平面与主平面的角度。

CHAPTER

05 完美无缺的人像修图

5.1 拯救逆光拍摄的人像

5.2 抖动照片的救星

5.3 粉嫩好肌肤大改造

5.4 打造唯美相貌与身材

5.5 营造令人怦然心动的氛围

5.1 拯救逆光拍摄的人像

如果遇到反差过大或是逆光的场景，常会造成人像在拍摄上不是背景过亮就是人物主题整体偏暗，其实遇到这些情况只需运用以下技巧处理阴影的细节，就可以拯救照片中逆光的人像。

01 取得图像偏暗区域

打开本章案例原始文件 <05-01.jpg> 进行练习。先按 Ctrl + J 键复制一个新的背景图层，命名为“背景 拷贝”图层，再用这个图层取得图像偏暗区域以进行后续的修复操作。

单击 **调整** 面板 **创建新的黑白调整图层**，在 **属性 - 黑白** 面板中单击 **自动** 按钮，使图像成为灰度状态。

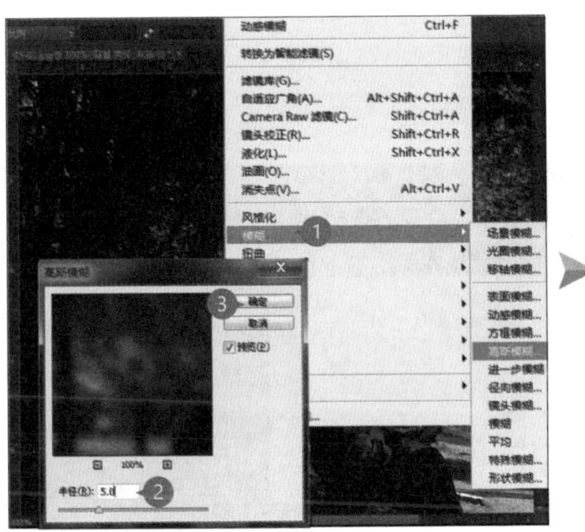

选中 **背景 拷贝** 图层，在菜单中选择**滤镜\模糊\高斯模糊**，设定 **半径为 5.0 像素**，单击 **确定** 按钮。

切换到 **通道** 面板中，按住 Ctrl 键不放，在 **蓝** 通道缩略图上单击，取得图像中高光的选取范围。

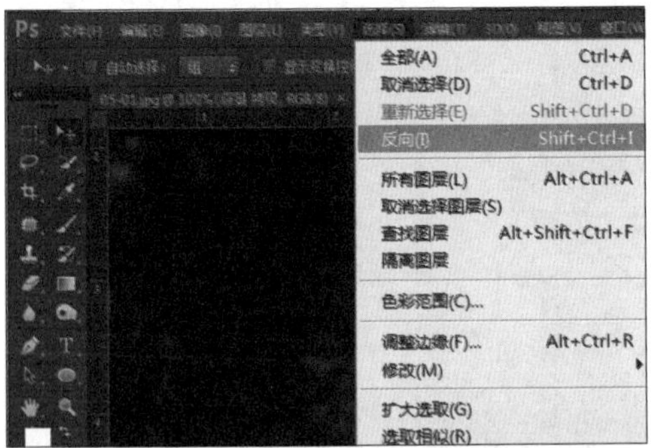

在菜单中单击 **选择\反向** 选择图像中需要补光的暗部范围。

回到 **图层** 面板中，隐藏 **背景 拷贝** 层和 **黑白 1** 调整图层，并在 **背景** 层上方建立一新图层命名为“补光”。

02 为曝光不足的图像增加明亮度

前面已选取了图像中暗部需要补光的范围，接着要在此范围中增加明亮度。

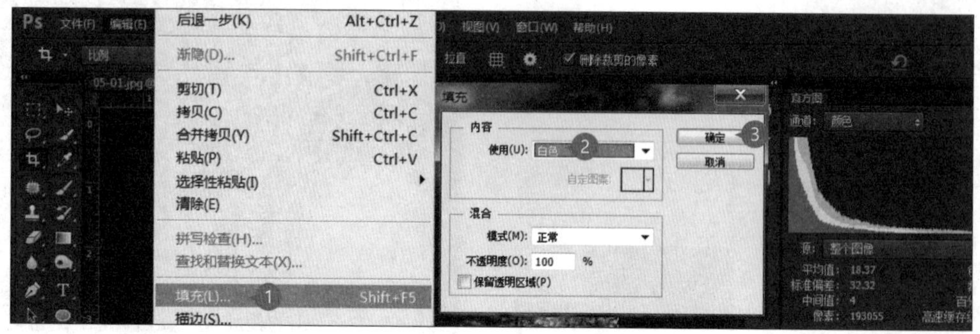

选中 **补光** 图层，然后选择 **编辑\填充**，或按 Shift + F5 键打开 **填充** 对话框，设置 **内容为白色**，然后单击 **确定** 按钮。

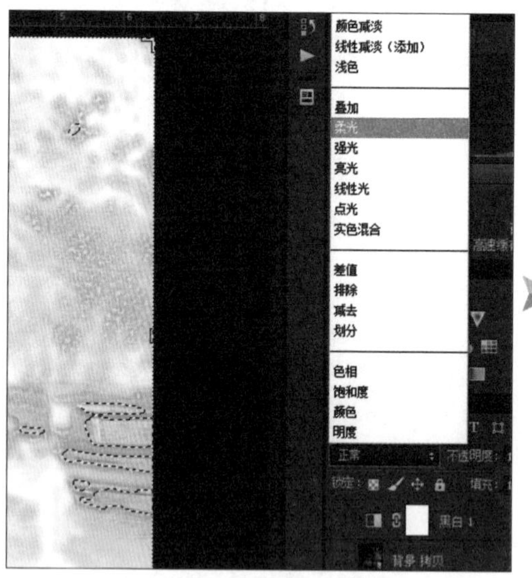

设置 **补光** 图层的 **混合模式为柔光。**

按 Ctrl + D 键取消选区，通过填充白色并搭配 **柔光** 的混合模式，会发现原本曝光不足的部分，已变得明亮清晰。

小提示 加强曝光不足的修复效果

在修复不同图像时，所得到的效果并不一定符合预期，可微调 **图层不透明度** 或是复制 **补光** 层加强明亮的部分，直至得到最佳效果。

5.2 抖动照片的救星

因抖动产生的照片模糊问题，一直是每个人心中的痛，拍了张好看的照片却因此而报废了，现在通过 **防抖动** 这项新增功能，可以轻松拯救因抖动模糊的照片。

01 打开防抖动功能

打开本章案例原始文件 <05-02.jpg> 进行练习，先按 Ctrl + J 键复制一个新的背景层，再使用这个图层进行后续修复操作。

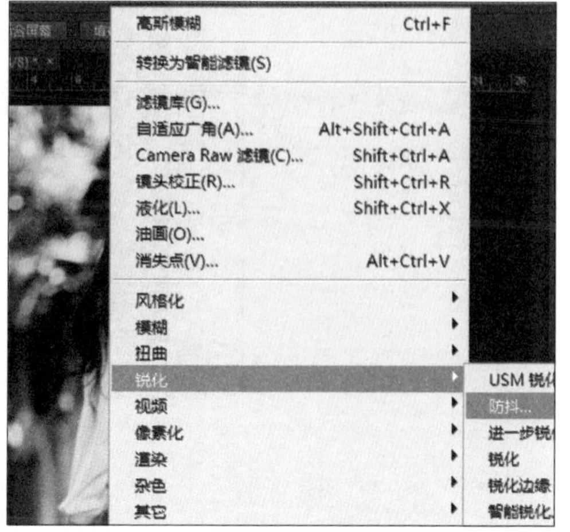

选择 **滤镜 \ 锐化 \ 防抖**，打开对话框。

防抖动 功能可以改善照片晃动的问题，一打开即会自动分析并做出最合适的修复。如果还想进行进一步的调整，可在“高级”选项中进行相应设置，相关设置说明如下：

模糊描摹设置

- **模糊描摹边界**：设定模糊描摹的边界大小，可调整修复强度。
- **源杂色**：会自动估算图像中的杂色数量（默认为 **自动**）。
- **平滑**：可减少修复抖动后产生的锐化杂色，过高的数值有可能会使图像失去原本该有的纹理。
- **伪像抑制**：当模糊描摹边界的强度较高时，可能会产生一些杂色的不自然感，通过此数值可抑制这些不自然的部分。

高级

- **显示模糊评估区域**：模糊描摹表示模糊的形状与程度，不同的图像区域具有不同的模糊形状，软件会自动判定此图像最合适的模糊估算区域，也可以先选择后再手动创建模糊评估区域。

细节

- 可以用来查看处理前后的差别，也可以通过拖动来查看图像的不同部分。

02 设置模糊评估区域

经过软件自动估算后，其实整体效果已经不错。在下方新增一个模糊评估区域，让照片下半部更清晰。

将鼠标由 A 拖至 B，即可出现一个模糊评估区域。

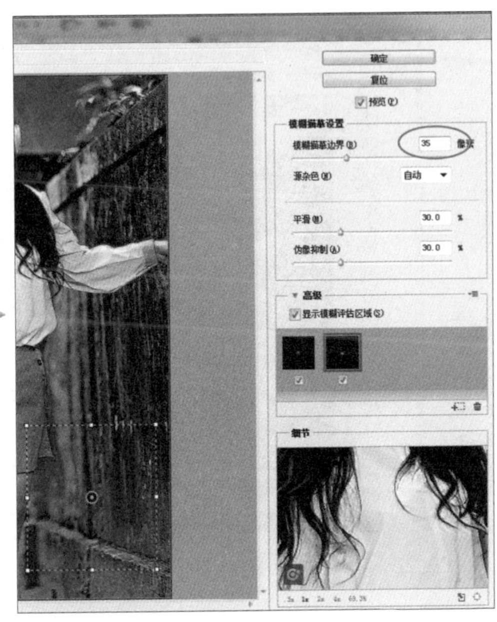

设置 **模糊描摹边界值为 35 像素**，稍微增强一些锐利度。

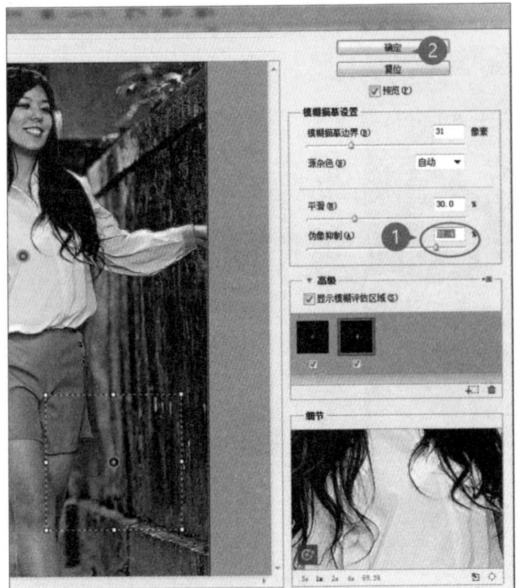

由于 **伪像抑制** 功能的关系，修好的照片反而平滑得有点过头，请适当调整 **伪像抑制** 值，再单击 **确定** 按钮。

小提示 关于模糊描摹区域

可以通过调整模糊评估区域的边界来更新相关的模糊描摹区域，若要将焦点移到不同的区域，只需拖动选中的模糊评估区域中心的图钉即可。

将鼠标指针移至中心图钉处，呈 状时，即可拖曳至想成为焦点的地方。

如果照片抖动刚好是同方向的模糊，可以使用左侧工具栏中的 **模糊方向工具** 来修正。

在工具栏选择 **模糊方向工具**，先选中 **预览**，再在编辑区中随意拉出 **模糊描摹长度**，利用右侧各项数值滑杆调整出最佳的修复参数即可。

5.3 粉嫩好肌肤大改造

每每看到杂志封面上的明星或模特们拥有光滑无瑕的肌肤都羡慕不已，然而完美肌肤也是可以靠软件后期制作完成的，接下来这招简单好用的柔肤技巧，为您轻松打造容光焕发的美丽肤质。

01 快速选取皮肤区域

打开本章案例原始文件 <05-03.jpg> 进行练习，首先要选取脸部皮肤并复制到新图层。

在**工具** 面板选中 **快速选择工具**，在 **选项**栏选择 **添加到选区**，再用 **画笔选取器** 设置合适的画笔大小，选中 **自动增强**。

此时鼠标呈⊕状，在照片上快速、大范围地拖动，在人物脸部区域产生选区。

按住 Alt 键让鼠标呈⊖状，再拖动鼠标去除不必要的选取范围。

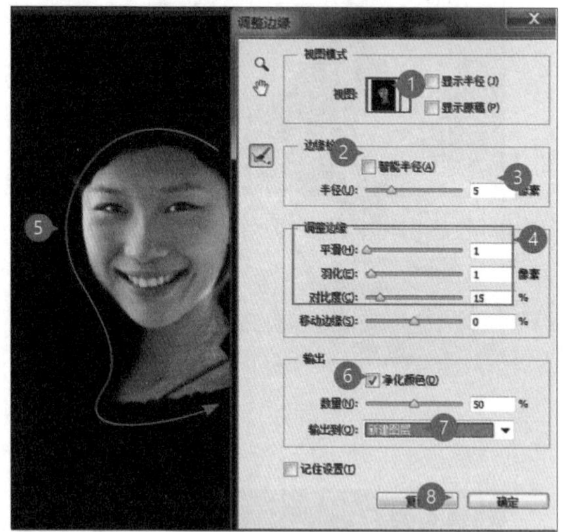

在 **选项** 栏单击 **调整边缘**，打开对话框。在 **视图模式** 中设定 **视图为黑底**，选中 **智能半径** 并设置 **半径为 5 像素**，在 **调整边缘** 框中 **设置平滑为 1、羽化为 1、对比度为 15%**，接着用 **调整半径工具** 绕着当前选区边缘刷一遍修出较佳的边缘效果，最后选中 **净化颜色**，设置 **输出到**：**新建图层**，再单击 **确定** 按钮。

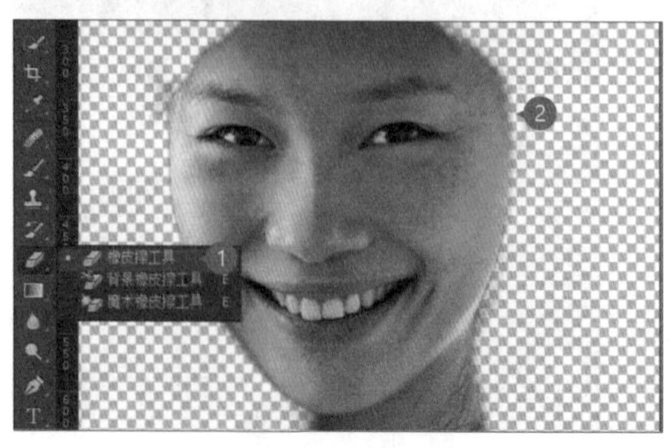

在**工具** 面板中选择**橡皮擦工具**，设置定合适的笔刷大小，将主体周围多余的像素擦除，只留下脸与脖子有皮肤的部分。

02 表面模糊柔化皮肤

将皮肤单独选取出来后，再利用这个皮肤图层来美化肤质。

单击 **背景** 图层前方的 ，让该图层显示出来。

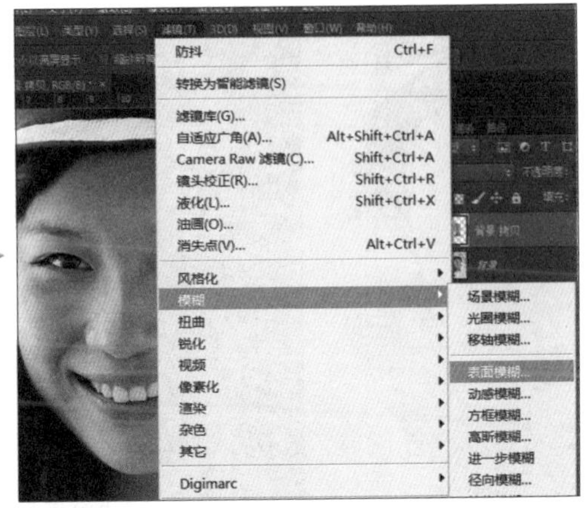

确认当前层是 **背景 拷贝** 层，选择 **滤镜 \ 模糊 \ 表面模糊**，打开对话框。

设置 **半径为 25 像素、阈值为 34**，单击 **确定** 按钮完成（观察脸的模糊状态能否盖住原始图，适当地调整 **半径** 与 **阈值**。）

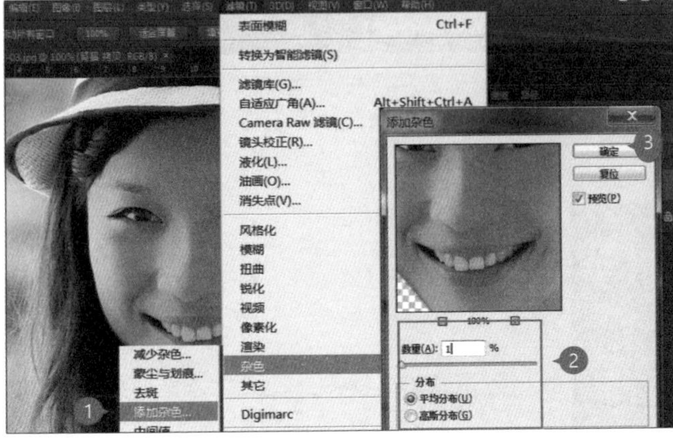

选择 **滤镜 \ 杂色 \ 添加杂色**，打开对话框，设置 **数量为 1%、分布为平均分布**，单击 **确定** 按钮（增加杂色可以仿真毛孔，根据图片不同可设置合适的 **数量** 值。）

03 制作磨皮的图层文件夹

接下来利用准备好的图层来完成磨皮的前置操作。

按 Ctrl + J 键复制 **背景 拷贝** 层为另一新图层 **背景拷贝 2**。

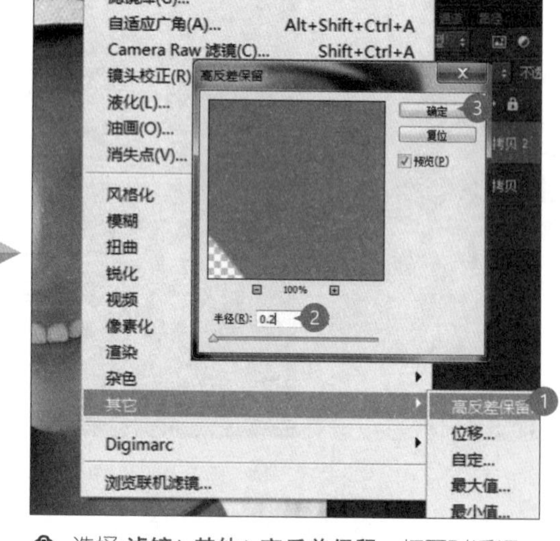

选择 **滤镜 \ 其他 \ 高反差保留**，打开对话框，设置 **半径为 0.2 像素**，单击 **确定** 按钮。

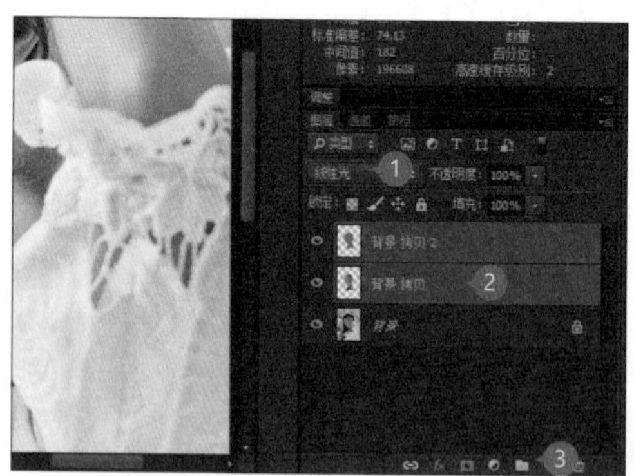

设置 **背景 拷贝 2 图层 的混合模式为 线性光**，再按住 Ctrl 键将 **背景拷贝** 图层一起选中，单击 **建立新组**。

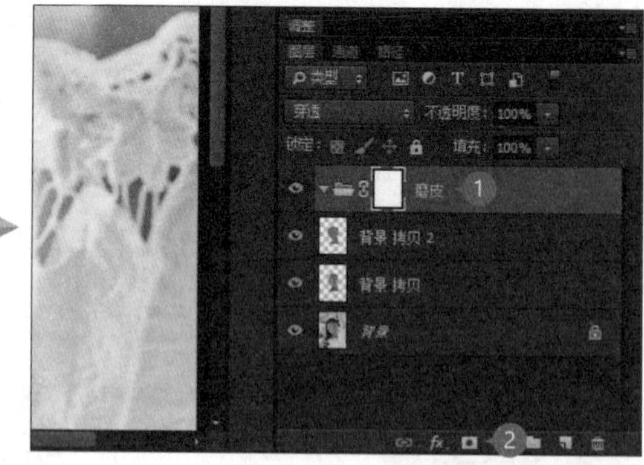

重命名组名为“磨皮”，单击 **增加蒙版** 按钮。然后把 **背景拷贝** 及 **背景拷贝 2** 图层拖到 **磨皮** 组中。

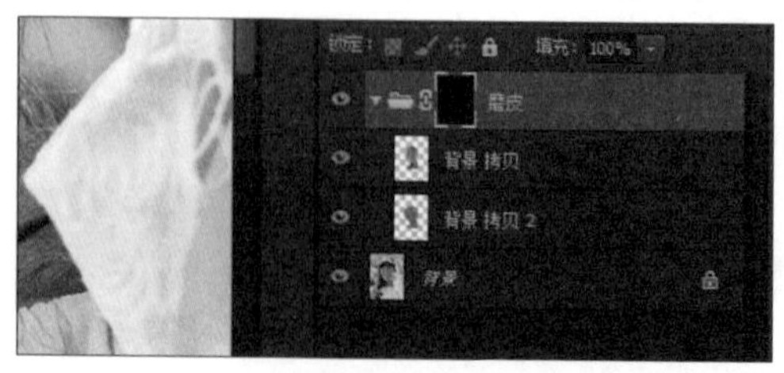

在 **磨皮** 层蒙版上单击鼠标左键，按 Ctrl + I 快捷键，将蒙版变为黑色。

04 轻松磨出光滑细致的肌肤

这样，前置准备就完成了。保持选中 **磨皮** 蒙版，开始进行磨皮。

确认当前已经选中 **磨皮** 层的蒙版，在 **工具** 面板选择 **画笔工具**，再单击（默认前景色背景色）。

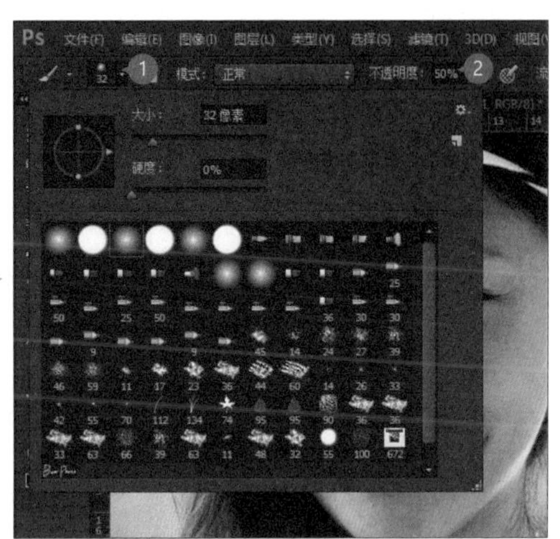

在 **选项** 栏单击 **画笔选取器**，设置合适的笔刷大小，并设置 **不透明度为 50%**。

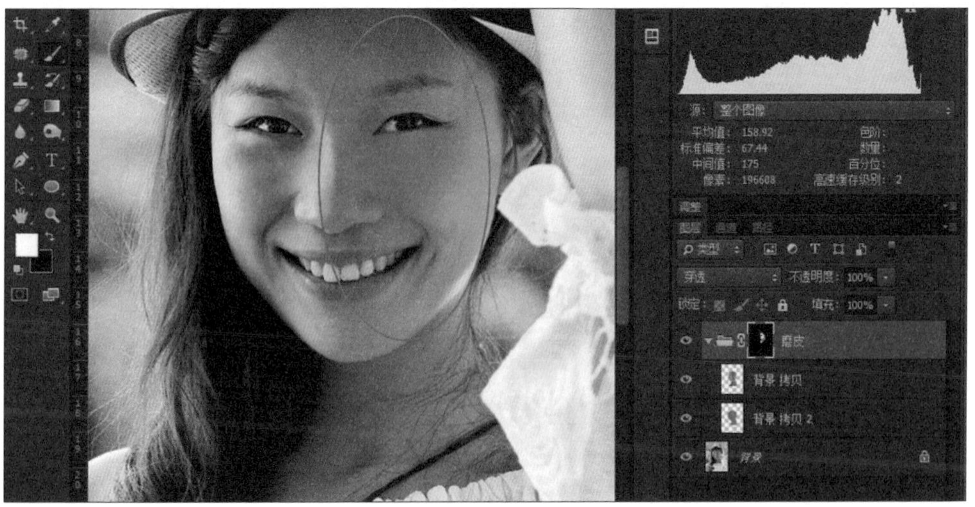

在皮肤上刷一刷就会变成粉嫩的肤质，适时改变画笔大小或透明度以配合图像区域。

如果发现刷出来的结果有点过头，只要将 **前景色** 设为 **黑色** 再重刷一次即可恢复原始状态，最后全部刷完即算完成。

选择 **图层 \ 拼合图像**，从 **工具** 面板选择 **污点修复画笔工具**，在照片中一些较严重刷不掉的瑕疵上一一点击进行修饰，这样就完成人像的柔肤技巧。

5.4 打造唯美相貌与身材

好不容易拍了张漂亮的作品，却发现脸的角度不够好、手臂看起来有些粗、小腹有点微凸……，这些令人不甚满意的小地方，都可以通过 **液化** 功能来改善。

01 转换为智能对象

打开本章案例原始文件 <05-04.jpg> 进行练习，先将图像转换为 **智能对象** 再做修图操作 (Photoshop CC 中只要使用 **智能对象** 进行液化或使用其他滤镜效果，都能保留原始图像及修改设置值，让您可再次进行编辑)。

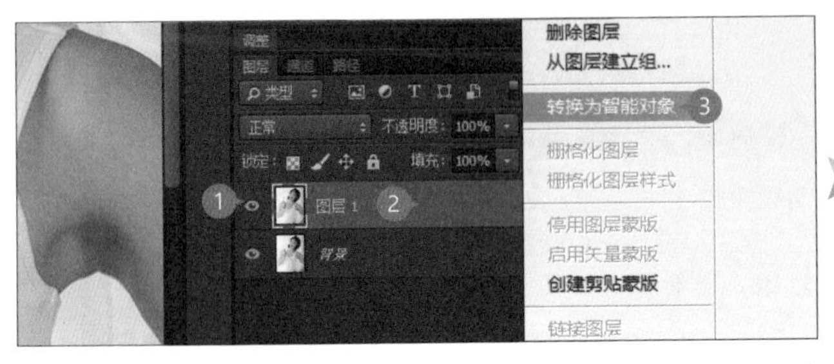

按 Ctrl + J 键拷贝图层，接着在 **图层 1** 上单击鼠标右键 (非缩略图上)，选择 **转换为智能对象**。

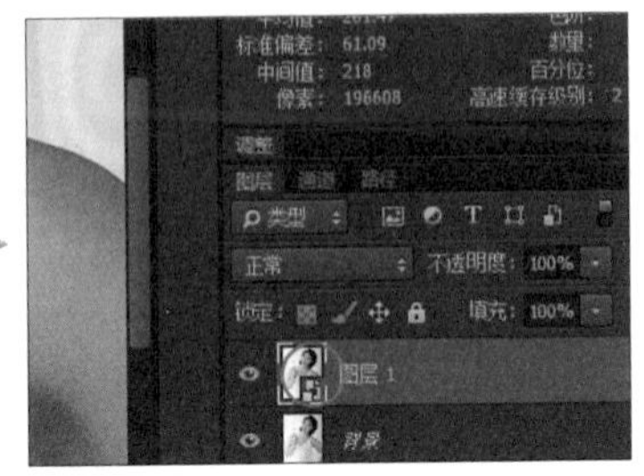

▲ 完成后即可看到 **图层 1** 的缩略图右下角出现 标识。

02 修出瓜子脸与迷人肩颈、手臂

针对这个模特，预先在脑海里想好调整方向后，再使用 **液化** 功能进行减肥。

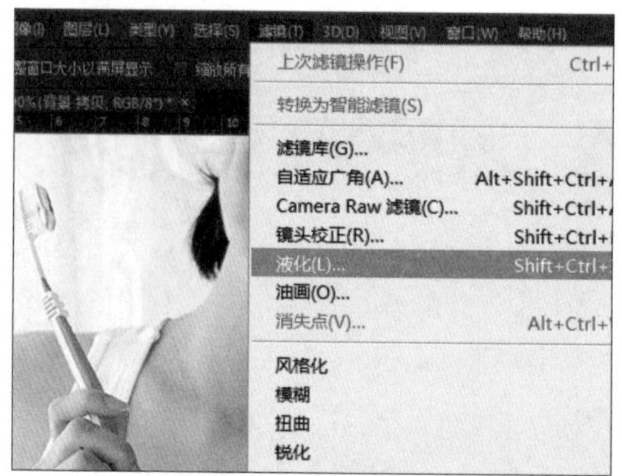

选择 **滤镜 \ 液化**，打开对话框。

选择 向前变形工具，选中 **高级模式** 打开更多选项。接着在 **工具选项** 中设置合适的 **画笔参数**，画笔**压力**设置小一些可避免过度变形，设置合适的 **画笔密度** 可调整笔刷边缘的强度；此例中设置 **画笔大小为** 80、**画笔密度为** 10、**画笔压力为** 25。

根据图中箭头方向所示，帮模特把下巴推成瓜子脸，然后再将脖子稍微往内推，让脖子细一点，这样看起来会更有曲线感（按 Ctrl + + 键可放大编辑区，按 Ctrl + - 键可缩小编辑区）。

接着选择 **左推工具**，设定 **工具选项** 中的**画笔大小为** 90、**画笔密度为** 50、**画笔压力为** 25。

当使用 **左推工具** 往下拖动时，像素就会往右变形，往上拖动时则向左变形，依照这样的方式，进行如图中箭头所示方向的拖动，将手臂修细、把腰变得有曲线（不用急着一次就推好，分几次慢慢推出好看的线条即可，在推的时候也要注意背景，避免把背景推变形）。

03 快速丰胸

同样在 **液化** 设置对话框中，利用 **膨胀工具** 来帮模特丰胸。

选择 冻结蒙版工具，设置合适的画笔大小、密度与压力，接着在拿牙刷的手上涂抹，这样可以避免下一步使用 **膨胀工具** 时，造成手部的变形（如涂抹时发现没有红色蒙版，请选中 **显示蒙版**）。

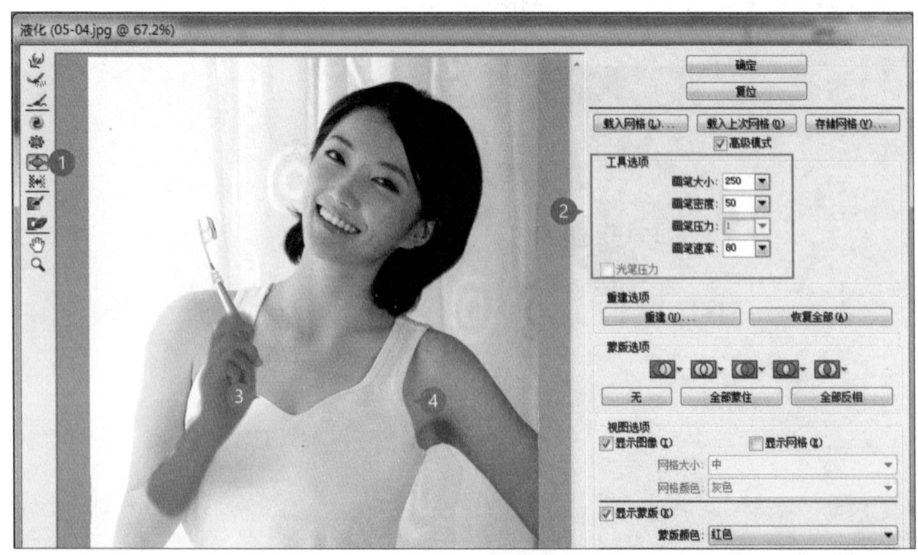

选择 **膨胀工具**，设置合适的画笔大小、密度、压力与速率，分别在模特左、右胸部上长按鼠标左键，按的时间越长，膨胀的就越大，所以请斟酌按压时间长短。

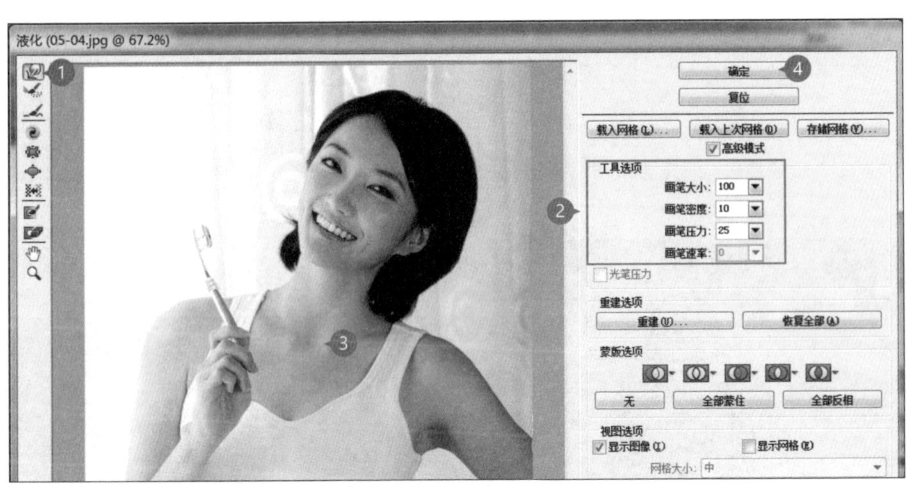

最后选择 **向前变形工具**，设置合适的画笔参数，将液化过头而产生的不自然区域再做细微的调整，完成后单击 **确定** 按钮。

小提示 调整液化结果

早期版本中，编辑 **液化** 功能会直接将效果应用在图像上，若想做其他修改只能从头再来，在 Photosho CC 版本中，只要使用 **智能对象** 来液化，都能接着上一次的编辑结果进行其他调整。

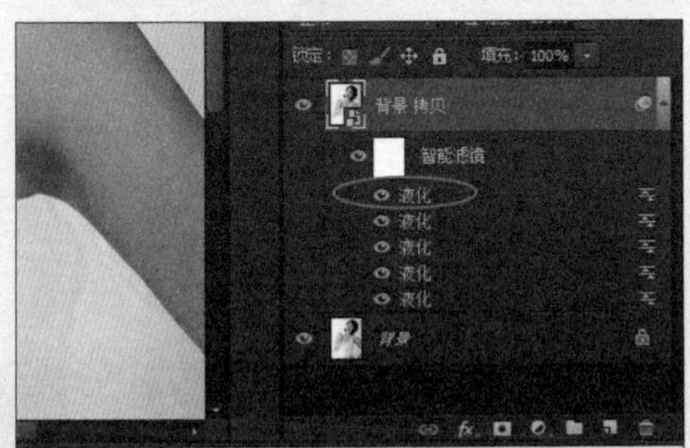

在 **图层** 面板 **液化** 上双击鼠标左键。

▲ 即可打开之前 **液化** 的编辑结果。

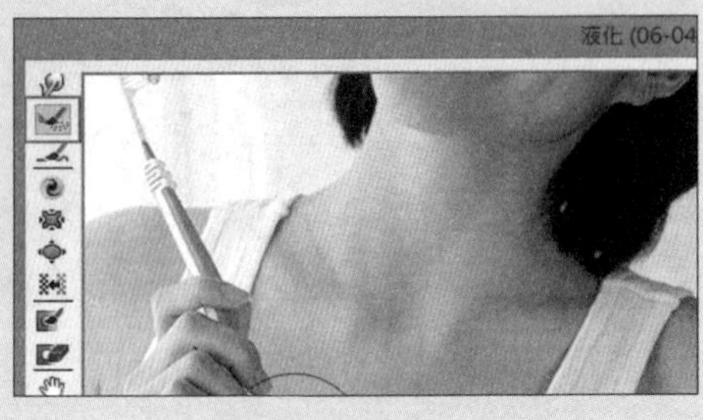

另外，如果在液化过程中发现效果太过头，可以选择 **重建工具**，设置合适的画笔参数后，在该处重新涂抹即可恢复原始图像的状态。

5.5 营造令人怦然心动的氛围

用长焦镜头拍摄带景色的人物照片，会有迷人的散景及清晰的人物主体，如何利用后期制作编辑出令人赞叹的作品，请看接下来的示例！

01 快速选取人物主体

打开本章案例原始文件 <05-05.jpg> 进行练习。在调整人像作品时，最好将人与景分开调整，这样完成后的作品才会显得立体感十足。

在 **工具** 面板选择 **快速选择工具**，在 **选项** 栏选中 **添加到选区**，再在 **画笔选取器** 中设置合适的笔刷大小，并选中 **自动增强**。

待鼠标指针呈 ⊕ 状时，在照片上拖动，绘制人物主体部分产生人物的选取范围。

02 让选取范围边缘更柔化

一般情况下，生成选区后，其边缘都略显生硬，通过 **调整边缘** 功能可以让选区的边缘更柔化，在之后使用蒙版时会更自然。

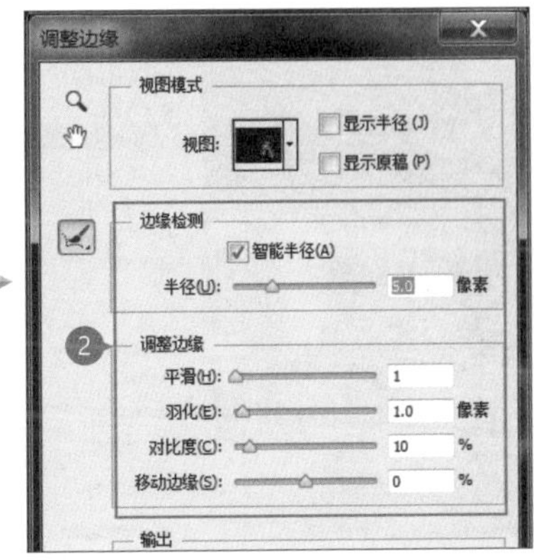

选择 **快速选择工具**，在 **选项** 栏单击 **调整边缘**，打开对话框，设置 **视图模式** 为 **黑底**，选中 **智能半径**，设置**半径为 5 像素**，在 **调整边缘** 中设置**平滑为 1**、**羽化为 1 像素**、**对比度为 10%**。

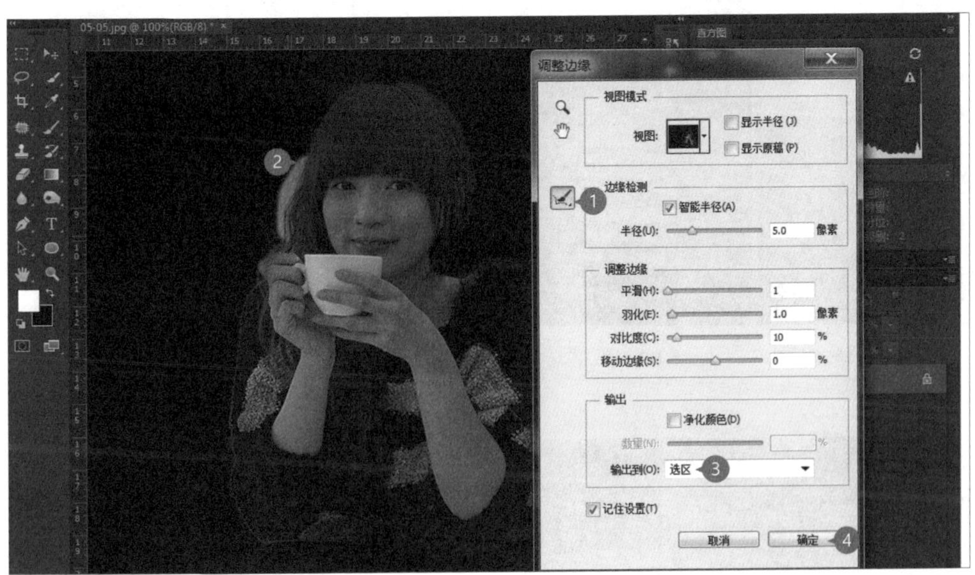

选择左侧的 **调整半径工具**，在编辑区的人物边缘拖动一圈，完成后软件会自动计算出最佳的边缘效果，设置 **输出到**：**选区**，完成后单击 **确定** 按钮。

03 改变现场环境的色温

本案例照片中的环境，由于现场灯光的关系略微偏黄，在这里利用 **相片滤镜** 功能来让整个色温统一成冷色调的蓝色。

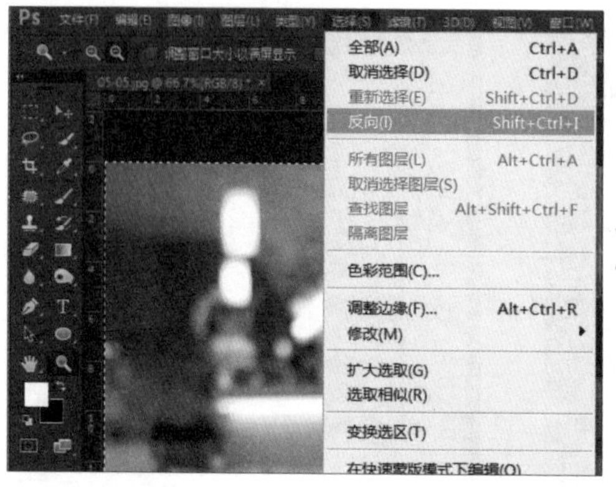

选择 **选择 \ 反向**，把刚由 **调整边缘** 产生的选区反转。

在 **调整** 面板选择，建立新的照片滤镜调整图层。

在 **属性 - 照片滤镜** 面板单击 **颜色** 旁的色块，打开对话框。

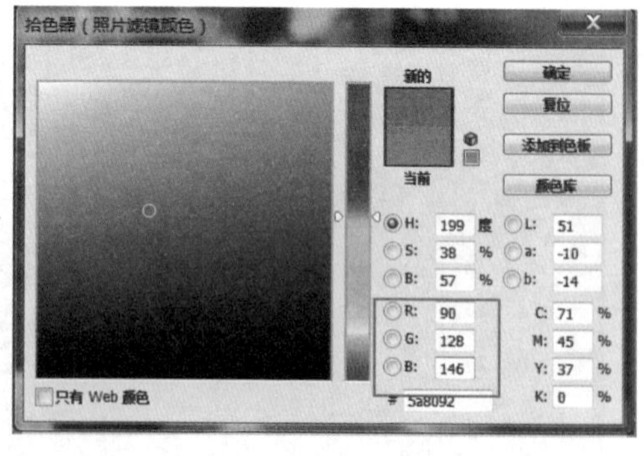

设置颜色为 RGB (90,128,146)，单击 **确定** 按钮。

最后在 **属性 - 照片滤镜** 面板，拖动滑块设置 **浓度为 50%**。

04 加强环境明暗度对比

应用 **照片滤镜** 后，整体色温就变得较统一，接着只要微调明暗对比即可。

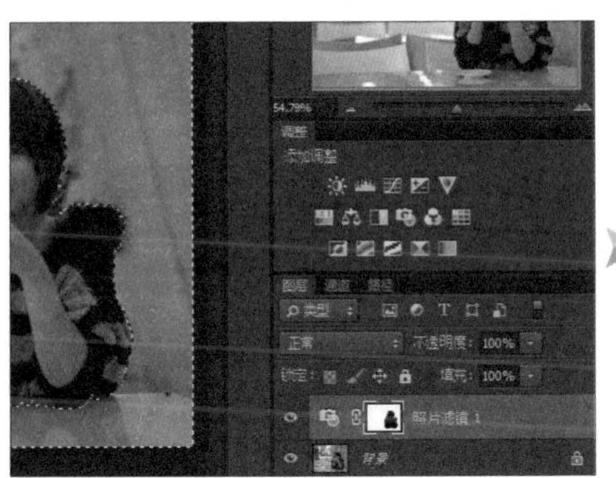

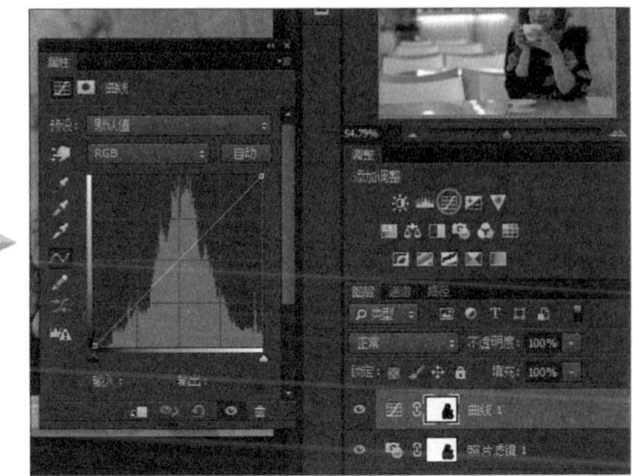

按住 Ctrl 键，将鼠标移至 **图层** 面板 **照片滤镜 1** 调整图层蒙版的缩略图上，待其呈 状时单击鼠标左键，即可产生该蒙版的选区。

在 **调整** 面板单击 按钮，新增曲线调整图层。

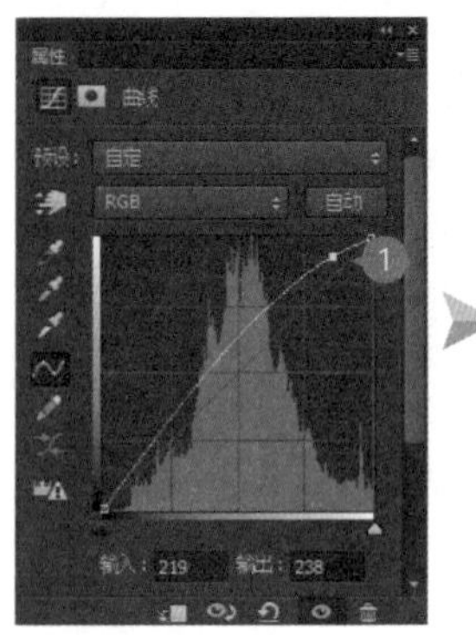

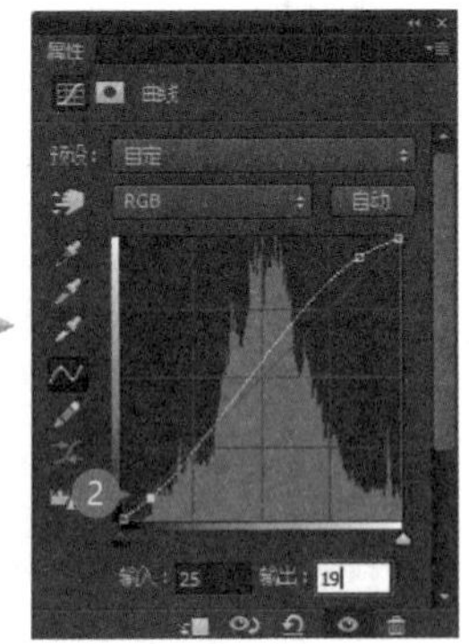

在 **属性 - 曲线** 面板新增第一个控制点，设置 **输入为** 219、**输出为** 238 以调亮明度，接着再新增第二个控制点，设置 **输入为** 25、**输出为** 19 以加强暗部。

◀ 经过这样的调整后，照片的左边已不再偏黄，而且明暗度对比也变好了。

05 加强人物的明暗度对比

调好背景的色调后，接着就是调整人物的部分，让整体更为明亮些。

按住Ctrl键不放，将鼠标移至 **图层** 面板中的 **曲线 1** 调整图层蒙版缩略图上，单击鼠标左键生成该蒙版的选区。

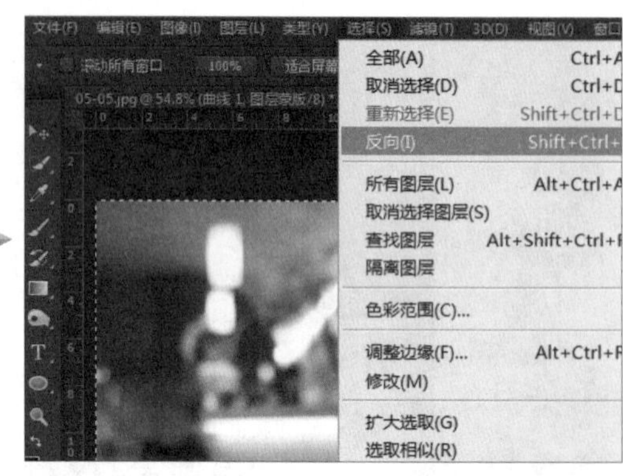

选择 **选择 \ 反向**，将 **调整边缘** 生成的选区反转，选取人物主体。

在 **调整** 面板单击**曲线按钮**，新增曲线调整图层。

在 **属性 - 曲线** 面板新增第一个控制点，设置 **输入为** 211、**输出为** 236，以调亮明度。

新增第二个控制点，设置 **输入为** 15、**输出为** 30，调亮人物暗部。

06 增加整体色彩饱和度

经过调整后，多少都会损失一点色彩，最后再提升些饱和度即可。

在 **调整** 面板中单击 ▼，新增自然饱和度调整图层。

在 **属性 - 自然饱和度** 面板，拖动滑块设置 **自然饱和度为** +35。

这样就制作出了一幅别具风格的人像。其实，也可以再随意更改自己喜爱的色温，让图像拥有不同的味道。

CHAPTER

06

风景照片这样修才对

6.1 阳光下摇曳的罂粟花

路边的一丛罂粟花，如何才能让其呈现阳光普照、微风轻拂的效果？用黄色调加强阳光和煦感，再增加亮度让画面显得轻柔，淡化杂草，就能增强对罂粟花的衬托。

01 加强黄、绿色调

打开本章案例原始文件 <06-01.jpg>。这张风景照片显得较黯淡，在调亮前，先新建 **色彩平衡** 调整图层增强黄色与绿色，这样增强亮度后整体上就不会显得平淡。

单击 **调整** 面板中的 ，创建新的 **色彩平衡** 调整图层，在 **属性 - 色彩平衡** 面板中设置 **绿色为 +10**、**蓝色为 -20**。

02 调整得更明亮

色阶 调整图层是最方便的明暗度调整工具，因为图像本身的暗部细节足够，所以只要调整 **阴影**、**中间调**、**亮部** 的数值，就可以马上营造出阳光和煦的感觉。

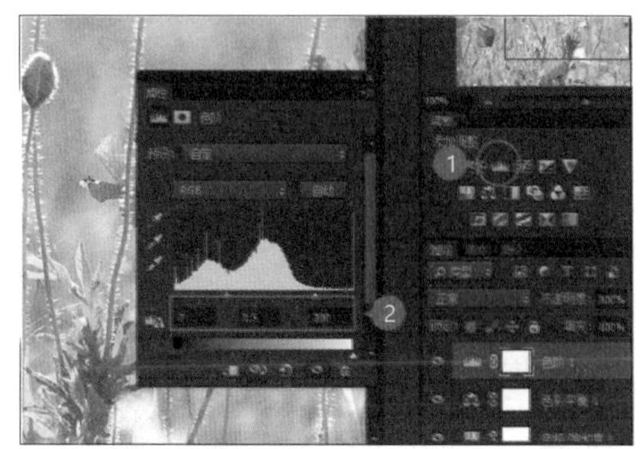

单击 **调整** 面板中的▣，创建新的 **色阶** 调整图层，在**属性 - 色阶** 面板，设置 **暗部为 7**、**中间调为 1.50**、**亮部为 200**。

03 增强对比

图层混合模式中的 **柔光** 效果，可让图层与图层重叠时产生较强烈的对比，色调较亮的部分会更亮，色调较暗的部分会更暗。

按 Ctrl + Alt + Shift + E 键，**复制可见图层**，新增一个 **图层 1** 图层，接着设置 **图层混合模式**：**柔光**。

在 **图层** 面板中，**图层 1** 的设置 **不透明度为 50%**。

04 用自然饱和度修正色彩

最后新增 **自然饱和度** 调整图层，加强整体的饱和度，会让红色的罂粟花看起来更鲜艳夺目，但色彩不能太过饱和以免影响图像的细节。

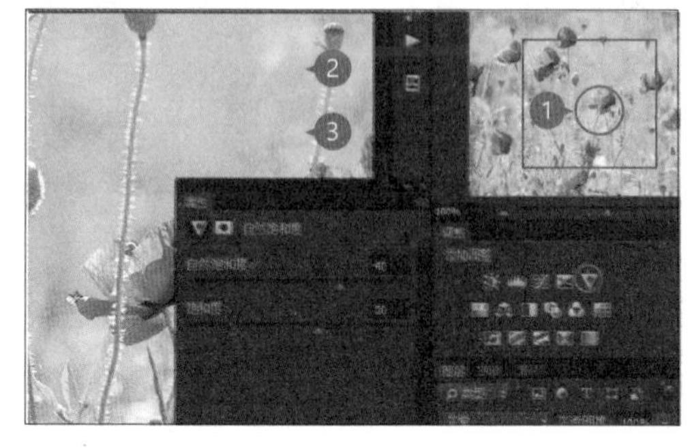

单击 **调整** 面板的 ▼ **自然饱和度**按钮，在 **属性 - 自然饱和度** 面板中，设置 **自然饱和度为 +40**、**饱和度为 +20**。

6.2 人造暖秋的景色

利用类似抽色的方式，将原本夏天的风景变为暖秋枫红，调整整张照片色彩饱和度与对比度，让光影的呈现更能衬托出在道路上手牵手散步的祖孙俩。

01 用锐化提升细节

打开本章案例原始文件 <06-02.jpg>。照片中有些地方看起来较模糊，可用 **锐化** 功能来强化细节的可见度。

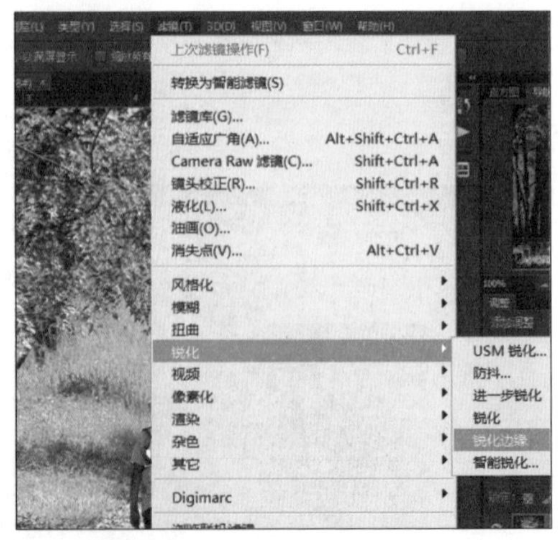

选择 **滤镜 \ 锐化 \ 锐化边缘**，让照片中的细节更加清楚。

02 调整色彩与饱和度

由于此照片的结构与色彩较单纯，所以不需选取特定范围，只要分别减少照片中黄色与绿色的色彩，即能呈现出秋天的枫红氛围。

单击 **调整** 面板中的 **色相/饱和度**，在 **属性-色相/饱和度** 面板中，设置 **黄色**，**色相设为 -56**、**饱和度设为 +15**、**明度设为 +20**，改变照片中黄色的色彩与饱和度。

在 **属性-色相/饱和度** 面板中，设置 **绿色**，**色相设为 -56**、**饱和度设为 +5**、**明度设为 +20**，改变照片中绿色的色彩与饱和度。

03 手动调整明暗对比

增强照片中的明暗对比，除了可以让整体产生空间感外，也会让主题更加突出。

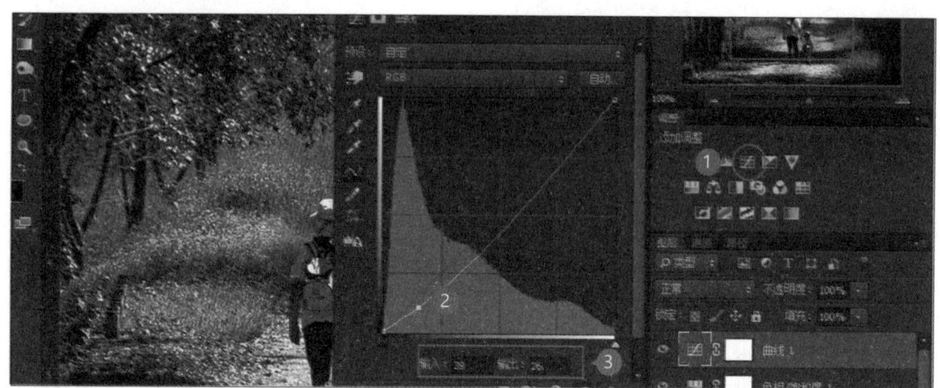

单击 **调整** 面板中的曲线，在 **属性 - 曲线** 面板的曲线上新增一个控制点，设置 **输入为 39**、**输出为 26**，稍微加深暗部。

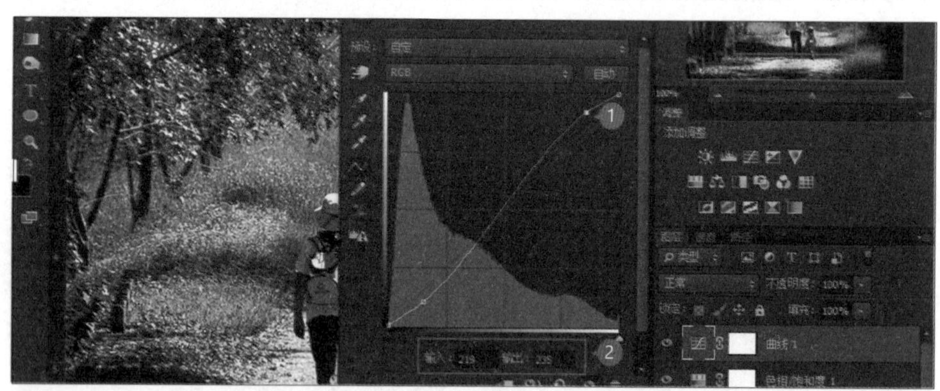

还是在 **属性 - 曲线** 面板的曲线上再新增一个控制点，设置 **输入为 219**、**输出为 235**，提高亮度。

04 调整色彩浓度

经过前面的调整后会失去一些色彩浓度，因此以 **自然饱和度** 弥补，这样就完成了图像的调整。

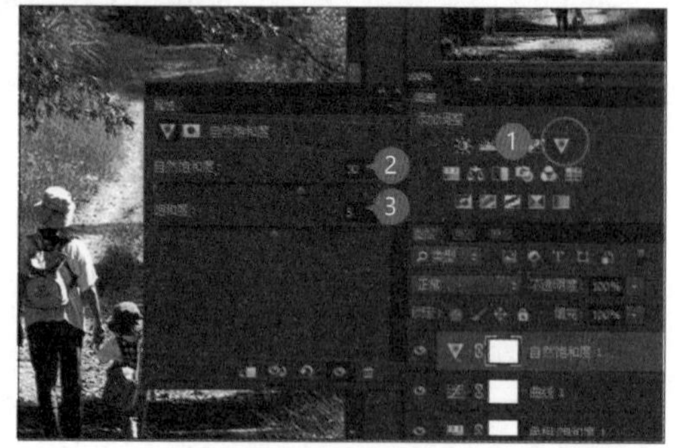

单击 **调整** 面板 **自然饱和度**，在 **属性 - 自然饱和度** 面板中，设置 **自然饱和度为 +30**、**饱和度为 +5**。

6.3 模拟灰卡还原照片色调

同样的物品或风景，在自然光、白炽灯以及日光灯下所看到的颜色是不一样的。这张照片中因为夕阳折射的关系，导致原本绿色的稻田呈现出橘黄色，下面通过模拟灰卡的方式，还原照片正常的色调。

01 用 " 阈值 " 功能找出图像最暗、最亮点

打开本章案例原始文件 <06-03.jpg>，先将图像的屏幕显示比例调整到可浏览全图的适当大小，接着进行如下操作找出图像的最暗、最亮点：

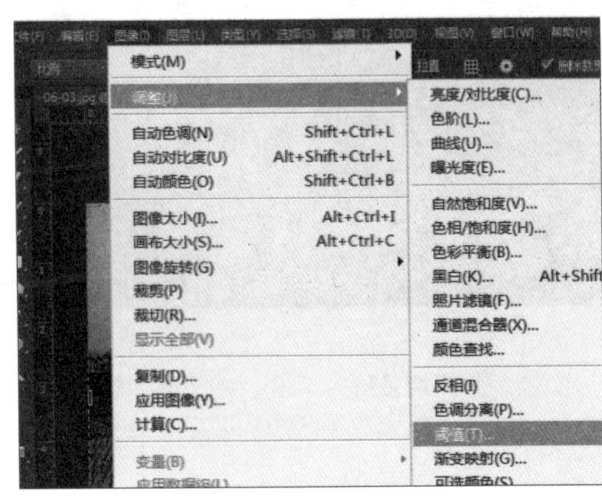

选择 **图像 \ 调整 \ 阈值**，打开对话框。

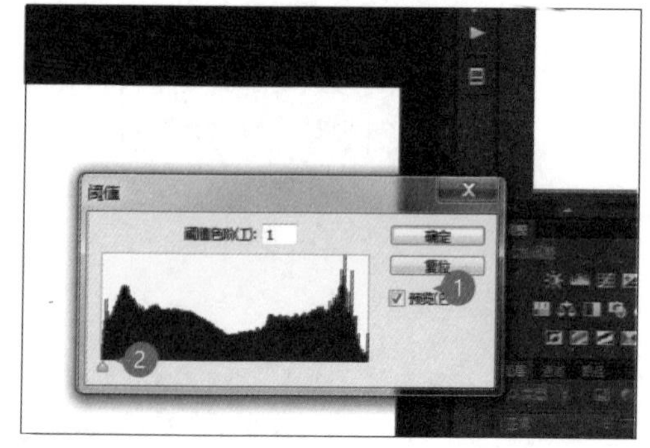

选中 **预览**，拖动滑块▲到左端，再慢慢往右拖，会发现图像中逐渐出现较大范围的黑点，而这个最先显示的黑点范围即为图像的最暗点（此例设置 **阈值色阶为 5**）。

把鼠标移至图像上并按 Shift 键，此时鼠标指针会呈 状，将吸管前端移至图像的最暗点单击鼠标左键，设置第一个 **颜色取样器**（若不好准确命中最暗点时，可连续按 Ctrl + + 键，放大图像，或按 Space + 鼠标左键来移动图像的显示区域）。

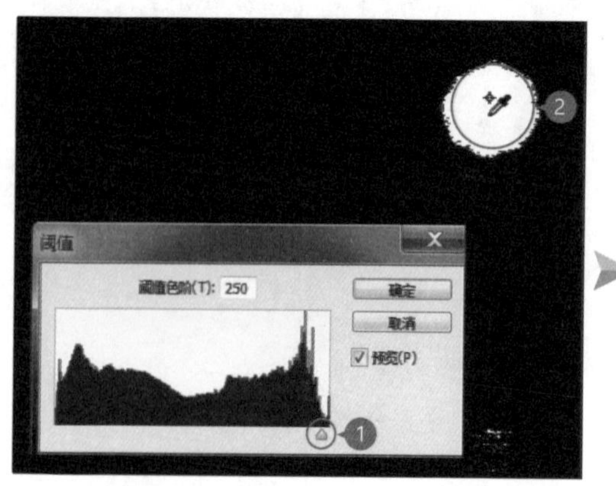

拖动滑块▲ 至最右端，再慢慢往左拖，最先出现的白点范围即为最亮点（由于此图像中有太阳产生的极亮点，所以拖到最右端仍无法呈现全黑的画面，此例设置 **阈值色阶为 250**），接着将鼠标指针移至图像上并按住 Shift 键不放，此时鼠标指针呈 状，将吸管前端移至图像的最亮点单击鼠标左键，设置第二个 **颜色取样器**。

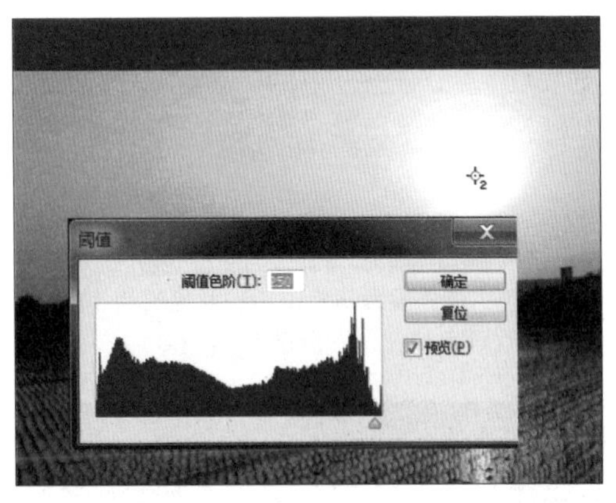

完成最暗点 与最亮点 两个颜色取样器设置后，单击 **取消** 按钮回到工作区。

小提示 **取消应用的“阈值”效果**

若在 **阈值** 对话框中单击 **确定** 按钮后应用其效果，图像会变成黑白两色，然而在此处仅是通过 **阈值** 功能取得最暗点与最亮点，因此请选择 **编辑 \ 还原阈值** 还原图像。

02 用 " 阈值 " 效果找出灰点

图像上的灰色景物是最难正确还原的部分，但也是最能有效修正色偏的依据，如果把图像中灰色部分校正好，其他颜色就能得到较真实的表现，我们通过如下操作找出图像中的灰点：

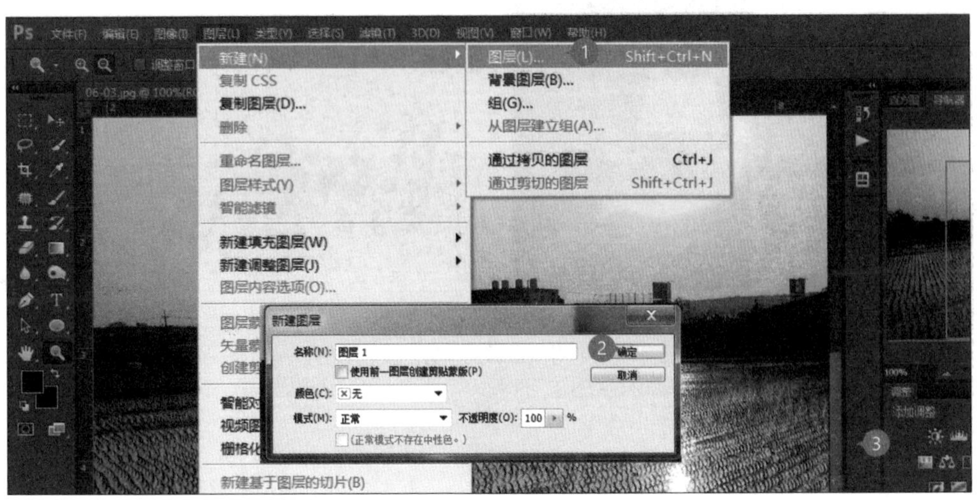

选择 **图层 \ 新建 \ 图层**，打开对话框，单击 **确定** 按钮后即可新建一个图层。

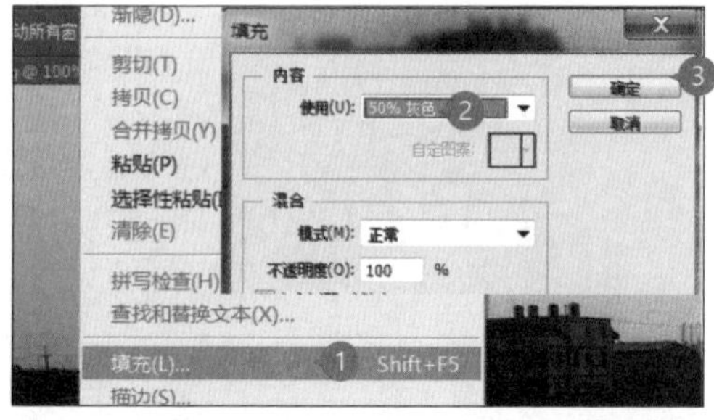

选择 **编辑\填充**，打开对话框，**填充设为 50% 灰色、模式设为正常、不透明度设为 100%**，单击 **确定** 按钮后将 **图层 1** 填充 50% 灰色。

在 **图层 1** 中设置 **图层混合模式为差值**，将图像所有色彩的值提高 50%，如此一来灰色会变成黑色。

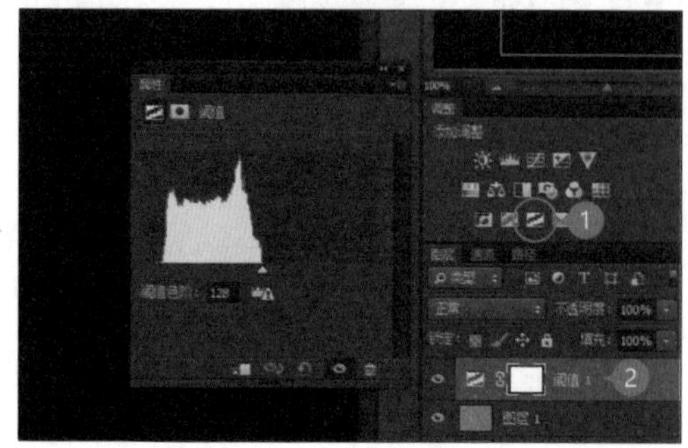

单击 **调整** 面板中的 **阈值** 按钮，创建阈值调整图层。

经过上面的步骤，灰色已转成黑色，接着再用 **阈值** 来找出图像的中间灰点。

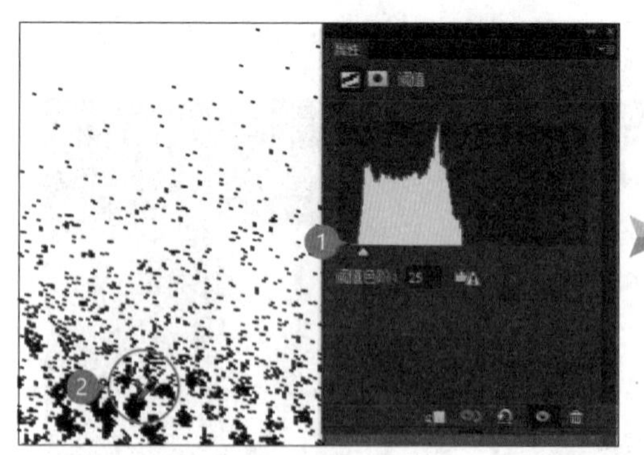

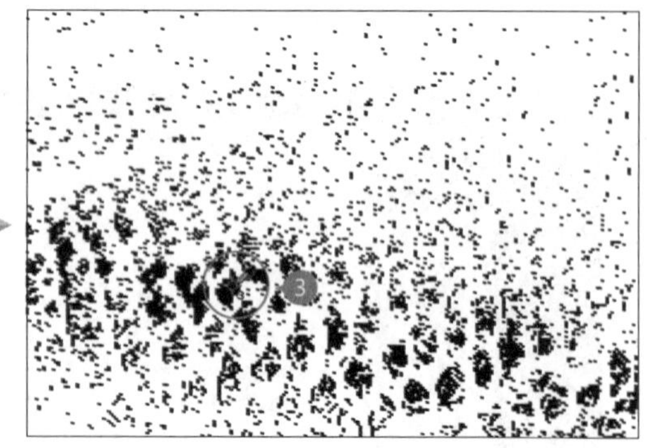

单击 **工具** 面板中的 **吸管工具**，在 **属性 - 阈值** 面板把滑块 拖至最左端，再慢慢往右拖，最先出现的黑点范围即为最暗点 (此例设置 **阈值层级为 25**)，接着将鼠标指针移至图像上按住 Shift 键，此时鼠标呈 状，将吸管前端移至图像的最暗点，单击鼠标左键设置第三个 **颜色取样器** 取得灰点。

在 **图层** 面板，隐藏 **阈值 1** 与 **图层 1** 这两个图层，并将当前图层设为 **背景** 层。

03 运用最暗点、最亮点与灰点校正颜色

接下来要通过 **曲线** 调整面板中的颜色取样器来调整颜色。

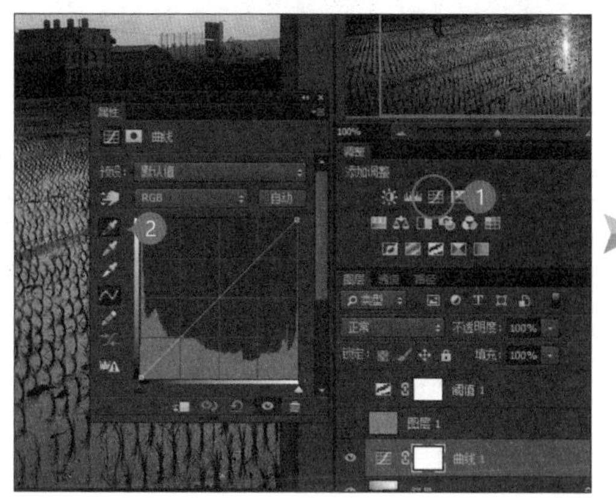

单击 **调整** 面板中的▣，在 **属性 - 曲线** 面板，单击 ▣ **在图像中取样以设置最暗点** 按钮。

将吸管光标移至第一个颜色取样器 ✧1 上方，按 Caps Lock 键，吸管光标会呈 ⌖ 状，待如图完全对齐 ⌖ 后，单击鼠标左键，图像会以此暗点为标准调整色彩。

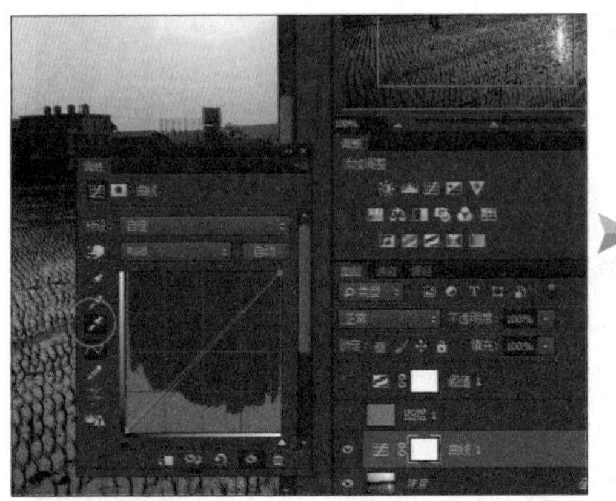

在 **属性 - 曲线** 面板单击 **在图像中取样以设置最亮点** 按钮。

将光标移至第二个颜色取样器 上方，在完全对齐后，单击鼠标左键，图像会以此亮点为标准调整色彩。

在 **属性 - 曲线** 面板单击 **在图像中取样以置定灰点** 按钮。

将光标移至第三个颜色取样器 上方，在完全对齐后，单击鼠标左键，图像会以此灰点为标准调整色彩，这样就完成了图像的色偏调整。

小提示　保留或清除颜色取样器

通过最暗点、最亮点与灰点的校正方式完成此图像色偏调整后，最后可另存成 <*.psd> 文件将该取样器与调整结果保存起来，而如果不需保留颜色取样器时，可单击 **工具** 面板中的 **颜色取样器工具**，在 **选项** 栏中单击 **清除** 即可。

04 用色阶提高稻田与房子亮度

最后利用 **快速蒙版** 选取稻田与房子的部分，再新建 **色阶** 调整图层来调整稻田，让图像看起来更有层次。

单击 **工具** 面板中的 **打开快速蒙版编辑模式**，再单击 **渐变工具**。在 **选项** 栏设定 **黑、白渐变，线性渐变。**

在图像中把鼠标由Ⓐ点拖曳至 Ⓑ点，选取合适的范围（非红色的部分为要调整的范围）。

单击 **工具** 面板中的 **离开快速蒙版编辑模式**，在此即可以看到一个选区（选取稻田与房子）。

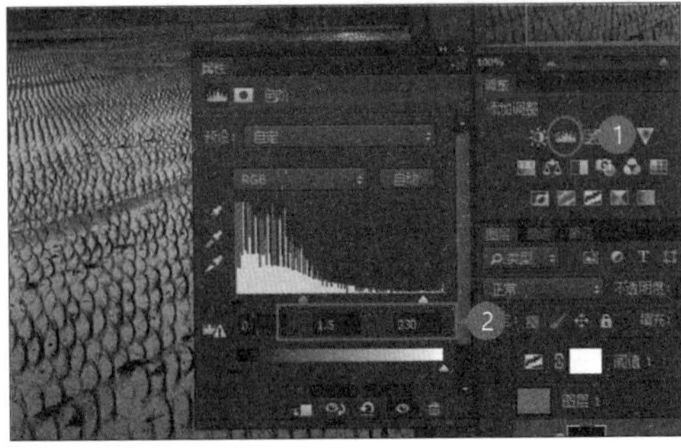

单击 **调整** 面板中的 **色阶** 按钮，在 **属性 - 色阶** 面板中拖动滑块，设置 **中间值为 1.50**、**亮部为 230**，完成提高图像局部亮度的调整。

6.4 表现日落光线的明暗张力

云层的厚度以及空气的湿度，会使得日出或日落呈现出不同的光线颜色，在后期制作这类风光照片时，可以加重明暗对比与色调，让整个暮光更显灿烂。

01 选取天空的部分

打开本章案例原始文件 <06-04.jpg>，用 **快速选择工具** 快速选取天空区域。

在**工具** 面板选择 **快速选择工具**，在 **选项** 栏选中 **添加到选区**，并设定合适的大小与数值，在天空上按住鼠标左键不放，如图拖曳创建选区。

02 加重夕阳与天空的色彩

夕阳西下与海平面相接时，形成浑然天成的美景，可能因为天气或者相机的质量原因而不如预期，此时就可以通过后期处理来弥补遗憾，突显橘红夕阳的美貌。

在**调整** 面板单击 **选择颜色** 按钮，创建一个新的可选颜色调整图层。

在 **属性 - 可选颜色** 面板，先选择 **相对**，设置 **颜色为红色**，根据图像情况加重 **洋红混色** 的比例来呈现橘红色夕阳。

设置 **颜色为中性色**，减少 **青色** 与 **黄色** 并增加 **黑色** 混色比例，让整体色彩更加强烈。

设置 **颜色为黑色**，再增加一些 **黑色**，让天空的云可以更立体。

为了让选区的边缘色泽与原图像更融合，在 **图层** 面板 **选取颜色 1** 图层的蒙版略缩图上双击鼠标，设定 **羽化** 的值。

稍微放大显示比例，会发现选区边缘处已更柔合。

03 让夕阳的明暗对比更突出

调整整体明暗对比，以增加云层与山峰的层次感。

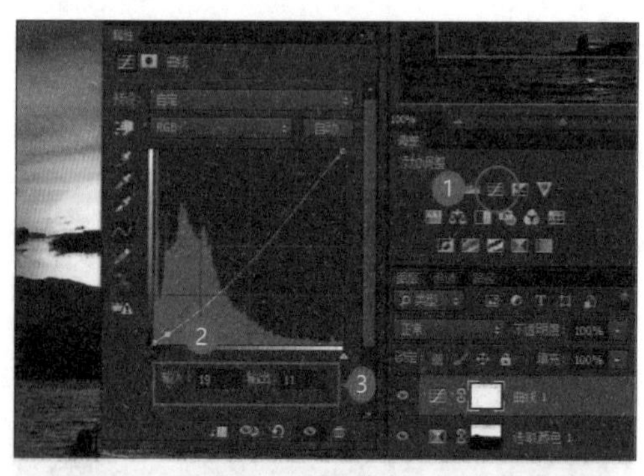

在 **调整** 面板中单击▣，在 **属性 - 曲线** 面板的曲线上新增一个控制点，设置 **输入**：**19**、**输出**：**11**，稍微加深暗部。

在 **属性 - 曲线** 面板的曲线上再新增另一个控制点，设置 **输入**：**239**、**输出**：**248**，提高亮度。

在 **属性 - 曲线** 面板的曲线上再新增另一个控制点，设置 **输入**：**118**、**输出**：**123**，微调中间调的亮度。

6.5 重现蔚蓝天空与清澈水面

天无日日晴，外出拍照时除了摄影者自身的技巧外，还需要一点好运气。不过，如果拍摄的过程中天公不作美，还是可以通过后期处理，让照片拥有一片好天气！

01 去除杂物

打开本章案例原始文件 <06-05.jpg>，为了让整体效果更加完美，先用 **修补工具** 功能将图像中的杂物去除。只要选取要修补的范围，把其拖到要取样的位置放开鼠标，就会以取样位置的图像修补原来的选取区域。

按 Ctrl + J 键 **复制图层**，并重新命名为“修图”，选择 **工具** 面板中的 **修补工具**，把**选项** 栏中的**修补选项设为“内容识别”**、**适应选项设为“中”**。

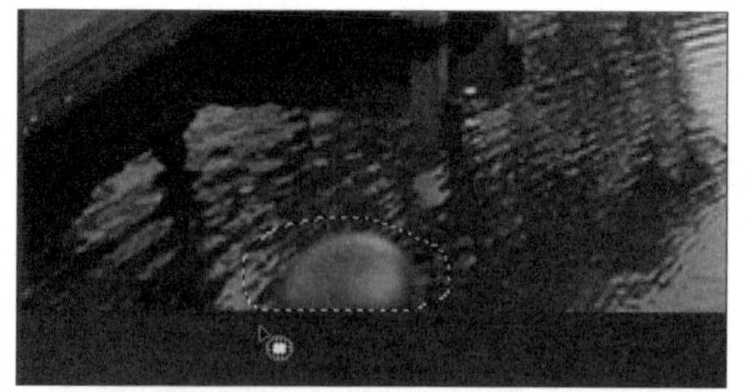

选取图像左下角黑色圆球的对象。

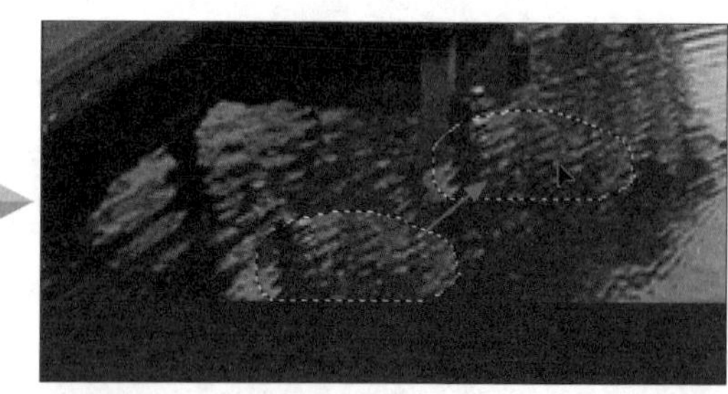

将鼠标移至选取区域内，当指针呈 ▸ 状时，按住鼠标左键拖动选取范围至要取样的位置。

当放开鼠标时，就会看到，圆球已经被选区中的图像取代。按 Ctrl + D 键取消选区。

以相同的操作方式，对图像右下角黑色圆球、救生圈与左边墙面上的对象进行修补。

02 调整暗部与亮部的色调强度

运用 **阴影 / 高光** 功能，调整图像的暗部、亮部与中间调之间色调以及色彩饱和度。

按 Ctrl + J 键 **复制图层**，并重新命名为“阴影 / 高光”，选择**图像 \ 调整 \ 阴影 / 高光** 打开对话框。

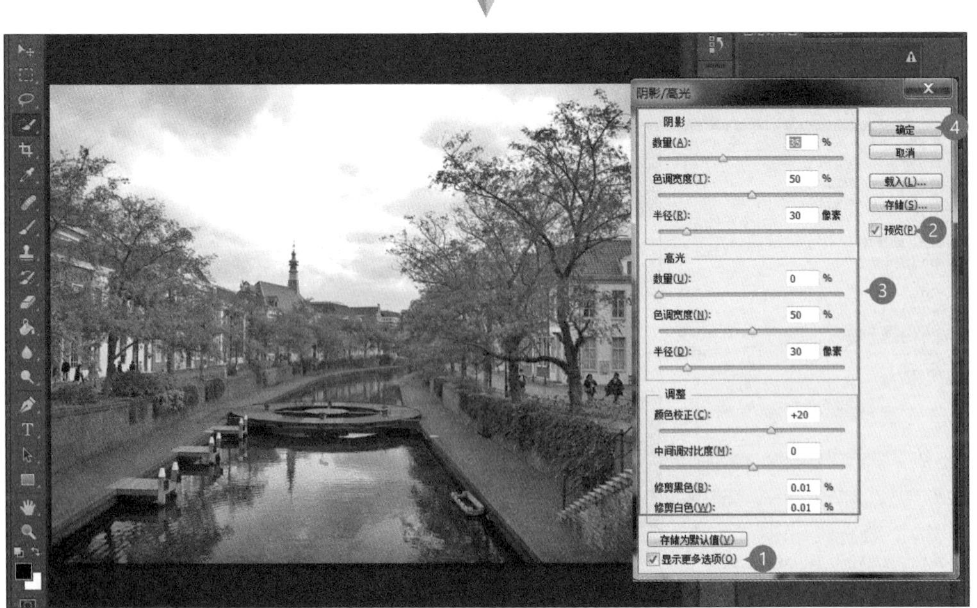

选中 **显示更多选项** 、**预览** 两个选项后，根据图像情况设置 **阴影**、**高光** 与 **调整** 中的值，最后单击 **确定** 按钮即可完成。

03 调整色彩的饱和度

创建新的 **自然饱和度** 调整图层，还原拍照当时的色温。

单击 **调整** 面板中的 ▼ 自然饱和度按钮，在 **属性 - 自然饱和度** 面板，根据图像情况设置 **自然饱和度** 与 **饱和度**。

04 加入蓝天白云

利用合成的手法，将另一张照片的蓝天白云置入到当前的照片中。

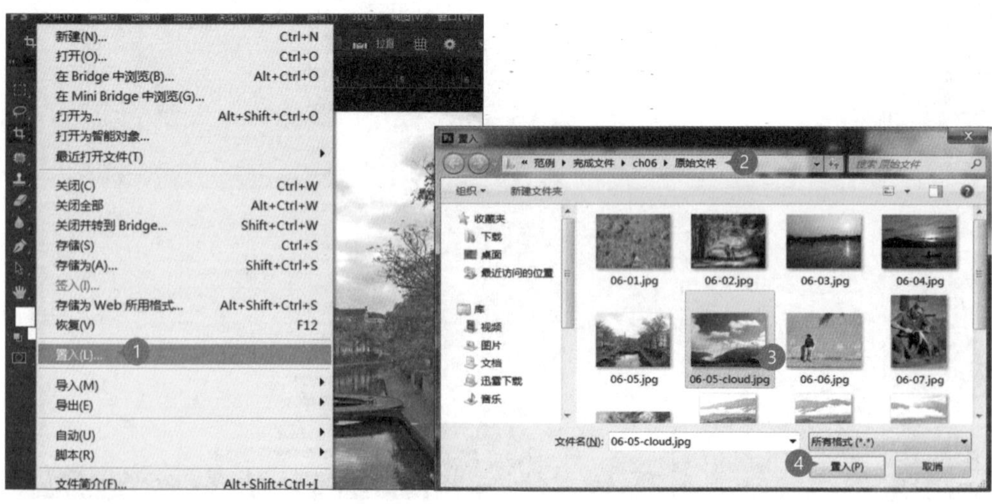

选择 **文件 \ 置入**，在对话框中选择本章案例原始文件 <06-05-cloud.jpg>，单击 **置入** 按钮。

将鼠标移至云彩照片四个角的控制点，待其呈↕状时，按住 Shift 键等比例缩放至完整覆盖主照片，然后按 Enter 键将云彩照片置入。

为了让云朵更好地融入主照片中，要将云朵照片往上移一些。将指针移至云朵照片上，待其呈▸✥状时，按住鼠标左键往上拖动至如图位置。

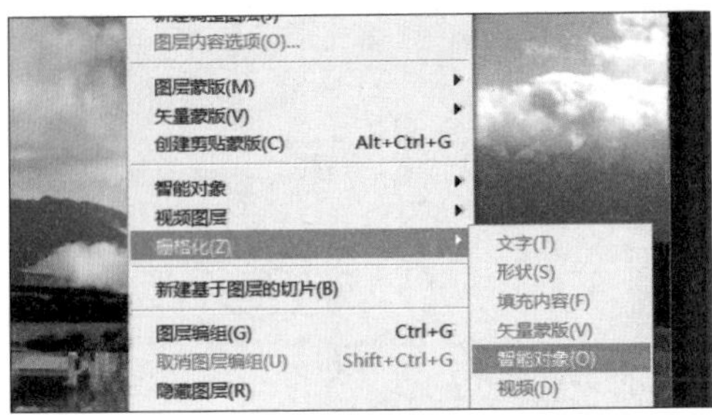

选择 **图层 \ 栅格化 \ 智能对象**，将智能对象转换为一般图片对象。

在 **图层** 面板中设置 **图层的混合模式为“变暗”**，将云彩照片融入其中。

在 **工具** 面板中选择 **橡皮擦工具**，在 **选项** 栏中按如图所示设置画笔的 **大小**、**硬度**、**形状**。

为了让擦出来的边缘不会太生硬，在 **选项** 栏调整 **不透明度为 70%**，再擦去下方山与地面的区域。别忘了两旁的树与建筑物也要擦一下，其间可根据需求再次调整橡皮擦的画笔 **大小**、**硬度**、**形状** 及 **不透明度**，以便擦除细节。

05 加强图像明暗对比

最后，创建新的 **曲线** 调整图层，让图像明暗对比更加强烈。

单击 **调整** 面板中的 **曲线** 按钮，在 **属性 - 曲线** 面板中，设置 **预设为“增加对比度”**，这样就完成了此图像的后期处理。

6.6 乾坤大挪移塑造完美构图

用 Photoshop 修图时最常遇到的一个问题，就是当移动照片上的特定人物或物品到合适位置时，原先的位置不是被挖破一个洞，就是变成了只有单色的背景色，**内容感知移动工具** 功能可以轻松解决这样的麻烦事，为照片重新塑造完美构图！

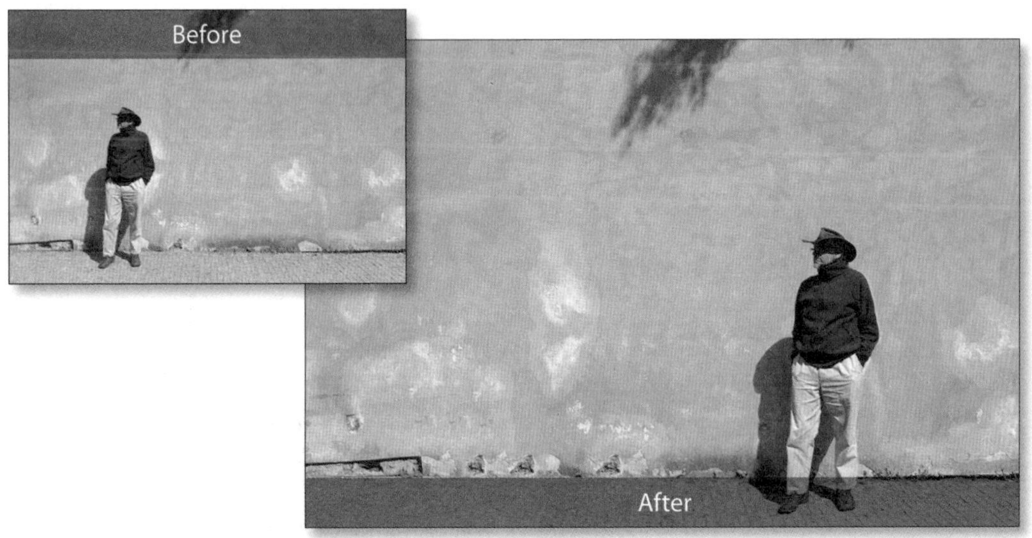

01 选取要移动的主体

打开本章案例原始文件 <06-06.jpg>。进行 " 乾坤大挪移 " 之前，必须先圈选出主要范围，这样在使用 **内容感知移动工具** 时，才可以准确作用在有效区域。

在 **工具** 面板中选择 **快速选择工具**。

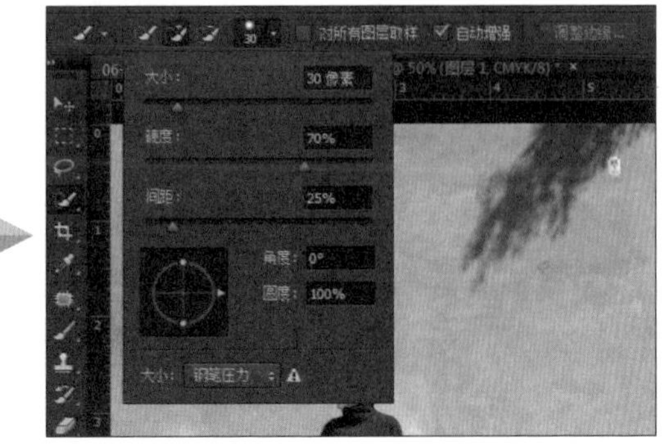

在 **选项** 栏单击 **添加到选区** 按钮，添加到同时设置合适的画笔大小。

在图像上选取人物主体及其阴影，选取过程中可以按 Ctrl + + 组合键适当放大图像显示比例，也可以在 **选项** 栏中通过 **添加到选区** 按钮 **或** **从选区中减去** 按钮，来增加或减少选取范围。

02 放大选取范围的边缘

根据主体大小，适当放大选取范围让图像能够更准确地被选择。

选择 **选择 \ 修改 \ 扩展** ，打开对话框。

输入 **扩展** 的像素数值，然后单击 **确定** 按钮。

03 利用黄金分割法设计主体位置

所谓黄金分割，就是将拍摄主体摆在井字的四个交会点的任一位置，以利于画面平衡，并尽量避免摆放在镜头正中或太过偏颇的位置。

在**工具** 面板选择 **内容感知移动工具**。

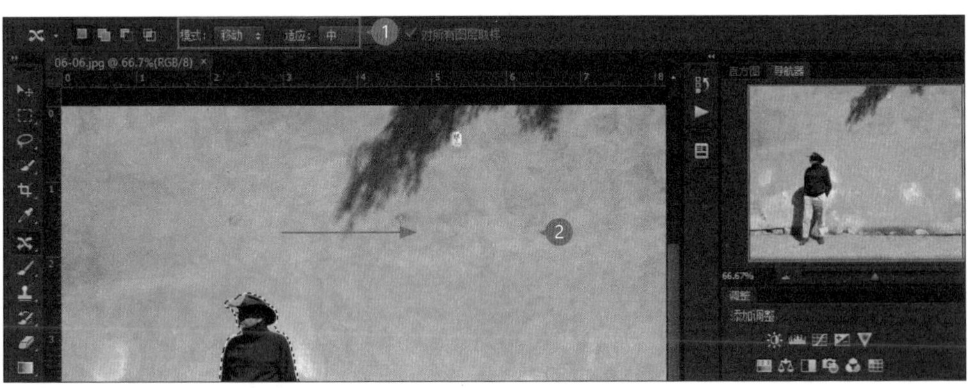

在 **选项** 栏中，设置 **模式为"移动"**、**适应为"中"**，然后将主体往右拖至如图所示位置。

接着软件便会自动进行原始位置的内容感知运算，并完成移动与填补的操作。最后按 Ctrl + D 键取消选区。

小提示 使用扩展模式

若想要呈现复制主体的效果，可以将 **模式** 设置为 **扩展**，建议挑选单纯背景的照片而在使用上注意尽量往相近的背景上进行移动拷贝，因为越相近的背景融合度越自然。

04 利用内容感知填色

使用内容感知运算进行填色，呈现的效果有时候不一定会非常完美，此照片可以看到原本人物站立的地板上填补得并不太完美，这时就得再用 **套索工具** 与 **填充** 的方式进行修补。

在 **工具** 面板中选择 **套索工具**，再在 **选项** 栏进行如图所示的设置。

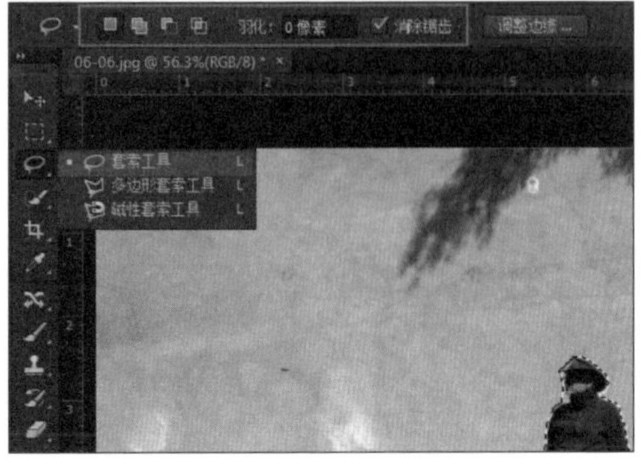

待指针呈状，将鼠标移至下方地板处，按住左键沿需修补处进行圈选，放开鼠标即完成选区的建立。

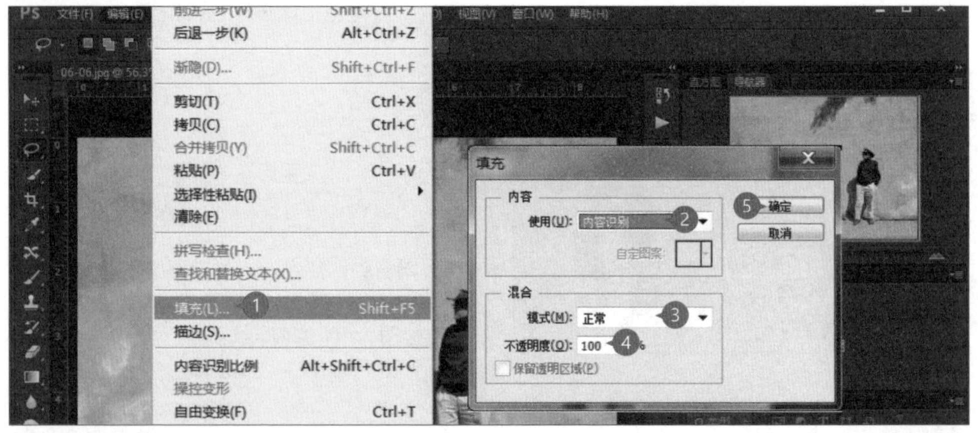

选择 **编辑 \ 填充**，在打开的对话框中设置 **使用“内容识别”**，**混合模式** 设置为 **“正常”**、**不透明度设为 100%**，然后单击 **确定** 按钮。

可以发现刚才的选区中，已经被“内容识别”模式进行了填充。按 Ctrl + D 键取消选区。

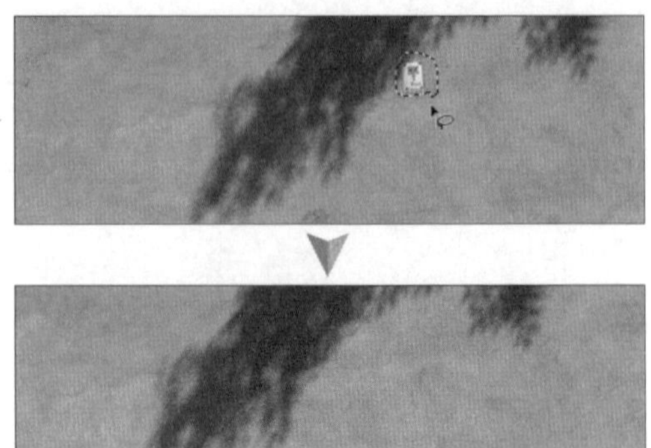

继续通过相同的操作，对图像右上方墙壁上的瑕疵进行处理，这样就完成了图像的调整。

6.7 用黑白效果来营造沧桑感照片

黑白照片一直是摄影师钟爱的类型之一。黑白摄影包含了艺术创作与美学，因为照片中只有黑与白，所以必须更重视层次、反差、构图及美学。我们通过下面这张照片，来学习如何通用黑白的效果，来呈现磨刀师傅的沧桑感与专注神情。

01 强化光线效果营造主角的刚毅

打开本章案例原始文件 <06-07.jpg>，利用强烈的光线对比，营造出坚毅、刚强的氛围来突显照片中的主角。

按 Ctrl + J 键 **复制图层**。

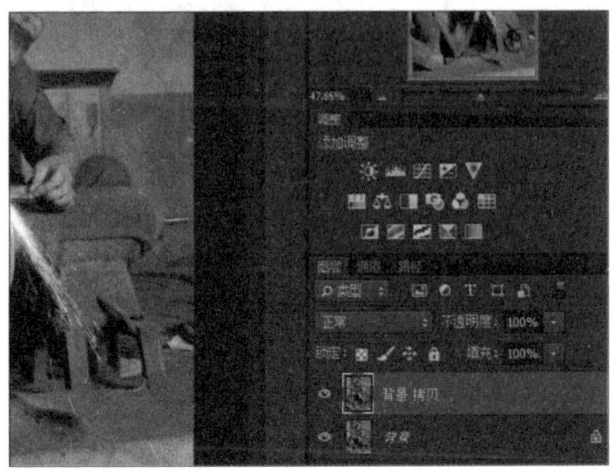

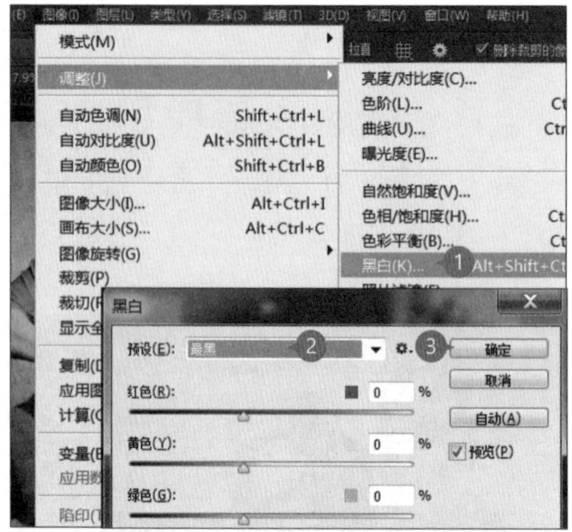

选择 **图像 \ 调整 \ 黑白**，打开对话框，**设置预设为“最黑”**，单击 **确定** 按钮，这样就把图像变为灰度并让暗部呈现出更多的细节。

在 **背景 拷贝** 图层中，设置 **图层混合模式为“叠加”**，这样图像在明暗上就会呈现出特殊的风格。

单击 **调整** 面板 **曲线** 按钮，在 **属性 - 曲线** 面板，设置 **预设为“中对比度”**，可稍微加强整体图像的立体感。

02 将彩色图像转换为灰度

将彩色图像转换成黑白图像有很多种方法，直接通过 **图像 \ 模式 \ 灰度** 是常见的使用方式，但转换出来的黑白图像较为平面，效果不好。这里我们采用 **渐变映射** 调整图层的方式，可以转换出对比度与空间感都较高的黑白图像。

单击 **调整** 面板中的 **渐变映射** 按钮，创建新的渐变映射调整图层。在 **属性 - 渐变映射** 面板中，单击 **渐变选择器 \ 黑 - 白**，即可将图像转换为灰度。

03 增加图像亮度

接下来通过新建 **曲线** 调整图层，给黑白图像增加亮度。

单击 **调整** 面板中的 **曲线** 按钮，在**属性 - 曲线** 面板中，设置 **预设为“较亮”**。

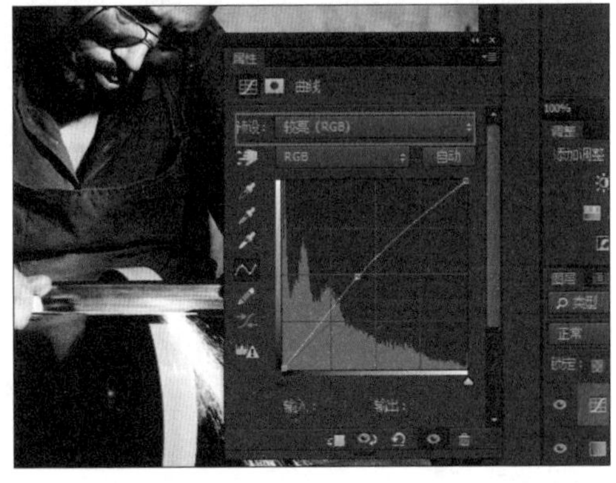

04 微调暗部、亮部及中间调

黑白图像的重点在于光线的明暗与强弱对比，强烈的对比会赋予黑白图像不同活力，最后通过新建 **色阶** 调整图层来给黑白图像加强明暗对比。

单击 **调整** 面板中的 **色阶** 按钮，在 **属性 - 色阶** 面板中，拖动滑块设置 **阴影为 8**、**中间调为 1.30**、**亮部为 230**。

小提示 各种图层混合模式的效果

图层 面板中内置了多种混合模式，每一种混合模式的计算方式与原理都不尽相同，以下通过色块在 RGB 图片上设置各种混合模式，让您了解色彩在使用混合模式时，图像中对应的各种变化。

色块

混合模式：变暗

混合模式：正片叠底

混合模式：颜色加深

混合模式：线性加深

混合模式：深色

混合模式：变亮

混合模式：滤色

混合模式：颜色减淡

混合模式：线性减淡 (添加)

混合模式：浅色

混合模式：叠加

混合模式：柔光　混合模式：强光　混合模式：亮光

混合模式：线性光　混合模式：点光　混合模式：实色混合

混合模式：差值　混合模式：排除　混合模式：减去

混合模式：划分　混合模式：色相　混合模式：饱和度

混合模式：颜色　混合模式：明度

6.8 超越视野的全景合成

Photomerge 提供的自动化拼图功能，可以轻松将一系列的照片合成为全景照片，不但可以拼成水平图像，也可以拼成垂直图像。

需拼接的原始照片（源图像）的拍摄准则

为了完整呈现全景图像的效果，源图像的拍摄状态在全景构图中显得尤为重要，以下提供一些拍摄准则以供参考：

1. **每张图像需要具有重叠部分**：每张源图像的重叠部分，不管是太多或太少，都无法自动拼接成全景图像，所以在拍摄时，请拿捏好每张图像的取景范围，让每张图像的重叠部分大约占 40% 左右最佳。
2. **所有源图像的拍摄焦距需要一致**：不要在拍摄时变换焦距。
3. **相机在拍摄时，保持一定的水平位置**：不要让相机在拍摄时角度过大，造成图像倾斜，这样会让图像在拼接时产生错误。

4. **拍摄位置保持固定**：在拍摄连续图像时，要尽量在相同的拍摄点进行，千万不要任意移动位置。
5. **避免在拍摄时使用扭曲镜头**：扭曲镜头所拍摄出来的图像容易产生变形或扭曲，所以在执行 **Photomerge** 功能时，会造成影响。
6. **让每张图像的曝光度相同**：虽然 **Photomerge** 可以融合不同曝光值的图像，但是如果相差太多，也会影响全景合成的效果，所以在拍摄时，请尽量统一每张图像的曝光度。

关于 Photomerge 中的“版面”

除了源图像是全景构图的重点外，Photomerge 还提供了六种输出版面让使用者进行套用，相关版面说明如下：

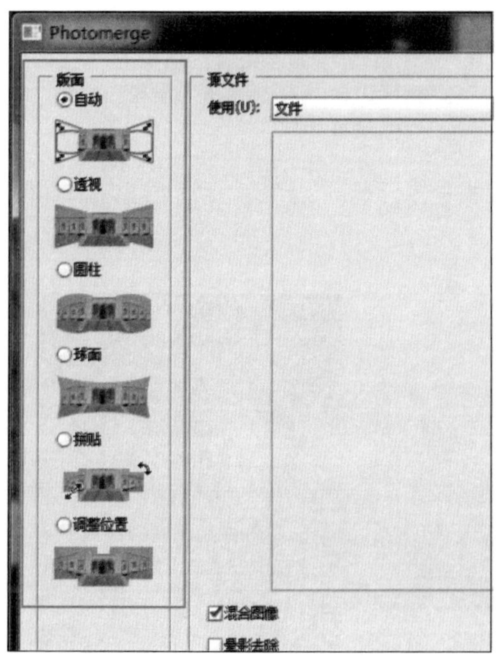

■ **自动**：会自动分析源图像，并以最佳的全景构图进行呈现。

■ **透视**：默认是参考中间的源图像，软件则会对其他图像进行适当的定位、延伸或倾斜等操作，让整幅全景构图产生一致性。

■ **圆柱**：最适合制作广角全景图像。它也会将参考图像置于中间位置，并将各个图像显示在平面展开的圆筒上，减少透视构图中可能产生的 " 蝴蝶结 " 扭曲现象。

■ **球面**：会以球面为基准，产生一组环绕 360 度的全景图。

■ **拼贴**：将图层进行对齐并将重叠的图像内容进行堆叠，然后对源图层做旋转或缩放的变形效果。

■ **调整位置**：将图层进行对齐并将重叠的图像内容进行堆叠，但不会对源图层做延伸或倾斜的变形效果。

01 打开 Photomerge 进行设置

选择 **文件 \ 自动 \Photomerge** 进行源文件的读取与版面设置。

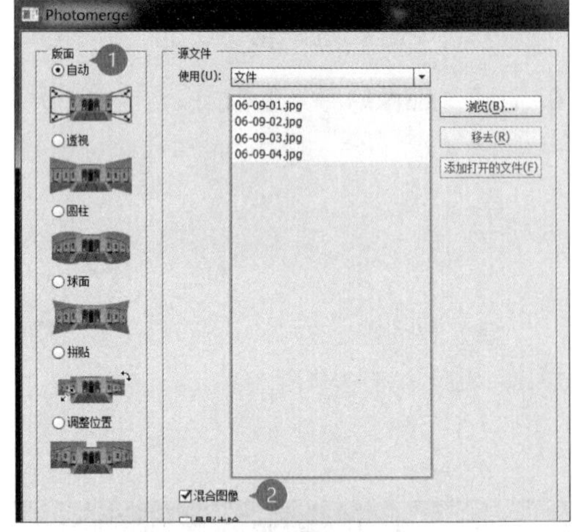

单击 **浏览** 按钮打开本章案例原始文件夹，按 Ctrl 键选取 <06-09-01.jpg>~<06-09-04.jpg> 四张图像，然后单击 **确定** 按钮。

选择 **自动** 与 **混合图像**，会自动寻找图像间的最佳边界，并根据这些边界建立接缝，然后单击 **确定** 按钮。

在 **图层** 面板，会发现建立了四个图层，并根据各自情况分别加上了图层蒙版，以便让图像间的重叠部分达到最理想的状态。

小提示 **Photomerge 其他版面设定**

可以通过选择其他 **Photomerge 版面**，尝试及感受不同的全景效果。

02 图像合层

在 **图层** 面板任一图层上，单击鼠标右键选择 **合并图层**，将各图层合并成一张完整图像。

03 将合并后不完美处进行裁切

完成全景图的合并后，在边缘的地方会存在因为接合而产生的缺口，可用 **裁切工具** 进行裁切，保留最完美的部分。

在 **工具** 面板选择 **裁切工具**，在 **选项** 栏设置 **比例**，然后拖动及调整裁切框大小及图像位置后，按 Enter 键完成全部全景图合成操作。

CHAPTER 07

照片气氛的营造技法

7.1 影响照片气氛的主要因素

对于拍好的照片，有没有总觉得少点什么的感觉？有没有想为照片添加一些不一样的效果？拍摄时会因为天气、光线、拍摄参数设置等因素，在同一地点同一角度的作品也可能呈现出不同的气氛与视觉感受。

修图最常接触到的就是色彩，Photoshop 中，与图像色彩调整相关的功能包括 **色相 / 饱和度、色彩平衡、曲线、色阶、黑白、曝光度** 等功能，在修图前一定要先了解计算机的色彩管理系统并进行色彩校正，才能把照片修出正确的颜色 (校色部分可参考第 1 章的详细说明)。

色彩、色调

“色彩”可以重现照片的灵魂与魅力，用色彩来显现照片，主要是看您想要呈现出来的感觉，红、黄色系称为暖色系，会给人温暖柔软的感觉，而青、蓝色系称为冷色系，有冷酷凉爽的气氛。

通过 Photoshop **色相 / 饱和度、色彩平衡** 调整功能，可快速调整色调并让相片具有怀旧老照片、正片负冲、日式和风、特色 LOMO 等特别的色彩效果。

饱和度

饱和度是色彩的构成要素之一，指的是色彩的纯度，纯度越高，表现越鲜明，纯度较低，表现则较暗淡。日文杂志上的照片，那种淡淡的色调、干净纯粹的构图，常被统称为日式风格图像，没有饱和的色调，看似简单平淡的照片，却透出一种清新舒服的感觉。

明暗对比

有效运用光线可以引导视线、勾勒主体，强烈的明暗对比常用于强调人物肌肤纹理细节或建筑物的坚硬与利落，而对比不强烈的表现方式则适合于呈现“风起云涌”的美，或是呈现静态悠闲的气氛。如，天空朵朵白云是轻柔而非刚强的。

用 Photoshop **曲线**、**色阶** 等调整功能，可以对图像的明暗对比度、亮度、暗度与阴影进行细节调整。

7.2 情定银色雪景世界

冬季恋歌中，男女主角在下着细雪的林荫道中相拥，这样的画面不知羡煞多少人，但在雪地里拍婚纱可是需要有不惧天寒地冻的勇气，更要努力摆出幸福的表情！这样痛苦的事情，现在可以利用后期制作来完成，让人在快乐拍婚纱的同时又感受梦幻的雪景。

01 打造冰天雪地的场景

打开本章案例原始文件 <07-01.jpg>。首先将照片中的背景快速变成皑皑白雪的梦幻场景。

在 **调整** 面板中单击 **通道混合器**，新建通道混合器调整图层。

在 **属性** 面板中设置 **输出通道为“红”**，并拖动滑块设置 **绿色值为“+190”**、**蓝色值为“-162”**，让图像色调偏橘红。

在 **调整** 面板中单击 ■ 按钮，再创建一个新的黑白调整图层。

在 **属性-黑白** 面板拖动滑块设置 **红色值为 85**、**黄色值为 120**、**绿色值为 0**、**青色值为 -200**、**蓝色值为 -200**、**洋红色值为 80**。

在 **图层** 面板，设置 **黑白 1** 调整图层的 **混合模式为“滤色”**。完成设置后，就可以看到背景树木已经略有雪景的样子。

在 **调整** 面板单击 按钮，创建新的 **色相 / 饱和度** 调整图层。

在 **属性 - 色相 / 饱和度** 面板拖动滑块设置 **饱和度为 -60、明度为 -4**，降低色相及明度。

02 利用蒙版还原人物色彩

快速完成雪景的营造后，接着要用 **蒙版** 功能把人物主体部分还原为本来的色彩。

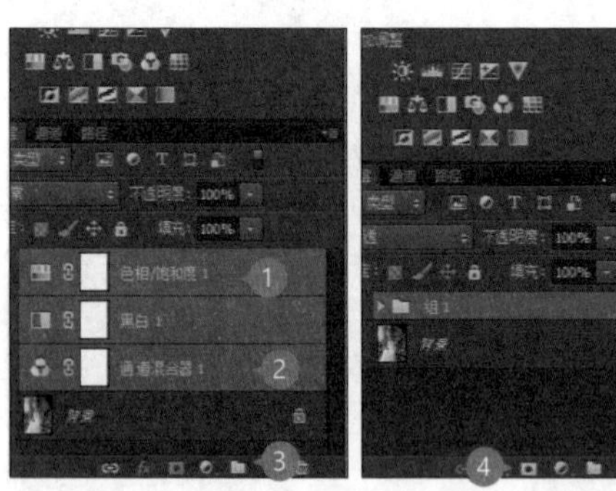

在 **图层** 面板单击 **色相 / 饱和度 1** 图层，按住 Shift 键的同时选择 3 个图层，然后单击 按钮创建新组 ，再单击 按钮，建立图层蒙版。

按 D 键，再按 X 键，可设置**前景色**为黑色，接着在 **工具** 面板中选择 **画笔工具**。

在图像上方单击鼠标右键选择 **柔边圆形**，设置合适的画笔尺寸，然后在图像上涂抹，将人物的部分刷回原来的色彩。

03 制作飘雪的效果

有了雪景后，如果能再制造一些飘雪的效果，能让照片的氛围更加真实。

在 **图层** 面板单击 建立新图层按钮，创建新图层。

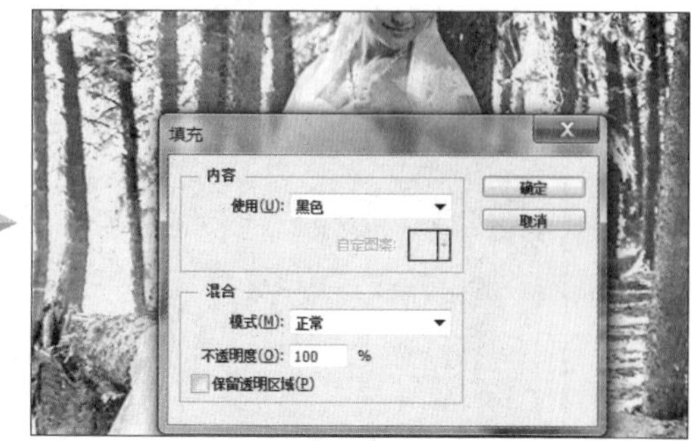

按 Shift + F5 键，打开 **填充** 对话框，设置 **使用（U）为“黑色”，混合** 框中的 **模式为“正常”、不透明度为 100%**，单击 **确定** 按钮。

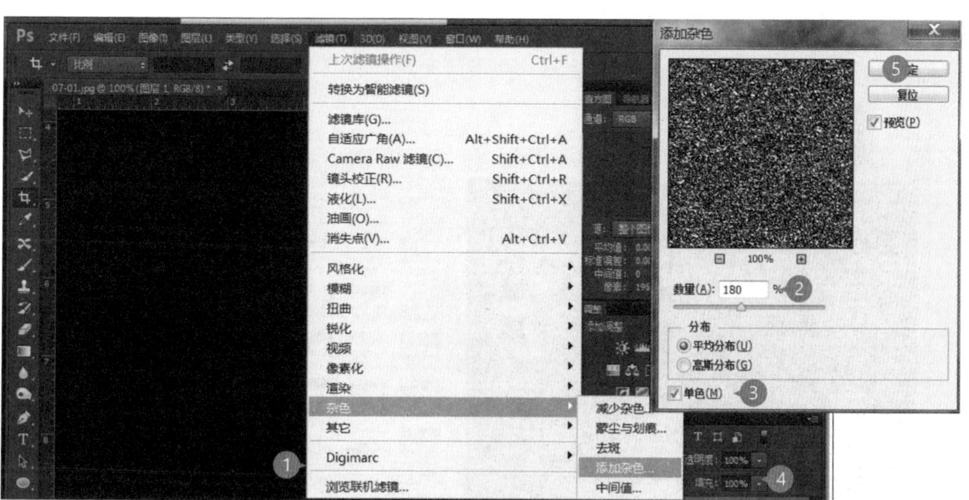

选择 **滤镜 \ 杂色 \ 添加杂色**，打开对话框，设置 **数量**：**180%**、**分布**：**平均分布**，选中 **单色**，然后单击 **确定** 按钮。

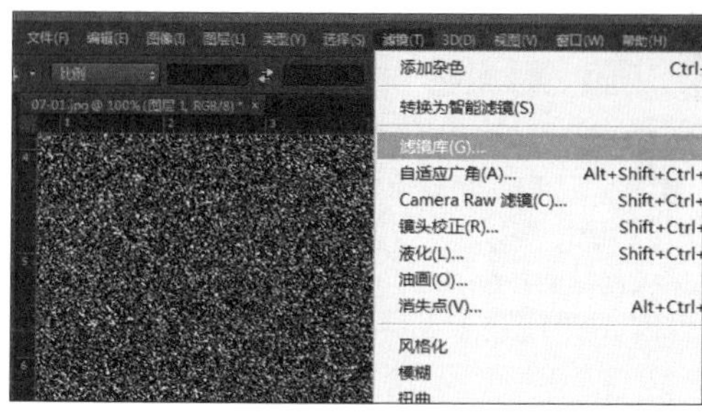

选择 **滤镜 \ 滤镜库** 打开对话框。

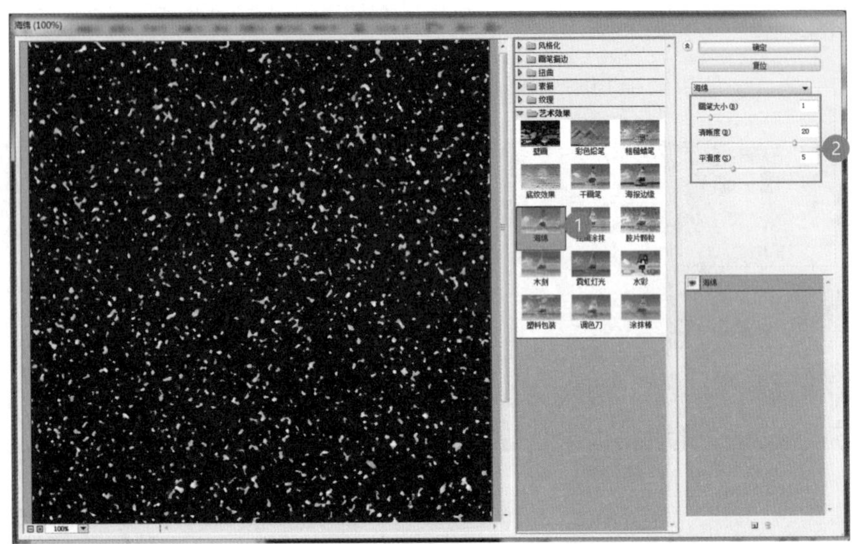

在 **滤镜库** 对话框中，选择 **艺术效果 \ 海绵**，拖动右侧滑块设置**画笔大小**：**1**、**清晰度**：**20**、**平滑度**：**5**（根据图片大小，可酌情调整数值）。

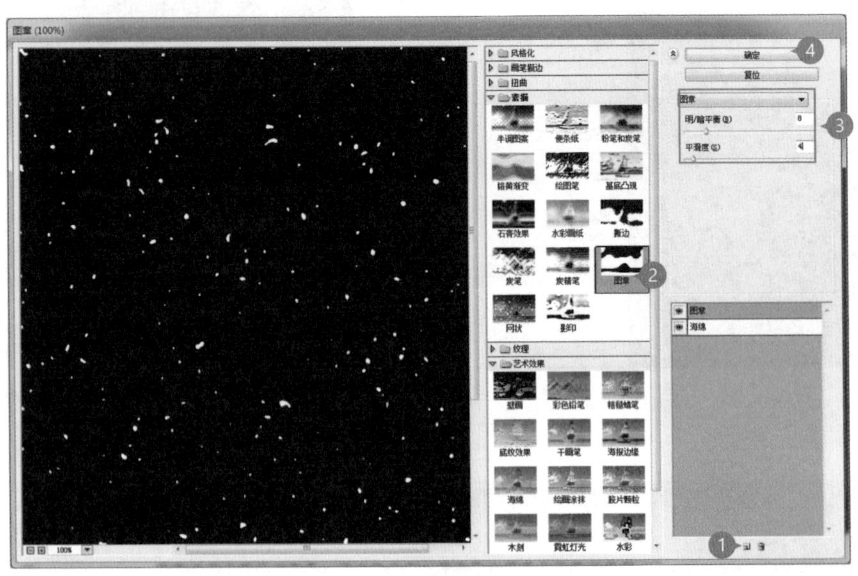

单击 **新建效果图层** 按钮，再选择 **素描 \ 图章** 创建另一个滤镜效果，拖动右侧滑块设置 **明 / 暗平衡**：**8**、**平滑度**：**4**，然后单击 **确定** 按钮（这里调整的数值决定了雪花的数量，可以根据左侧的预览窗口调整出需要的感觉）。

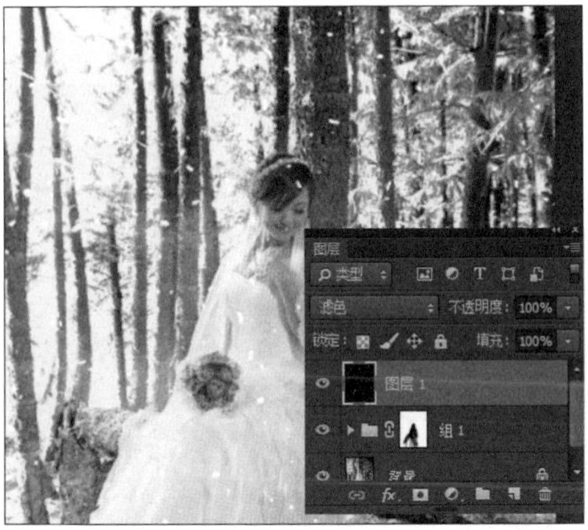

在 **图层** 面板中，设置 **图层 1** 的**混合模式为**“**滤色**”，这样图像就会产生飘雪的样子。

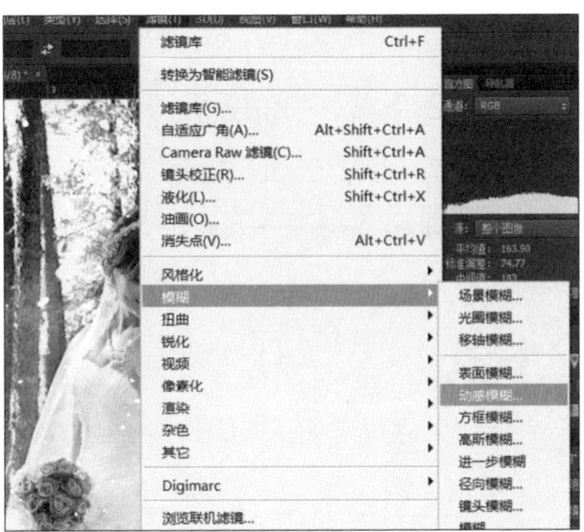

接着要把雪花做出飘动的效果。选择 **滤镜 \ 模糊 \ 动感模糊**。

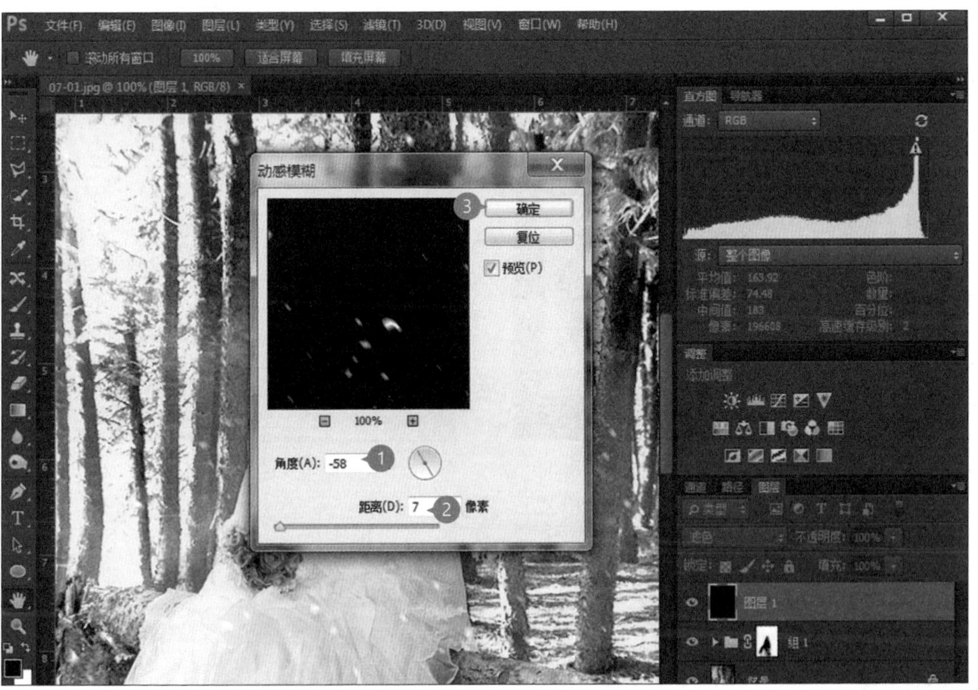

设置 **角度** 为 -58，**距离** 为 7，然后单击 **确定** 按钮。这样就完成了飘雪的设计。当然，读者还可以自己试一下滤镜库中的“**路径模糊**”，也能实现相当不错的效果。

04 提高蓝色调营造寒冷的感觉

正常情况下，因为天空投射下来的阳光会让白雪折射，进而产生偏蓝的感觉，所以可用 **曲线** 来调整一下色温。

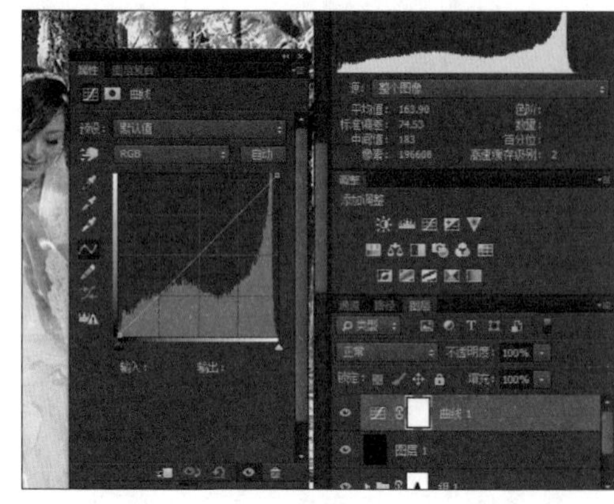

在 **调整** 面板单击 按钮，新建曲线调整图层。

在 **属性 - 曲线** 面板设置 **蓝** 颜色，接着在曲线中央单击鼠标左键增加控制点，再稍微的往上拖动即可加强蓝色调的强度。

继续在 **属性 - 曲线** 面板设置 **RGB** 颜色，在曲线中央单击鼠标左键增加控制点，稍微的往上拖动提高一些亮度即可。

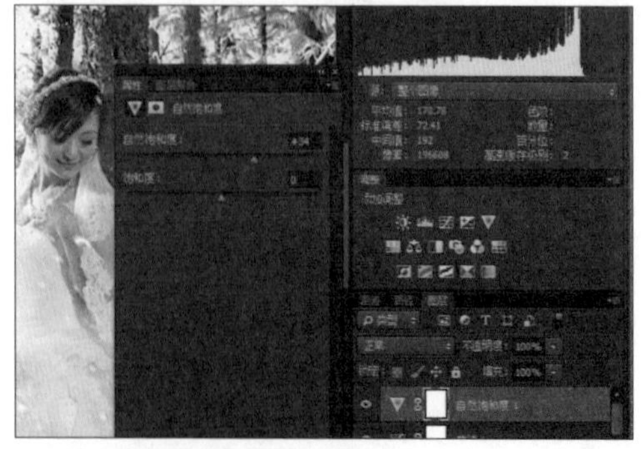

最后给图像增加一些色彩饱和度。在 **调整** 面板单击 按钮，新建自然饱和度调整图层，再在 **属性 - 自然饱和度** 面板拖动滑块设置 **自然饱和度**：**+34**。

05 加入文字提升设计质感

很多摄影师在作品出图的时候会加入一些 LOGO 或是文字批注，除了可以让照片更具设计感外，也是为照片加上作者名称水印的一种方式。

在 **工具** 面板中选择 **横排文字工具** 按钮，在要输入文字的位置单击鼠标。

在 **选项** 栏设置要使用的 **字体**、**字体样式**、**字号** 后，开始输入标题文字。

在 **选项** 栏单击 **确认** 按钮，即可完成标题文字的输入。

以相同的方式，可再输入代表自己名称的文字，建议使用较小的字号，摆放在标题文字下方，这样就不会影响照片整体所要传达的视觉效果。

7.3 紫色浪漫的幸福路

色彩与光线可以为照片营造出各种各样的氛围，添加暖色调的渐变色再加上粉红色的柔光效果，不仅看起来浪漫美丽，也会让作品更加惊艳。

01 增加粉红色渐变填充图层

打开本章案例原始文件 <07-02.jpg> 进行练习。首先新建渐变图层来改变图像色调。

选择 **图层 \ 新建填充图层 \ 渐变**，然后单击 **确定** 按钮，新建填充图层。

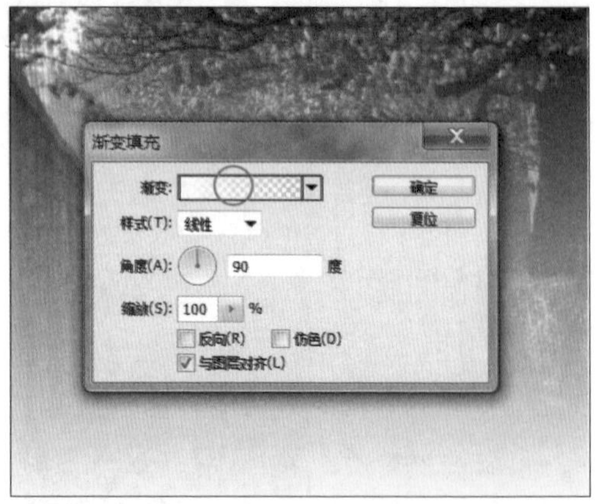

在 **渐变填充** 对话框的 **渐变** 上单击鼠标左键，打开 **渐变编辑器**。

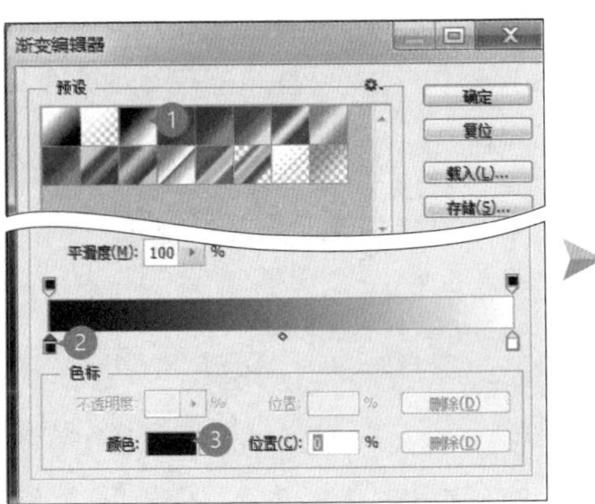

首先在 **预设** 中选择“黑、白渐变”，单击 **黑色** 色标，再单击 **颜色** 色块。

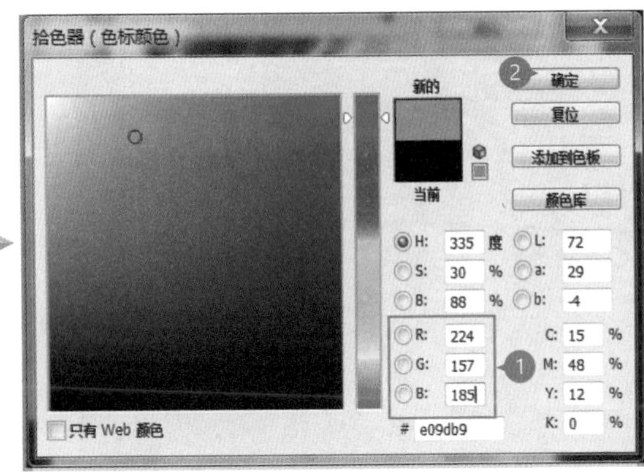

在 **拾色器** 对话框，设置 RGB (224,157,185)，单击 **确定** 按钮。

单击 **白色色标** 按钮，再单击 **颜色** 色块。

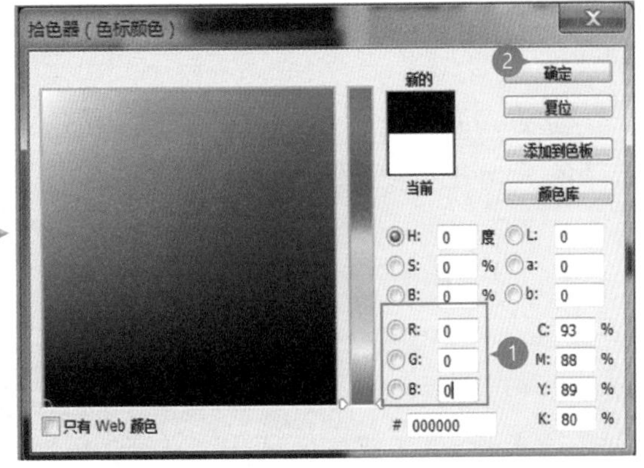

在 **拾色器** 对话框中设置 RGB(0,0,0)，单击 **确定** 按钮。

单击 **确定** 按钮完成 **渐变** 设置。在 **渐变填充** 对话框中确定各项设置无误后，单击 **确定** 按钮回到编辑区。

在 **图层** 面板，设置“**渐变填充 1**”图层的混合模式为“**色相**”。

然后设置 **不透明度为 30%**，或根据渐变填充效果，自己设置一个合适的值。

02 利用选取颜色改变色调

经过 **渐变填充** 处理后，下面再用 **可选颜色** 来加强色彩的变化。

在 **调整** 面板单击 按钮，创建新的 **可选颜色** 调整图层。

在 **属性** 面板，先在颜色框中选择“**红色**”，选中“**绝对**”，再分别拖动滑块设置 **青色值为 -100**、**黄色值为 +100**。

在颜色框中选择“**中性色**”，用滑块设置 **黄色为 -30**，这样图像会呈现紫色色调。

03 套用紫红色的柔光效果

利用填充图层并套用 **图层混合模式** 增加粉红色调，让之后完成的作品可以有明显的浪漫感。

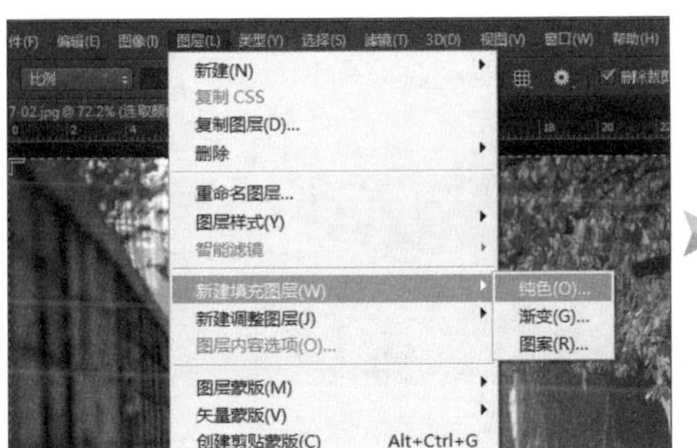

单击 **图层 \ 新建填充图层 \ 纯色**。

单击 **确定** 按钮。

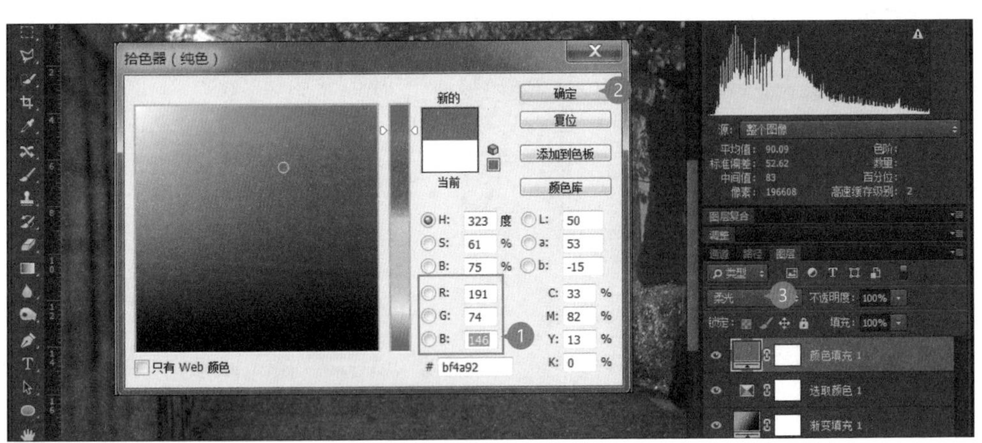

在 **拾色器** 对话框中，设置 RGB (191,74,146)，然后单击 **确定** 按钮，接着在 **图层** 面板中，设置 **颜色填充 1** 图层的混合模式为 **柔光**。

最后设置 **颜色填充 1** 图层的 **不透明度为 40%**。

04 利用渐变模拟光线效果

下面利用 **渐变填充** 图层来模拟光线斜射的效果，让图像更有层次感。

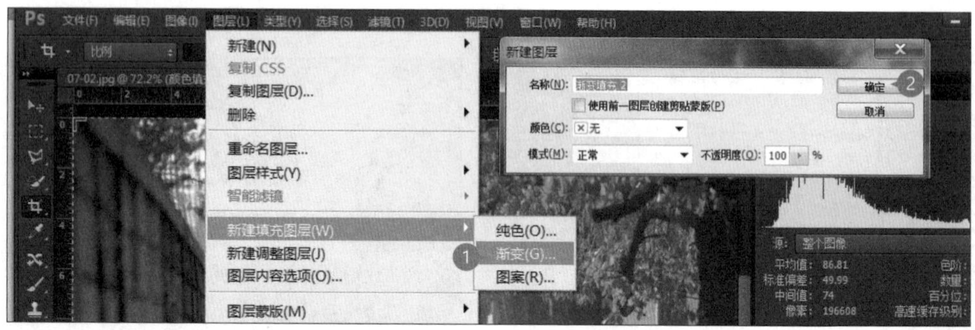

选择 **图层 \ 新建填充图层 \ 渐变**，新建填充图层，然后单击 **确定** 按钮设置渐变色。

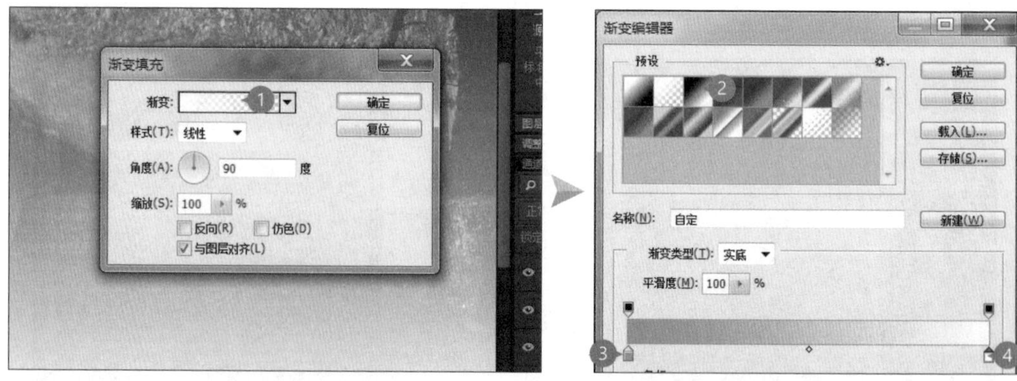

单击 **渐变** 后的色条，在 **渐变编辑器** 对话框中首先在 **预设** 中选择“**黑、白渐变**”，再设置左侧色标颜色为 RGB (224,157,185)，右侧色标颜色为 RGB (255,255,238)。

在渐变下方空白处单击鼠标，即可产生新的 **色标**，将它拖至 **位置**：**50%** 并设置颜色值为 RGB (247,219,177)，单击 **确定** 按钮。

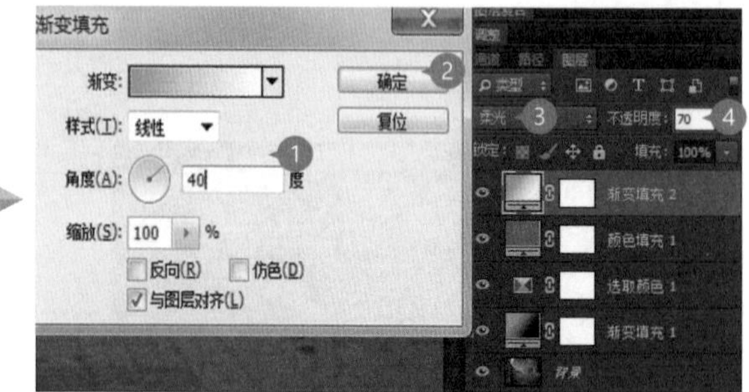

接着设置 **角度**: **40**，再单击 **确定** 按钮回到编辑区，最后设置 **渐变填充 2** 图层的 **混合模式为柔光**、**不透明度为 70%**。

05 加强图像锐利度

到目前为止已经调整出淡雅的紫色调，下面我们再来帮图像加强一些锐利度。

在选中 **渐变填充 2** 图层的状态下，按 Ctrl + Alt + Shift + E 键，即可在可见图层最上方产生一个新 **图层** 按钮。

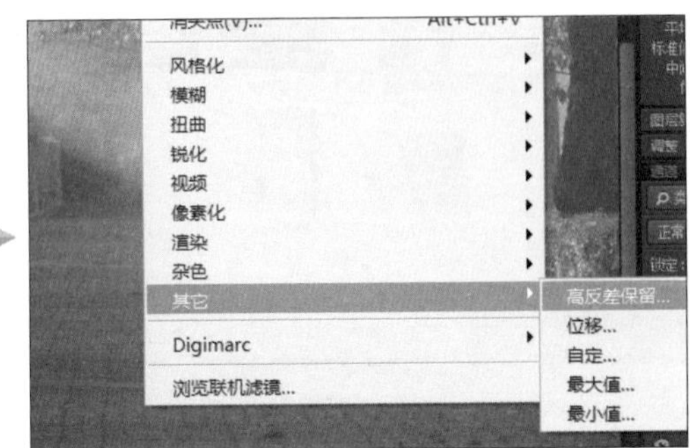

选择 **滤镜 \ 其他 \ 高反差保留**，打开对话框。

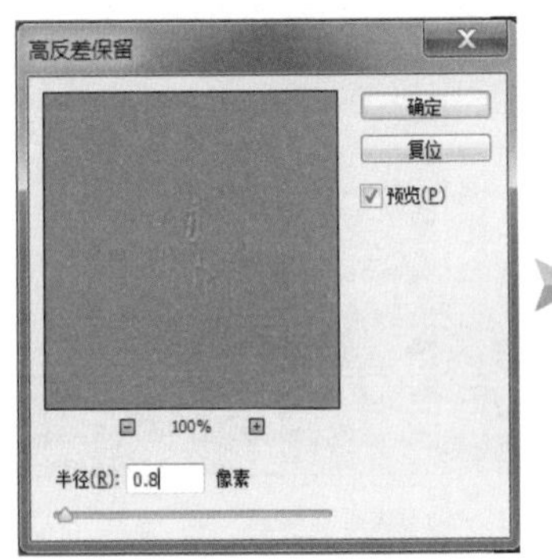

设置 **半径为 0.8 像素**，单击 **确定** 按钮。

设置 **图层 1** 的 **图层混合模式为"线性光"**，这样就可以让图像的锐利度稍微提升。

06 加入光斑与文字点缀

最后利用已制作好的光斑素材及输入文字来点缀照片，让它更有氛围！

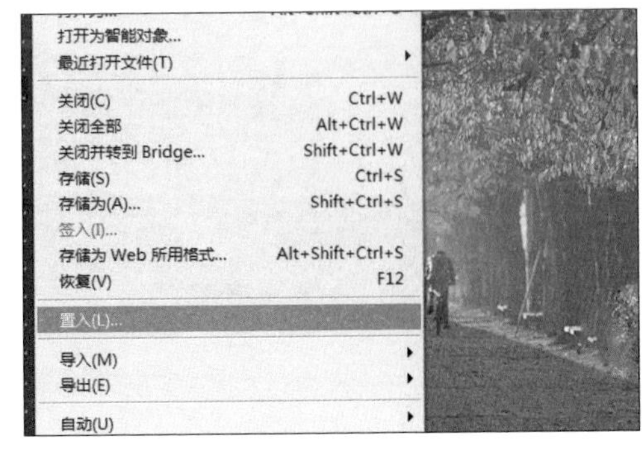

选择 **文件 \ 置入**。

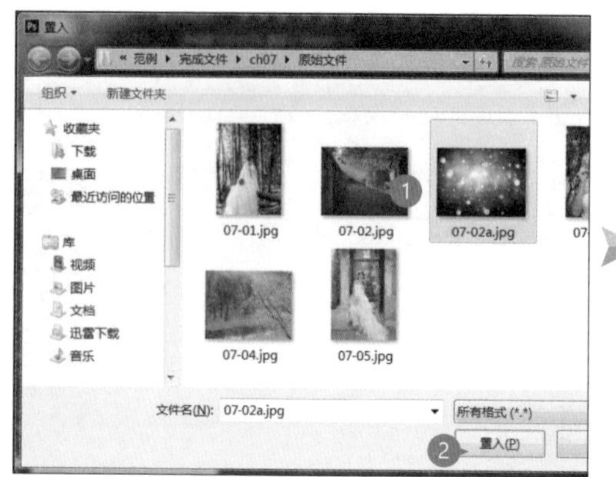

打开案例原始文件 <07-02a.jpg>，单击 **置入** 按钮。

置入后，用四个角的变形控制点，将光斑图片缩放得比原图大一点，然后按 Enter 键完成置入。

设置 **光斑** 图层的 **混合模式为“叠加”**、**不透明度为 50%**，单击按钮创建图层蒙版。

在 **工具** 面板中选择 **画笔工具**，在 **选项** 栏设置 **不透明度为 50%**，在图像上方单击鼠标右键，选择 **“柔边圆”**，并设置合适的画笔大小。

接着在照片中间部分进行涂抹，将中间人物部分的光斑效果减淡一些。

最后，在 **工具** 面板选择 **横排文字工具**，在照片合适位置输入文字，即大功告成。

7.4 感受花样风情的秋季

秋冬交季的枫叶有一种浪漫的感觉，满山遍野的枫叶总是美得令人无法用言语形容，如果学会以下技巧，就能轻松给照片添加秋天的暖暖气息。

01 利用 LAB 色彩模式快速转换色彩

打开本章案例原始文件 <07-03.jpg> 进行练习，用 LAB 色彩模式可以很简单地完成上述效果 (LAB 色彩模式可参考第 1 章的说明)。

选择 **图像 \ 模式 \Lab 颜色**，把图像转换为 Lab 色彩模式。

按Ctrl + J键，复制图层1图层。

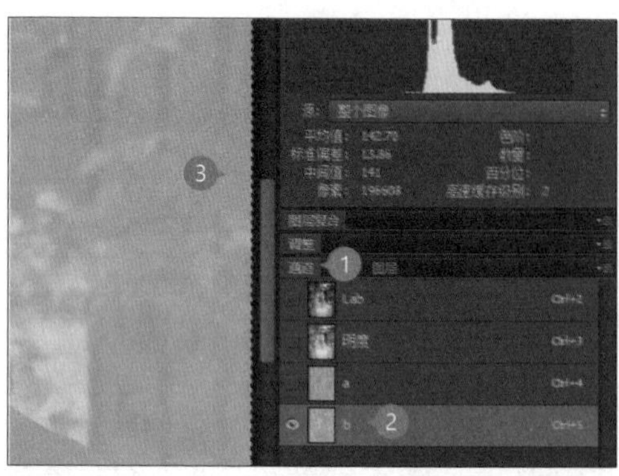

在 **通道** 面板中，选择“b”通道，按Ctrl + A键选择全部，再按Ctrl + C键复制通道内容。

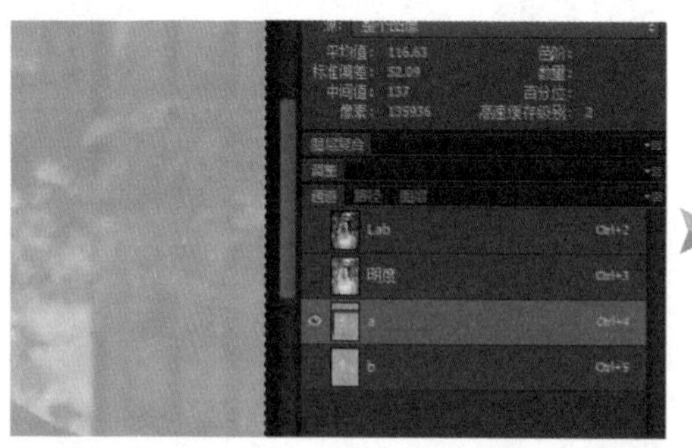

在 **通道** 面板选择“a”通道，按Ctrl + V键贴粘刚刚复制的内容。

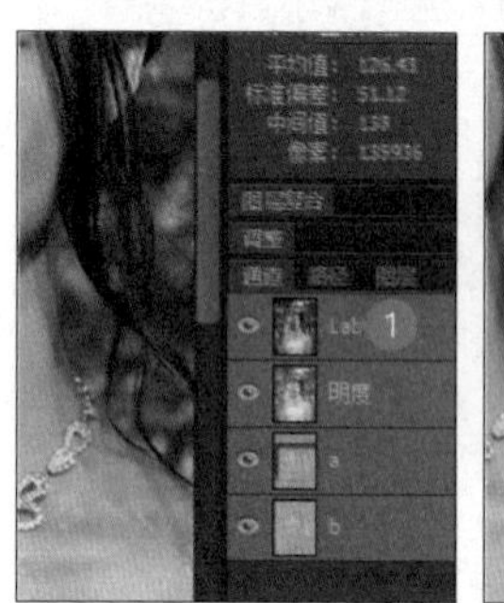

在 **通道** 面板选择 Lab 通道，可见图像色调已呈偏红色，再单击 **图层** 面板。

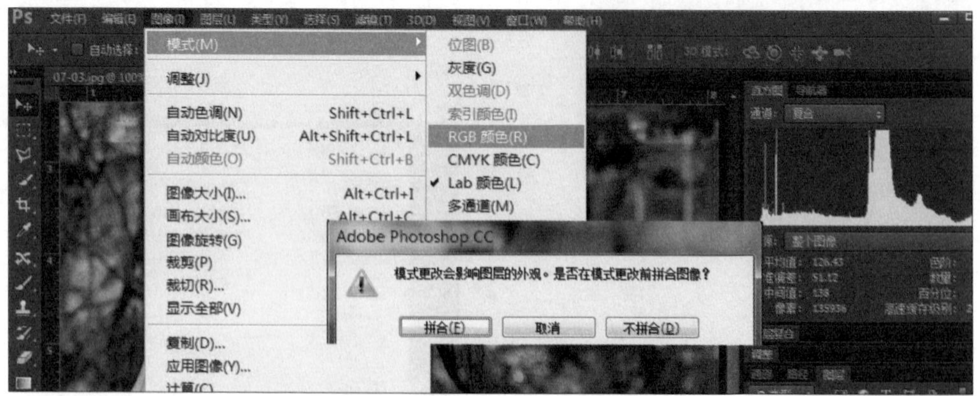

选择 **图像 \ 模式 \RGB 颜色**，将色彩模式转换为正常状态，出现拼合图像提示对话框，单击 **不拼合** 按钮，按Ctrl + D键取消选区。

02 使用蒙版还原图像主体色调

完成前面的色彩调整后，接着用 **图层蒙版** 功能来让主体新娘的部分还原成原本的色调。

在 **工具** 面板中选择 **快速选择工具**，先选择照片中主体的部分，再单击 **调整边缘** 按钮打开对话框做更精确的选择。

设置视图模式为“**黑底**”，选中 **智能半径**，设置 **半径为“3”**，在 **调整边缘** 框中，设置 **平滑为 3**、**羽化为 2**、**对比度为 1%**，接着使用 **调整半径工具**，在新娘头发边缘刷一遍，以产生更自然的选区，最后设置 **输出至“选区”**，再单击 **确定** 按钮。

选择 **选择 \ 反向**，将选区反转（或者按 Ctrl + Shift + I 键反转选区）。

在 **图层** 面板，单击▣按钮，在 **图层 1** 上创建图层蒙版，主体的部分就恢复原本的样貌了。

在 **工具** 面板中选择 **画笔工具**，设置合适的画笔大小，再设置 **前景色** 为白色。

接着在蒙版中仔细涂抹发丝与手的边缘部分，让蒙版覆盖的区域与主体更加自然地融合。

03 增强枫叶的色彩与对比

根据每张照片的不同，有时调整出来的枫叶感觉不见得是您想要的结果，这时可利用 **调整** 面板中的调整选项来微调某些不足的地方。

按住Ctrl键，将鼠标移至 **图层 1** 的蒙版缩略图上，待呈 状时，单击鼠标左键，生成蒙版部分的选区。

利用 **色彩平衡**，让背景的枫叶更红，在 **调整** 面板单击 ，创建新的 **色彩平衡调整图层**。

在 **属性 - 色彩平衡** 面板，在色调选项中选择 **“中间调”**，并拖动滑块设置 **青色为 20**、**绿色为 -10**、**蓝色为 -5**。

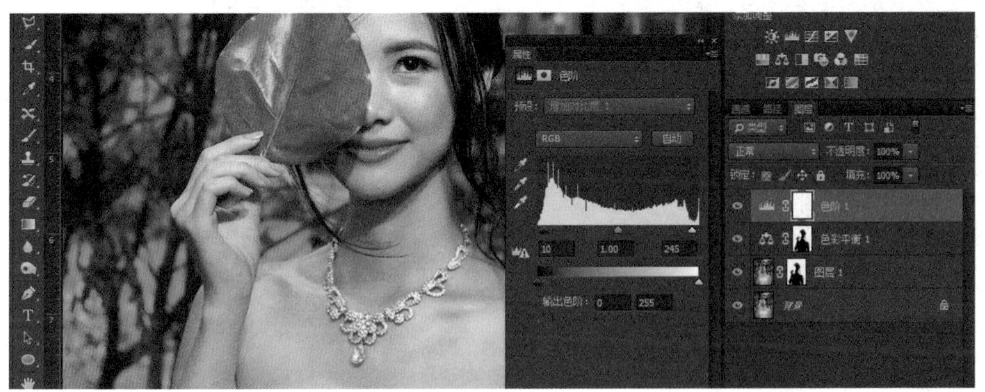

最后调整整体的对比度，在 **调整** 面板中单击 按钮，新建调整图层，在 **属性 - 色阶** 面板中，选择 **预设为“增加对比 1”**，这样可以增加一些图像对比，让照片看起来更有层次感。

04 利用画笔刷出朦胧感

动态画笔可以刷出大小不一的圆形，通过此方式可以简单制作朦胧的感觉。

在 **图层** 面板中单击 按钮，新建图层 2。

选择 **编辑\填充**，打开对话框，设置 **使用**：**黑色**，**模式**：**正常**、**不透明度**：**100%**，单击 **确定** 按钮。

在 **工具** 面板中选择 **画笔工具**，在编辑区上单击鼠标右键设置画笔 **大小为500像素**，设置 **前景色** 为白色，再按 F5 键打开 **画笔** 面板。

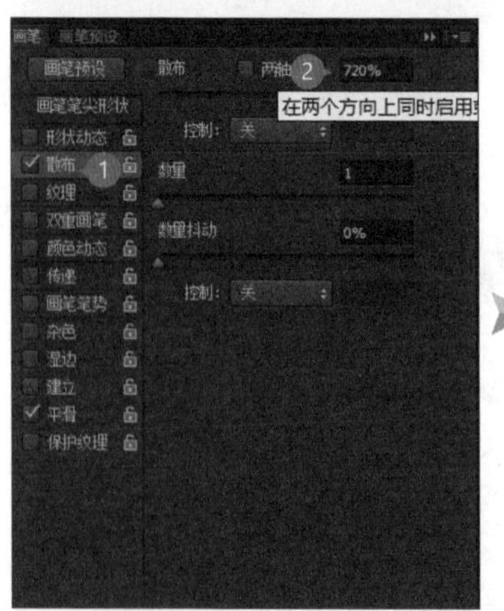

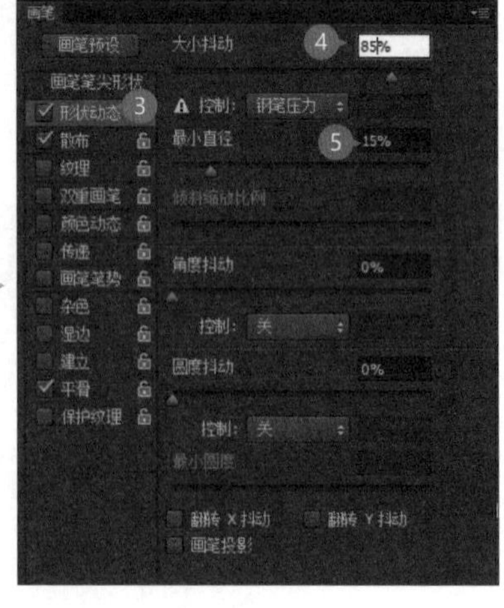

选中“**散布**”，拖动滑块设置 **散布值为720%**，接着选中“**形状动态**”，拖动滑块设置 **大小抖动值为85%**、**最小直径值为15%**。

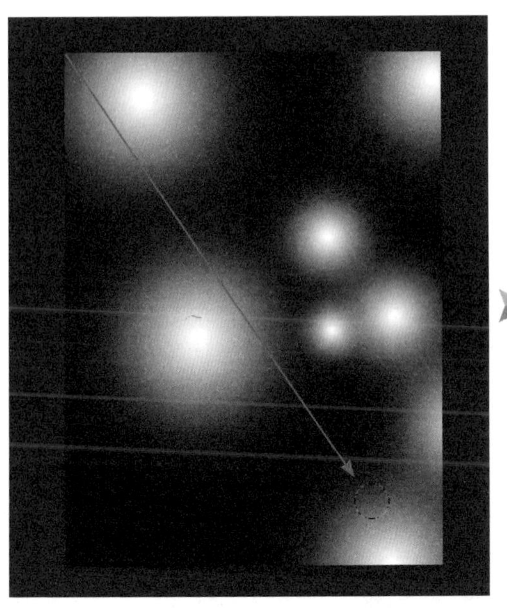

由照片上方角落（左或右都可）往对角方向拖动画笔（每次画出的效果均不相同，以光点不盖在脸上或过分集中为原则）如果画出的效果不错再继续下一步骤。若不满意的话，可按 Ctrl + Z 键 **撤消**，再重新绘制直到满意的效果出现。

在 **图层** 面板中设置 **图层 2** 的 **混合模式为“滤色”**、**不透明度为 100%**，这样就可以看到不错的效果。

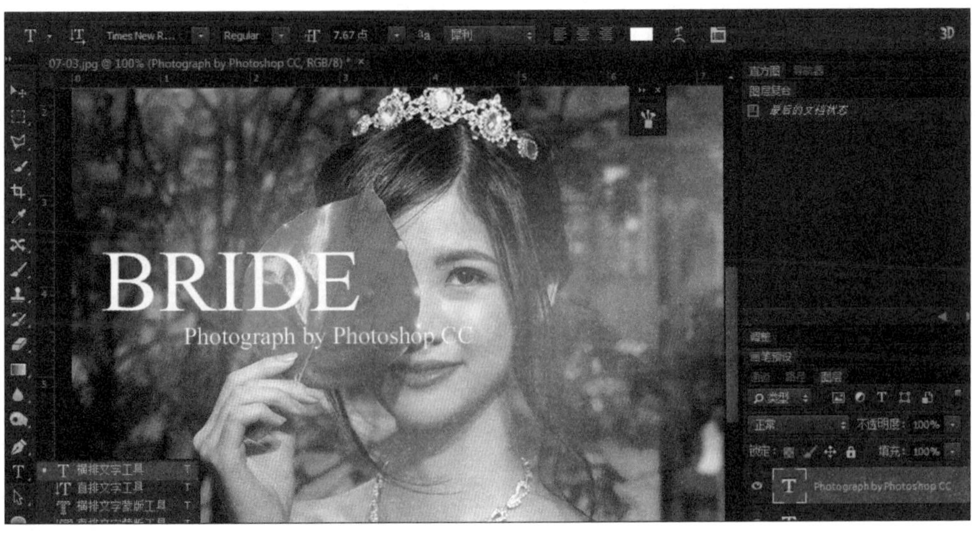

最后在 **工具** 面板中选择 **横排文字工具**，在照片上输入文字，并摆放至合适的位置，这样就完成了作品的设计。

7.5 阳光洒落的温暖氛围

每每要拍摄阳光洒落的瞬间，总是要等待再等待，而拍出来的效果又不尽如人意，当学会使用 Photoshop 来模拟光线，就能轻松营造出各式光线洒落的氛围了！

01 用曲线改变照片色调

打开本章案例原始文件 <07-04.jpg> 进行练习。在开始做特效前，可以先用 **曲线** 调整图层来改变照片色调，再用蓝色调营造出照片中寒冷的感觉。

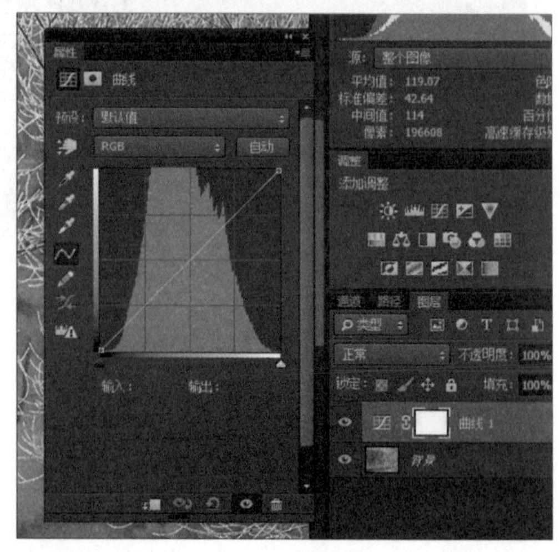

在 **调整** 面板中，单击按钮，创建新的 **曲线 1** 调整图层。

在 **属性 - 曲线** 面板，选择 **蓝色** 通道，在曲线上单击鼠标左键新增控制点，拖动控制点至其 **输入为 176**、**输出为 196**，再拖动最暗控制点至其 **输入为 0**、**输出为 22**(曲线调整区域中左下角即为最暗点)。

在 **属性 - 曲线** 面板中，选择 **绿色** 通道，在曲线上单击鼠标左键新增控制点，拖动控制点至其 **输入为 232**、**输出为 238**，接着新增第二个控制点并拖动，至其 **输入为 19**、**输出为 14**。

在 **属性 - 曲线** 面板选择 **红色** 通道，在曲线上单击鼠标左键新增控制点，拖动控制点，至其 **输入为 225**、**输出为 219**，接着新增第二个控制点并拖动，至其 **输入为 21**、**输出为 11**。

02 营造温暖的色温感

接着用 **渐变映射** 调整图层的功能，为照片增加一些色温上的变化，这样在之后加上模拟阳光后会更加自然。

在 **调整** 面板单击■按钮，创建新的渐变映射调整图层，在 **属性 - 渐变** 映射面板上，单击渐变缩略图，打开拾色器。

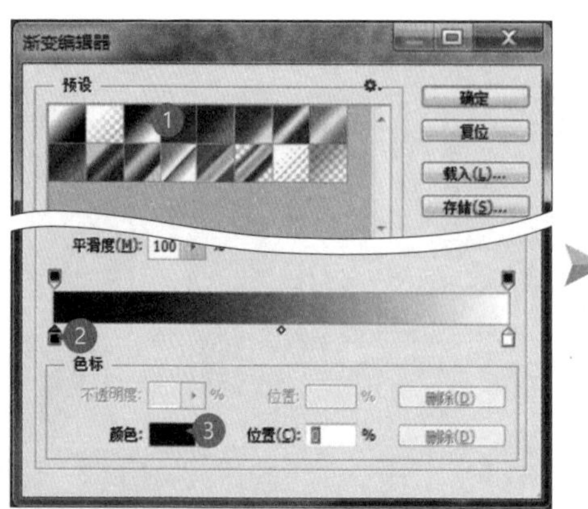

在 **预设** 中选择“黑、白”渐变，选择 **黑色** 色标，再单击 **颜色** 缩略图。

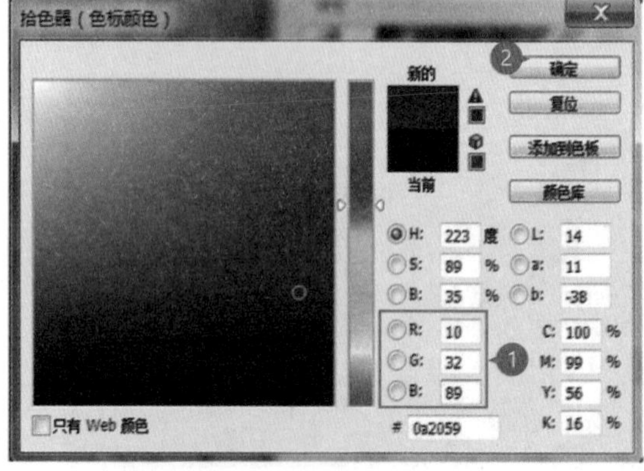

在 **拾色器** 对话框中设置颜色值为 RGB (10,32,89)，单击 **确定** 按钮。

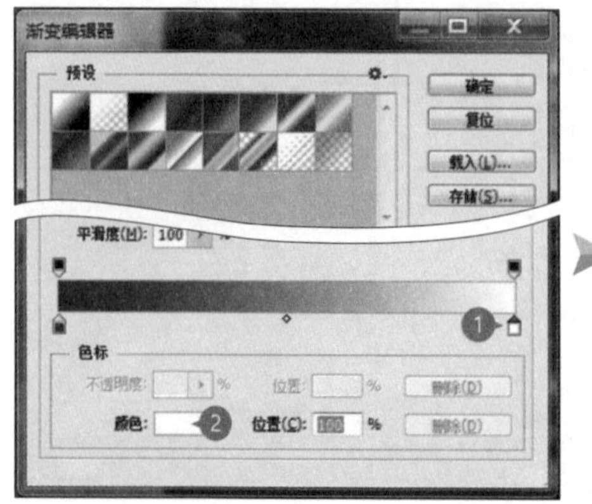

选择 **白色色标**，再单击 **颜色** 缩略图。

在**拾色器**对话框中设置颜色值为 RGB (250,165,56)，单击 **确定** 按钮。

完成 **渐变** 设置后，单击 **确定** 按钮回到编辑区，可看到套用后的效果。

在 **图层** 面板中，设置 **"渐变映射 1"** 图层的 **混合模式为"点光"**、**不透明度为 15%**，这样就可以营造出淡淡的暖色色调。

按 Ctrl + J 键，复制一个新的 **"渐变映射 1 拷贝** 图层，并设置其 **混合模式为"滤色"**、**不透明度为 50%**，这样就提升了照片中的光感效果。

在 **调整** 面板中单击按钮，创建新的 **色彩平衡 1** 调整图层，微调个别颜色的比重。

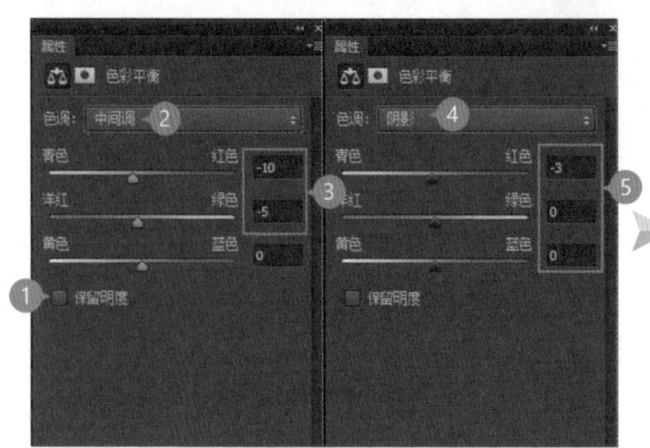

在 **属性 - 色彩平衡** 面板，先取消 **“保留明度”** 复选项框，再设置色调为 **中间调**，拖动滑块设置 **红色为 -10**、**绿色为 -5**、**蓝色为 0**；再设置色调为 **阴影**，拖动滑块，设置 **红色 -3**、**绿色为 0**、**蓝色为 0**；最后设置色调为 **高光**，拖动滑块，设置 **红色为 -8**、**绿色为 0**、**蓝色为 -3**。

03 制作阳光洒落的场景

用 **画笔工具** 制作阳光斜射的效果。

在 **工具** 面板选择**画笔工具**，设置 **不透明度为 100%**，并在 **图层** 面板单击**建立新图层** 按钮，新建“图层 1”，再设置图层 **混合模式为“滤色”**。

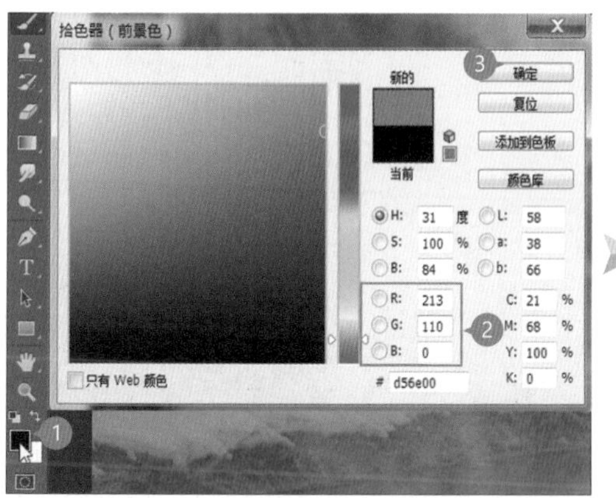

单击 **前景色** 打开对话框，在 **拾色器** 中设置颜色值为 RGB(213,110,0)，单击 **确定** 按钮。

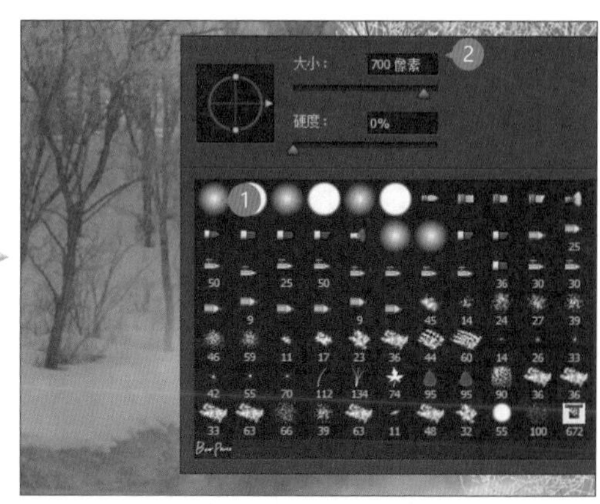

在照片上单击鼠标右键，选择 **柔边圆** 并设置 **大小**：**700 像素**。

在照片左上角如图位置，单击两次鼠标左键，即可出现光晕的感觉。

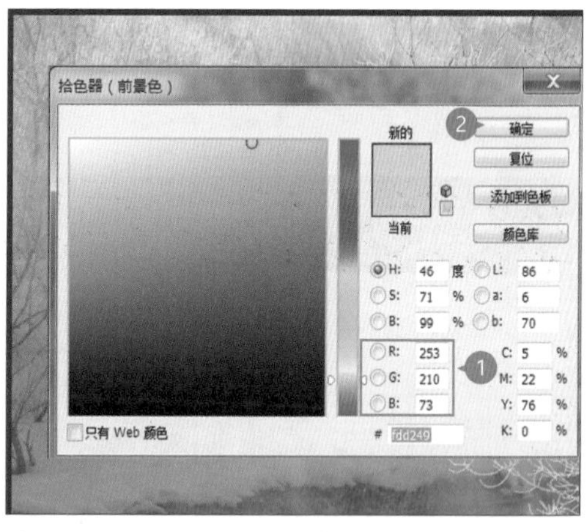

再改变**前景色**，以相同操作方式设置颜色值为 RGB(253,210,73)，单击 **确定** 按钮。

设置画笔 **大小为 400 像素**，在刚刚用画笔点出来的光晕中心位置再单击两次鼠标左键，将较浅的光晕色彩叠加在较深的光晕色彩上，这样模拟出来的光线会有较好的层次感。

如果对做出来的光晕不太满意，可按 Ctrl + T 键任意变形。按 Shift 键不放，通过拖动四个角的缩放控制点稍微等比例将光晕缩放一些即可，完成后按 Enter 键。

接着要在照片右下角也放置一个较小的光晕。先按 Ctrl + J 键复制图层，并设置图层的 **不透明度为 60%**。

按 Ctrl + T 键任意变形，缩放成较小的光晕后，在上方选项栏设置 **旋转 180°**。

把指针移到对象上，待其呈▶状时，拖动至照片右下角，完成后按 Enter 键。

最后在 **工具** 面板选择 **T 横排文字工具**，在照片上输入文字，并摆放至合适的位置，这样就完成了作品的设计。

7.6 打造底版颗粒超质感

人手一台数码相机的时代，越来越难看到那些传统底版才能呈现出的颗粒感与强烈对比。底版由银粒子感光直接形成图像，因此冲洗出来的照片会有细微的颗粒。我们通过 Photoshop 后期处理技巧，如调整照片色调、加入暗角与杂点，可以获得模拟底版效果。

01 打造色调对比强烈的图像

打开本章案例原始文件 <07-05.jpg> 练习。我们将通过调整图层中的蒙版进行局部的色调变更。

在 **调整** 面板中，单击按钮，创建新的曲线调整图层。

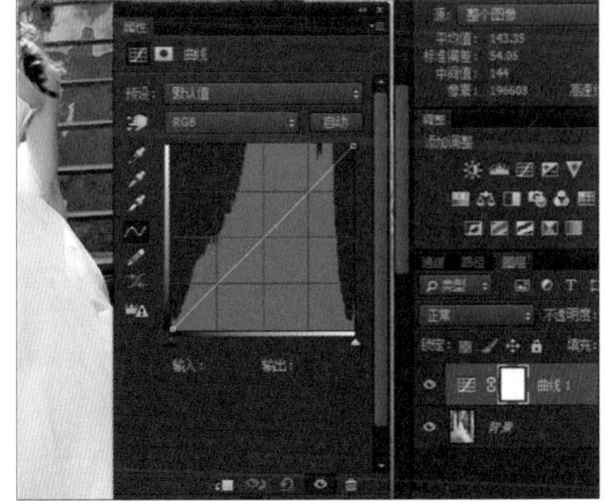

在 **属性 - 曲线** 面板，直接拖动左下角暗部控制点，至其 **输入为 100**、**输出为 0**，接着拖动右上角亮部控制点，至其 **输入为 185**、**输出为 255**，先调整出夸张的色调对比。

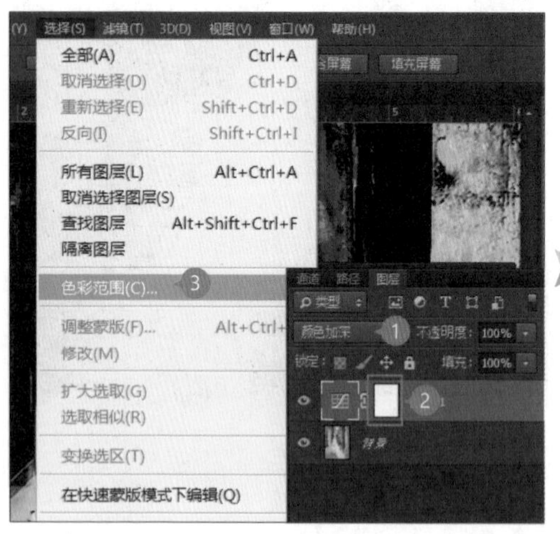

在 **图层** 面板，设置“**曲线 1**”图层的**混合模式为**“**颜色加深**”，选择“**曲线 1**”图层的蒙版缩略图，选择 **选择 \ 色彩范围**，打开对话框，将鼠标移至编辑区照片中深咖啡色区域上单击鼠标左键，即会在 **色彩范围** 对话框中的预览区域看到选区范围（白色为选区，黑色为非选区），并且在编辑区可立即看到蒙版的效果。

拖动 **颜色容差** 滑块扩大选区范围，案例中设置 **颜色容差** 值为 75，然后单击 **确定** 按钮。

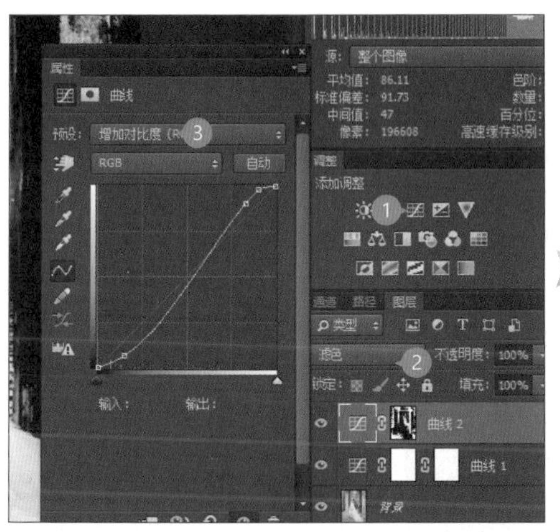

通过相同的操作，新建“**曲线 2**”曲线调整图层，并设置其 **混合模式为“滤色”**，在 **属性 - 曲线** 面板，把“**预设**”设为 **增加对比度**，接着选择 **选择 \ 色彩范围**，打开对话框，在编辑区照片中选择礼服中最亮区域，拖动滑块设置 **颜色容差** 值为 55，单击 **确定** 按钮。

在 **工具** 面板中，选择 **画笔工具**，设置 **不透明度为 100%**，在“**曲线 1**”调整图层的蒙版上，单击鼠标左键进入该蒙版的编辑模式。

设置 **前景色** 为黑色，在图像上单击鼠标右键选择“**柔边圆**”画笔，设置合适的画笔大小，接着在照片中涂抹人物部分，把肤色刷回正常的色调。

选择“**曲线 2**”图层，在 **调整** 面板单击▼，创建新的 **自然饱和度** 调整图层，再在 **属性 - 自然饱和度** 面板拖动滑块，设置 **自然饱和度值为 -15**，降低一点色彩的浓度。

02 模拟照片暗角效果

暗角是由于相机的设置与镜头的限制而产生的瑕疵，不过也由于它的特殊性氛围，许多人都喜欢在后期处理时加上一点这样的效果。

在 **图层** 面板，单击 **建立新图层** 按钮，新建 **图层 1** 图层。

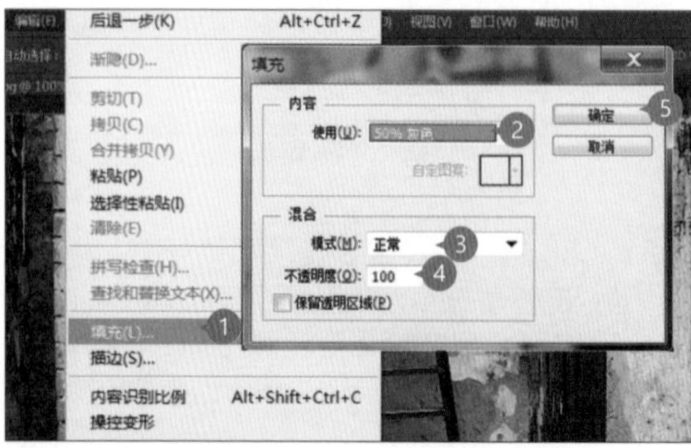

选择 **编辑 \ 填充**，打开对话框，设置 **使用：50% 灰色**、**模式：正常**、**不透明度：100%**，单击 **确定** 按钮。

图像(I) 图层(L) 类型(Y) 选择(S) 滤镜(T) 3D(D) 视图(V) 窗口(W) 帮助(H)
上次滤镜操作(F)
转换为智能滤镜(S)
滤镜库(G)...
自适应广角(A)... Alt+Shift+Ct
Camera Raw 滤镜(C)... Shift+Ct
镜头校正(R)... Shift+Ct
液化(L)... Shift+Ct
油画(O)...
消失点(V)... Alt+Ct
风格化

选择 **滤镜 \ 镜头校正**，打开对话框。

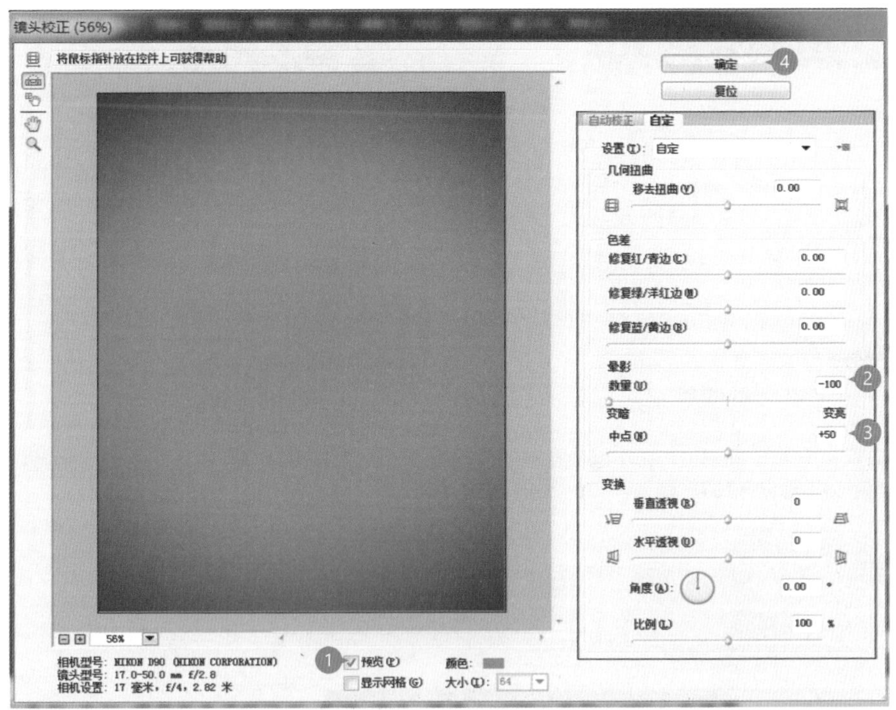

选中“**预览**”，单击“**自定**”标签，拖动晕影滑块，设置 **数量为 -100**、**中点为 +50**，在预览窗口中即可看到暗角的效果，设置好后单击 **确定** 按钮。

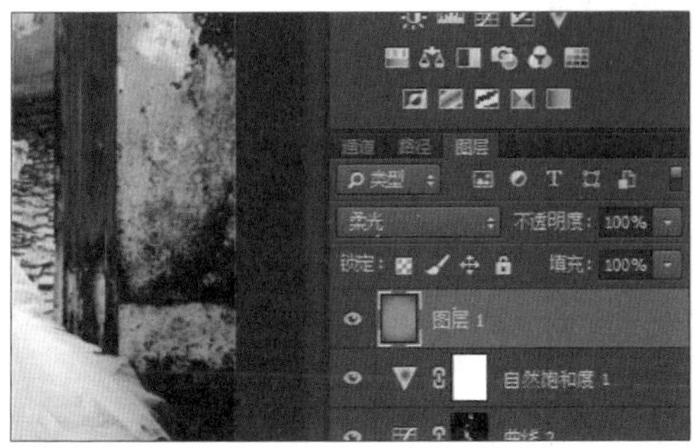

在 **图层** 面板中，设置“**图层 1**”的**混合模式为柔光**，这样就有暗角的效果了。

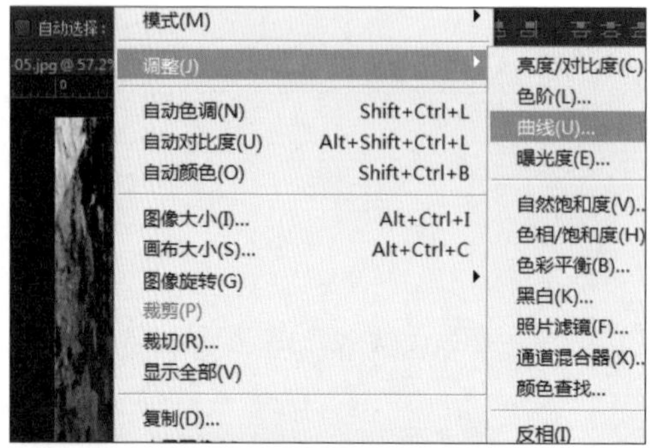

选择 **图像 \ 调整 \ 曲线**，打开对话框，调整出强烈的对比，让暗角更为明显些。

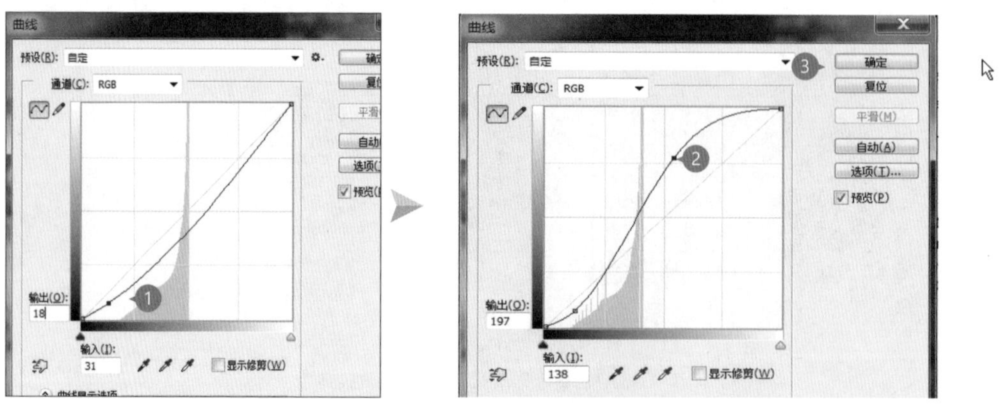

在 **曲线** 对话框的曲线上，单击鼠标左键增加控制点，设置 **输出**：**18**、**输入**：**31**，再新建第二个控制点并设置 **输出**：**197**、**输入**：**138**，单击 **确定** 按钮。

03 帮照片添加底版颗粒效果

最后用 **添加杂色** 功能来帮照片加上仿底版颗粒感的效果，就完成了作品的设计。

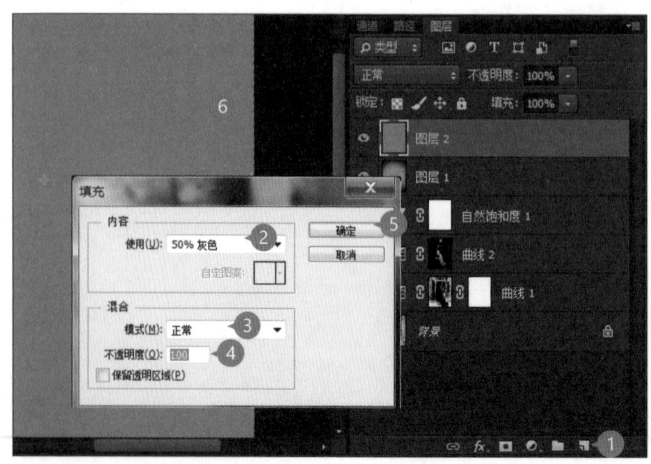

在 **图层** 面板，单击**建立新图层**，然后按 Shift + F5 键打开 **填充** 对话框，设置 **使用**：**50% 灰色**、**模式**：**正常**、**不透明度**：**100%**，单击 **确定** 按钮，将 **图层 2** 填上 50% 的灰色。

选择 **滤镜 \ 杂色 \ 添加杂色**，打开对话框。

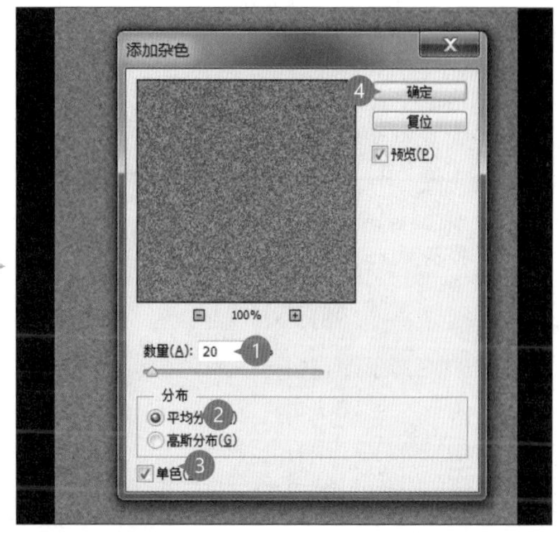

拖动滑块设置 **数量**：**20%**，选择 **平均分布**、**单色**，单击 **确定** 按钮。

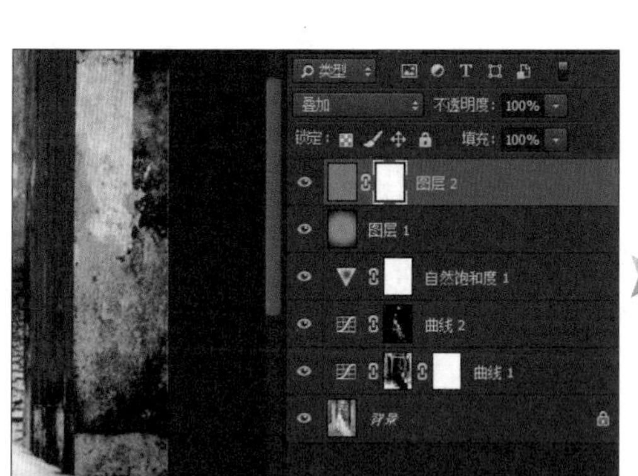

在 **图层** 面板，设置 **图层 2** 的 **混合模式为“叠加”**，单击按钮，创建 **图层 2** 的 **蒙版**。

在 **工具** 面板中选择**画笔工具**，在 **选项** 栏中设置 **画笔大小**：**300 像素**、**不透明度**：**30%**。

设置 **前景色** 为黑色，涂抹人物部分，以去掉一些人物部分的颗粒，避免过于突兀。

最后输入文字，并摆放至合适的位置，这样就完成了作品的设计。

CHAPTER

08

打造棚拍气质的电商图片

8.1 商品摄影的重要性

8.2 让商品更有特色

8.3 修饰商品瑕疵

8.4 调整商品过亮的区域

8.5 为商品加上光效

商品是电商的命脉，如何从开始的商品拍摄，经过后期的创意设计，以及计算机数字暗房技术，让商品图片看起来更有卖相、更加完美，吸引浏览者的目光进而驻足购买，这是非常重要的技术。

8.1 商品摄影的重要性

商品摄影是成交的重要因素

在论坛上有时看到“发文不贴图，此风不可长”“有图有真相”等调侃，虽是玩笑却此言不虚！图优于表、表优于文，在虚拟的网络世界，顾客无法如在实体店铺一样看到商品现货，所以在网上无论商家将商品叙述得多详细、规格列得多清楚，

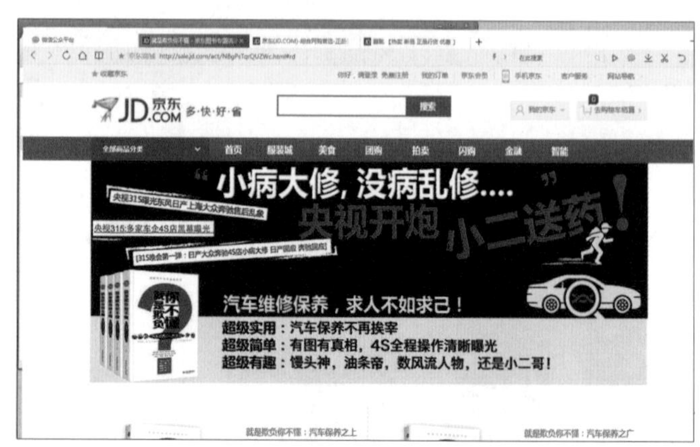

如果没有照片的辅助，浏览者也只能天马行空地想象，这样很难吸引买家上门。基于眼见为实的道理，张贴商品图片才是上策，而充满意境与美感的照片，更是王道。

▲ 在网店中，好的商品图片，能大大提升消费者购买的欲望。

商品摄影成本

要想让您的商品有最专业的呈现，委托专业广告公司或是商业摄影公司来进行商品照片的拍摄与制作是最理想的选择。但是一分钱一分货，要达到这样的质量，除了要有专业摄影棚、高级灯光、单反相机、经验丰富的摄影师、特约模特，再加上后期修片，每张相片的费用约在百元左右，有些特殊的需求则价位会更高。

如果没有充足的预算，建议不妨利用一些简单的美术用品布置简易摄影环境，购置照相设备，再花点时间自己学习摄影技巧并搭配可以修图的图像软件，这样，成本就可大大降低，而照片品质对于商品的简单展示，也是绰绰有余。

8.2 让商品更有特色

以往商品拍摄在摄影领域中是一个相当专业的领域，需要搭配许多专业设备才能完成。不过随着数码相机的普及，价格越来越亲民，市场上主流的相机其实都已经足以完成商品拍摄的需求，而且快速又方便，不但可立即在相机的屏幕中预览拍摄的效果，还可传到个人计算机上进行后期处理，弹指间就能通过软件调整好所需图像，因此商品拍摄已经不再是高不可攀、遥不可及。

拍摄商品需准备的器材

- **数码相机**：这是个很值得的投资。目前的数码相机几乎都超过 800 万像素，甚至上千万像素，并且可以调整光圈、快门、曝光、ISO 感光度、白平衡等这些常用的设置。如果需要拍摄体积小的物品，需要先检查相机是否有“近拍”功能， 以及近拍的距离是多少厘米。另外，如果要调整相机与物体间的远近，建议尽量使用自然且质感较好的“光学变焦”，避免使用效果较差的“数码变焦”。

◀ 数码相机推陈出新的速度很快，在功能与质量上都足以完成商品拍摄。

- **三脚架、快门线**：拍摄商品时建议使用三脚架来辅助，也可以利用身边可支撑的物体来代替，三脚架除了有效防止抖动外，还能够避免重复地调整拍摄角度与远近。另外搭配定时拍摄、快门线或红外遥控器，可以让成品更加完美。

◀ 三脚架及快门线的使用，能防止相机抖动。

- **灯具、锡箔纸、描图纸**：一般拍摄静态商品照片时，为了避免主体反光，很少使用闪光灯，而是改用自然光源或是外置灯光。为了让商品看起来更具有质感，光源的补充非常重要，少则需要一到两盏灯，多则可到四盏，因为专用摄影灯很贵，可改用家用台灯（长白炽灯管）。若在灯罩四周粘上锡箔纸，更可以变身成专业级的四叶片灯具，能够有效控制光源。如果光线太强，可以在灯光前方加上一张描图纸或是克数较低的复印纸，以吸收过强的光线，让灯光更自然柔和；有时商品主体是容易反光的包装，也可用纸张在商品上方遮挡部分灯光。
- **单色的色纸、报纸、遮光板**：除了当背景用，也能够辅助打光，另外可以使用布料或其他不易反光的材质。因为打造专业摄影棚不便宜，还有一种数千元的小型简易摄影棚可以考虑。
- **黏土**：可以固定不容易站立的小物品。

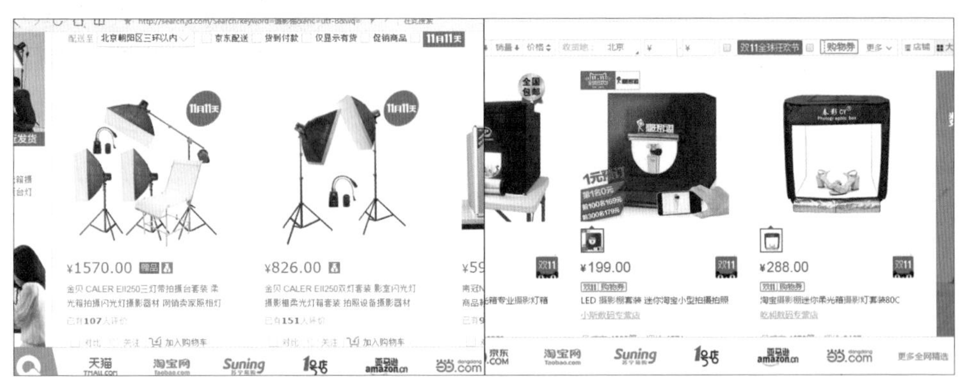

▲ 目前网络上可以买到许多实用又便宜的小型简易摄影棚

拍摄商品的背景布置

许多人在拍摄商品时，都不太注重商品以外的视觉设计，而是随便将商品放置在桌上或是地上的角落进行拍摄，这样很容易让买方对此商品的经济价值产生偏差错觉，这可是会让作品大大减分的！

杂乱背景容易混淆视觉焦点 ▶

如果要购置一个简易数字摄影棚，一般都会准备白色的织布或是墙纸，放置在商品背景处当作衬底。如此一来可以很清楚地突显主体，且如果想进一步在数字暗房后期制作时将相片去底，这样的布置就能让这个工作较为容易处理，其去底效果也更完美。

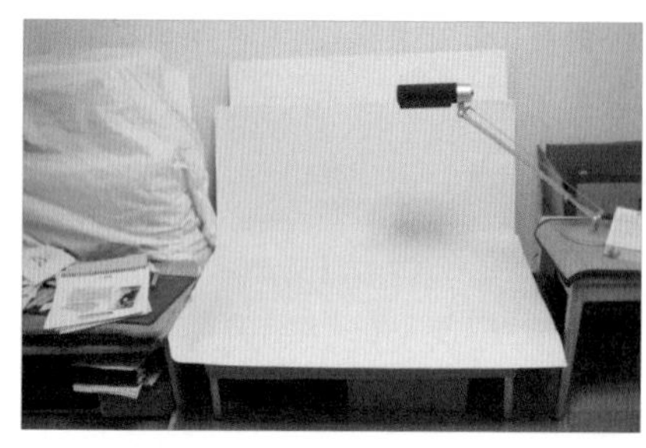

▲ 拍摄时尽量配单纯的背景

如果商品本身的色调较淡或单一，背景可以考虑搭配深色或是较为鲜艳的色彩，让商品更为突出，具有层次感。另外在布置上，建议选择一个靠墙的平台，将背景布或是墙纸固定在墙上再微微垂折到平台上，然后将商品放置在平台上并从前方拍摄，让商品产生些许阴影，这样整个商品会更为立体。

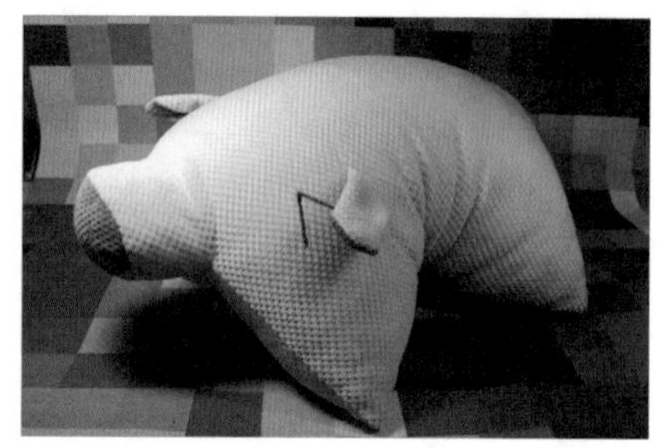

▲ 根据商品本身的色调调整背景颜色

解决光源的问题

光源可分为顺光、逆光、侧光、顶光、底光，不同的光源能营造不同的氛围，一张照片成功与否，用光往往是关键。因为商品拍摄环境多在室内，如果商品与环境光不足，相机便会自动启动内置闪光灯或外置闪光灯来作为补充光源，相机闪光通常会过强，反而造成拍摄物品受光不均匀或是物体本身反光，产生眩光效果或局部模糊的问题，让拍摄出来的效果大打折扣。

如果没有专业摄影棚与专业灯具，可以在拍摄商品时，分别在商品周围架设多组台灯朝着商品主体打光，使其产生侧光，以加强商品的立体感与质感，尤其是明暗交界的部位；另外还可以加上一盏直接由上方照射商品顶部的灯光，让主体更为清楚。当然，相机本身的闪光装置可根据环境状况斟酌是否开启。

在灯具种类的选择上也要注意，不同的灯光会让照片在色调上产生差异。一般传统灯泡偏黄、而日光灯则偏蓝，可以使用手动模式调整色差的功能，或是用图像软件进行数字暗房的后期制作来调整色差的问题。如果必须到室外拍摄，就要留意不同时间光线的角度、亮度与色温变化。室内拍摄商品的机会还是比较常见的，在拍摄时，记得要将商品放置在画面的中央，并在主体四周留下一定比例的空白。

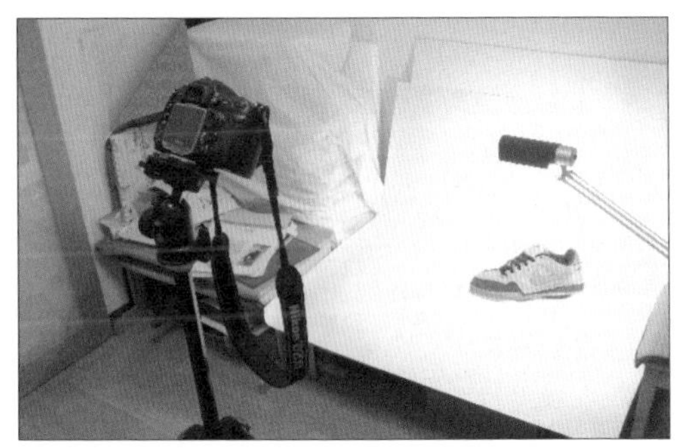

▲ 一组灯光搭配室内光源的效果

▲ 适当的留白与边界，不易造成视觉上的压迫。

拍摄商品时的构图

不同的商品有其细分的目标客户群体，所以必须按照商品的特性，在脑海中先勾勒出合适的构图，以呈现商品的独特魅力。以下列出几个操作时的心得，以食物甜点为例：在拍摄甜点时，可以将包装及甜点一起摆放拍摄，让购买者一眼就能看到甜点的样子及包装的设计，不仅可以营造质量有保证的形象，有些人甚至会根据包装外观来评估是否适合送礼。另一种则是只拍摄食品本身，通常这类的拍摄手法都会布置简单的背景，如在甜点后方摆放茶壶，营造出一种茶点的氛围。只要在场景布置上多花点心思，相信您的商品定能吸引众人的购买。

8.3 修饰商品瑕疵

拍得再漂亮的商品，也难免会有灰尘沾在商品上，或是商品本身就有那么一点点小瑕疵难以掩饰，这些瑕疵都是可以处理的。打开本章案例原始文件 <09-01.psd> 进行练习。在 **图层** 面板先选择 **相机** 图层，先利用 **污点修复画笔工具** 或 **印章工具** 将相机上的斑点或是杂物修掉。

在 **工具** 面板选择 **污点修复画笔工具**，设置合适的画笔大小，在 **选项** 栏单击 **内容识别**（画笔大小可利用 [或] 快捷键来变更）。

按 Ctrl + + 键放大工作区，仔细检查相机机身上的杂点，使用 **污点修复画笔工具** 在杂点上描一下，完成机身的污点修补。

在 **工具** 面板中选择 **仿制图章工具**，设置合适的画笔大小。利用仿制图章工具的特性，修饰机身缝隙的瑕疵时会更方便。

按住Alt键，在要定义 **仿制源** 的地方，单击鼠标左键。

放开Alt键，拖动鼠标左键至要修复的地方，即可将瑕疵修补（如果想拖一次就完全修复可能较难，建议可以一小部分一小部分地修补，以达到最佳的修复成果）。

用相同的操作方式，一一完成整台相机的杂点修复，完成后就可以得到一张干净的相机照片。

8.4 调整商品过亮的区域

相机右侧反射光源有点过曝，我们要利用 **蒙版** 功能，针对该区域做调暗的处理。

在 **工具** 面板中选择 **多边形套索工具**。

在相机右侧较亮的区域，用 **多边形套索工具** 先大概地圈起来。

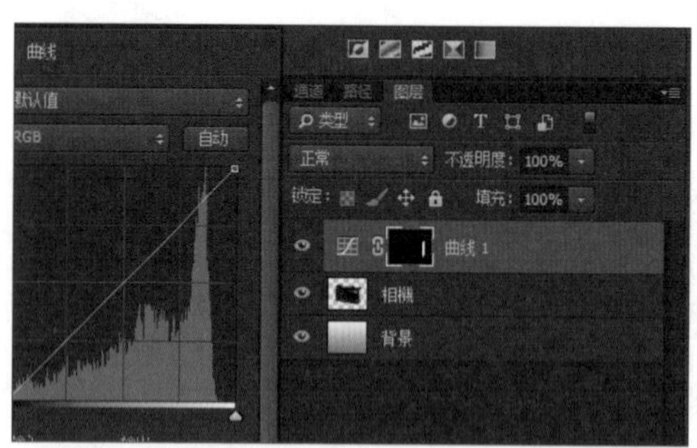

单击 **调整** 面板中的，创建新的曲线调整图层，并把刚刚选取的范围变成蒙版区域。

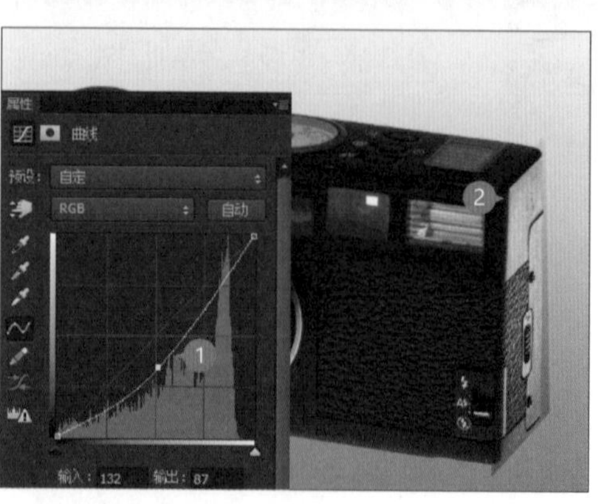

在 **属性 - 曲线** 面板中的曲线上单击鼠标左键，生成控制点，设置 **输入：132**、**输出：87**，降低反射光源。

在 **工具** 面板中选择**画笔工具**，设置合适的画笔大小后，再设置前景色为 **黑色**。

接着在 **曲线 1** 调整图层的蒙版中，涂抹掉刚才用选取工具多选的部分。

根据情况改变画笔的**大小**及**硬度**，将蒙版刷出最自然的状态。完成后，将鼠标移到 **曲线 1** 与 **相机** 图层之间，按住 Alt 键，待指针呈↓□状时，单击左键建立剪贴蒙版，将 **曲线 1** 图层的调整效果应用在 **相机** 图层中。

8.5 为商品加上光效

建立商品正面顺光光源

01 利用渐变工具模拟光源

降低侧面光源后，接下来利用白色渐变来模拟光源的反光效果。

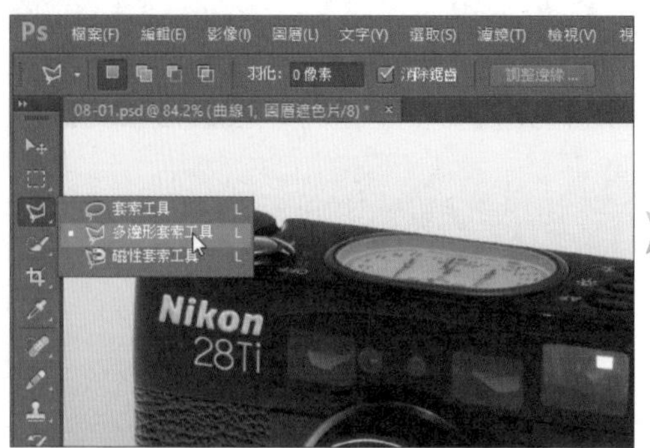

在 **工具** 面板中选择**多边形套索工具**。

同样的，先将相机的正面部分大概选中。

在 **图层** 面板下方，单击**建立新图层** 按钮，然后双击新图层名称，重新命名为“正面光源 1”。

在 **工具** 面板选择 **渐变工具**，并设定**前景色**为白色。

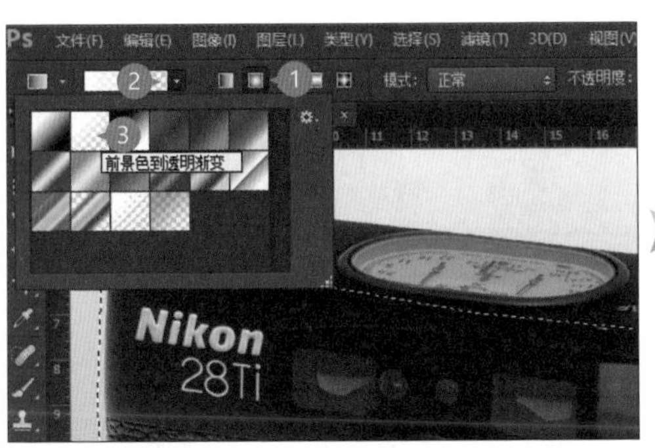

在 **选项** 栏中，单击“**径向渐变**”，并在 **渐变选择器** 菜单中选择“**前景色到透明渐变**”。

选中 **反向**、**仿色**、**透明区域**，接着在编辑区相机镜头处，往右上角拖曳出渐变效果。

按Ctrl + D键 **取消选区**，将鼠标移至“**正面光源 1**”与“**曲线 1**”图层之间建立剪贴蒙版，继续将“**正面光源 1**”嵌入“**相机**”图层中。

设置“**正面光源 1**”图层的混合模式为“**叠加**”，再单击按钮，创建 **图层蒙版**。

在 **工具** 面板选择**画笔工具**，设置合适的画笔大小，在“**正面光源 1**”图层的蒙版中，将相机正面四边多出的部分涂掉。

相机镜头部分需要添加其他光源，所以在此也使用 **画笔工具** 进行涂抹。

用 **多边形套索工具** 先大概地将相机正面上方没有纹路的区域圈起来，在 **图层** 面板下方单击■**建立新图层** 按钮，重新命名为“正面光源 2”，并建立剪贴蒙版，设置图层**混合模式为“叠加”**。

在 **工具** 面板中选择 **渐变工具**，在 **选项** 栏中单击 **渐变选择器** 并选择 **“黑、白渐变”**，单击 **“线性渐变”**、取消勾选 **反向**，从选取范围的右下往左上拖出渐变效果。

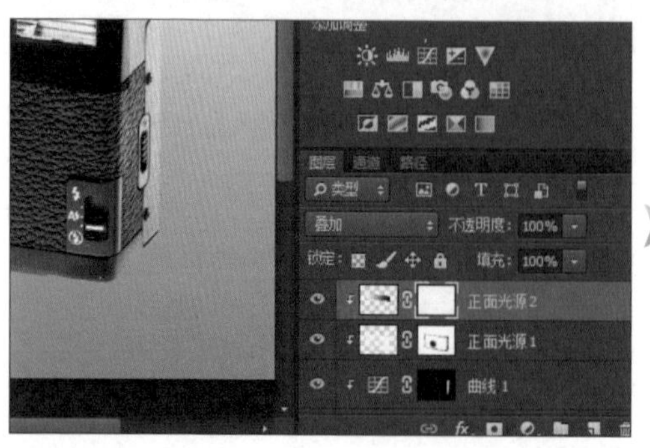

按Ctrl + D键，取消选区，在 **图层** 面板中单击■**创建新的图层蒙版** 按钮。以相同操作步骤，设置 **前景色** 为黑色，使用**画笔工具**将多选的渐变部分涂掉，再将取景窗及闪光灯等需再次添加光源的部分也一并抹掉。

02 增加镜面折射光源

一般来说，镜面的反射光会比其他材质的反射光更为强烈，所以需独立处理这些光源。

在 **工具** 面板中选择 **钢笔工具**。

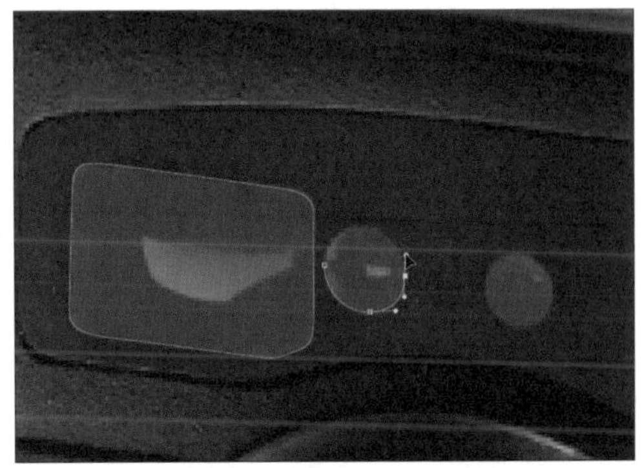

在镜面上单击鼠标左键产生第一个路径锚点，接着陆续设置其他锚点。

建立路径后，按 Ctrl + Enter 键即可把路径转为选区，依照相同的操作方式，为其他的镜面建立选区。

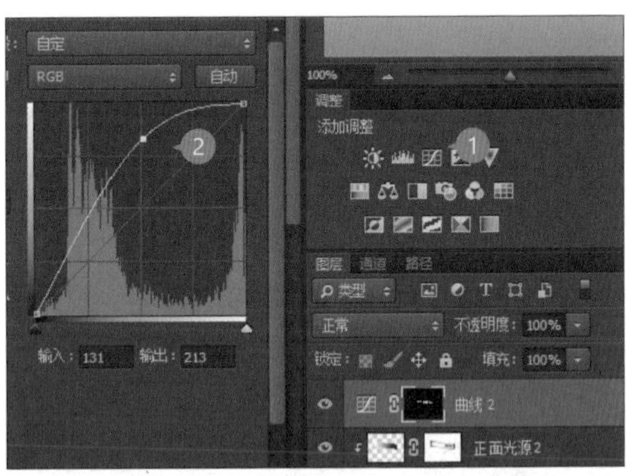

在 **调整** 面板单击按钮，创建新的曲线调整图层，在 **属性 - 曲线** 面板的曲线上单击鼠标左键产生控制点，再设置 **输入**：**131**、**输出**：**213**。

最后把 **曲线 2** 调整图层建立剪贴蒙版，继续嵌入到 **相机** 图层中，这样就完成了正面光源的部分，看起来是不是比刚开始好了许多?

03 加强镜头的反光效果

由于镜头深处是灯光难以照射进去的地方，所以也需要做一个简单的亮度调整。

先按Ctrl + +键放大工作区域，在 **工具** 面板中选择**钢笔工具**。

在编辑区的镜头上单击鼠标左键产生第一个路径锚点，接着陆续设置其他路径锚点，最后完成路径绘制并封闭路径。

按Ctrl + Enter键将路径直接转换为选区。

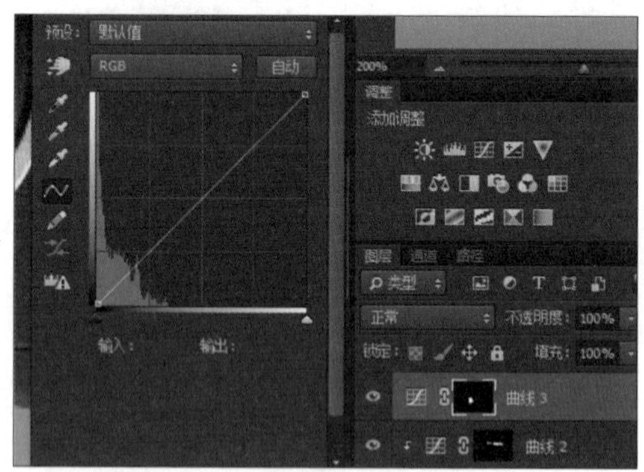

在 **调整** 面板单击 **曲线调整图层**。

在**属性 - 曲线**面板的曲线上单击鼠标左键产生控制点，再设置 **输入**：**89**、**输出**：**127**。

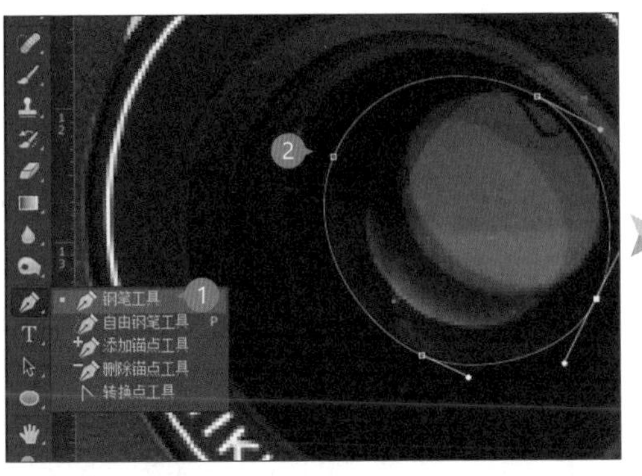

接着要增强镀膜的部分，在 **工具** 面板中选择 **钢笔工具**，并把镜头镀膜部分使用路径圈起来。

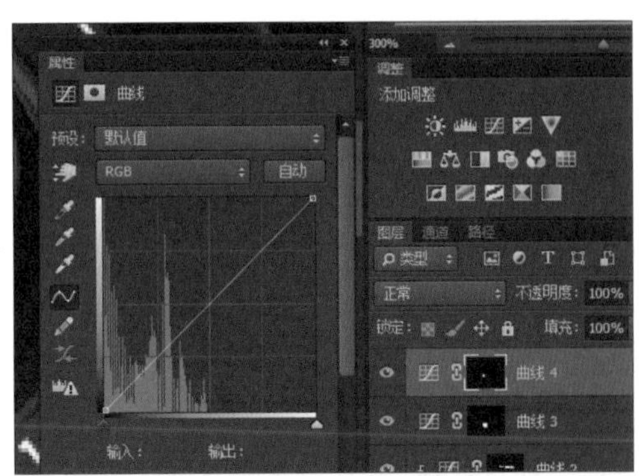

按 Ctrl + Enter 键，将路径直接转换为选区，单击 **调整** 面板中的按钮，创建新的 **曲线** 调整图层。

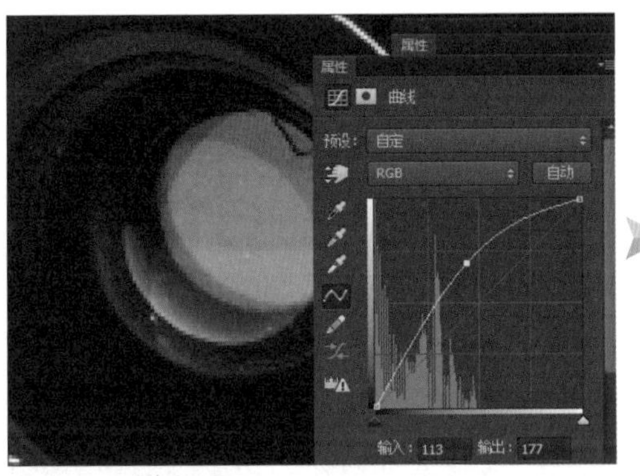

在 **属性 - 曲线** 面板的曲线上单击鼠标左键产生控制点，再设置 **输入：113**、**输出：177**，这样可让镜头镀膜部分更加明亮。

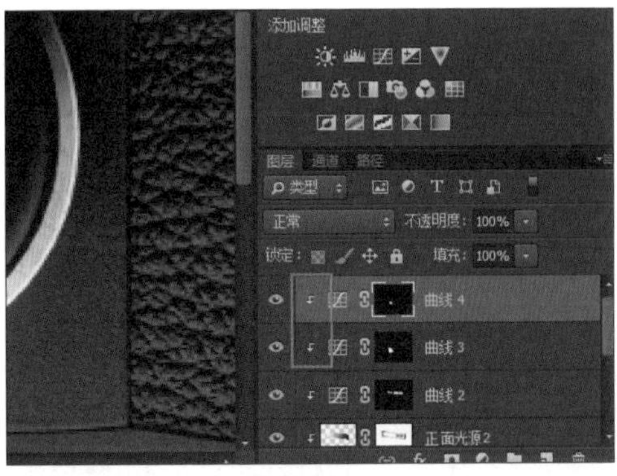

在 **图层** 面板中，把 **曲线 3** 和 **曲线 4** 调整图层，通过 **建立剪贴蒙版** 操作分别嵌入至 **相机** 图层中。

在 **工具** 面板中选择 **钢笔工具**，为镜头正面外缘的部分建立路径。

先在 **选项** 栏设置 **路径操作** 状态为 **排除重叠形状**，继续选取镜头内缘的部分。

按 Ctrl + Enter 键将路径转换为选区。

在 **图层** 面板下方单击按钮，建立新图层并重新命名为“镜头光 1”。

在 **图层** 面板下方单击**创建图层蒙版** 按钮，通过建立剪贴蒙版将 **镜头光 1** 图层嵌入 **相机** 图层中。

在 **工具** 面板中选择**渐变工具**，设置 **前景色**为白色，在 **选项** 栏设置 **径向渐变**，再在 **渐变编辑器** 中选择 **前景到透明**。

在 **图层** 面板中单击 **镜头光 1** 图层的缩略图，接着如图所示拖出一个白色至透明的放射状渐变光晕。

在 **图层** 面板中设置 **镜头光 1** 图层的 **混合模式为柔光**，则镜头正面就会产生微微的打光效果。

在 **图层** 面板下方单击■按钮，**建立新图层**，并重新命名为 " 镜头光 2"。

在 **工具** 面板中，选择 **钢笔工具**，为镜头上的机身部分建立路径。

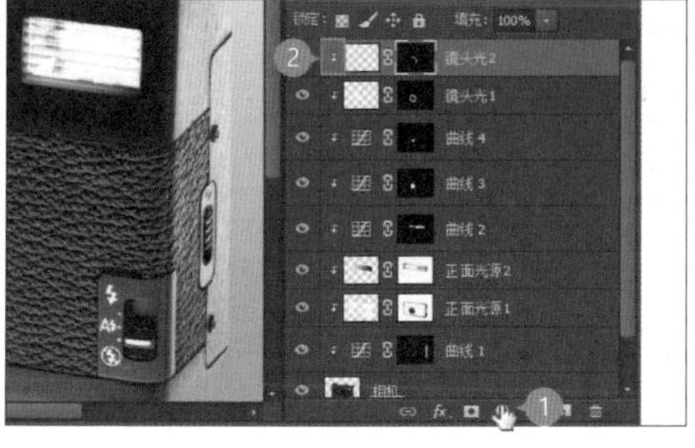

按 Ctrl + Enter 键，将路径转换为选区，在 **图层** 面板下方单击 **创建新的图层蒙版** 按钮，通过建立剪贴蒙版操作把 **镜头光 2** 图层嵌入到 **相机** 图层中。

在 **工具** 面板中选择 **画笔工具**，在编辑区上单击鼠标右键并选择 **柔边圆**，然后设置画笔 **大小为 60 像素**。

在 **图层** 面板中，单击 **镜头光 2** 图层的缩略图，接着在编辑区上用 **钢笔工具** 由左下往右上绘制一条笔画。

在编辑区上单击鼠标右键，缩小画笔 **大小为 20 像素**，然后再如图所示，画出一条较细的笔画。

在 **图层** 面板中设置 **镜头光 2** 图层的**混合模式为变亮**、**不透明度为 85%**，让光源看起来更柔和一点。

建立商品顶光光源

有了正面光后，接下来就是在相机上方制作光源，让商品更具质感。

在 **图层** 面板下方单击按钮，在 **镜头光 2** 图层上方新建一个图层，并重新命名为“顶光 1”。

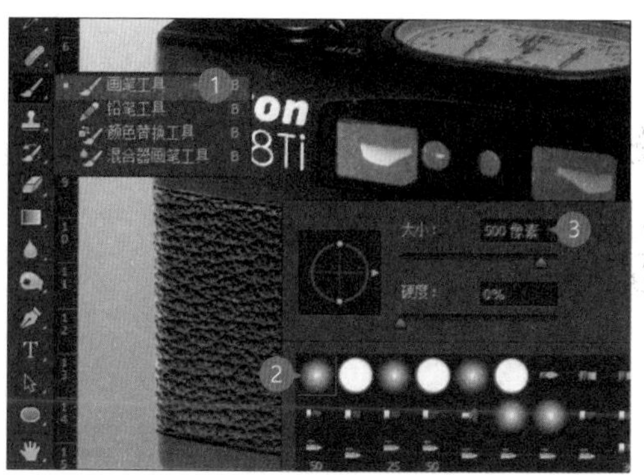

在 **工具** 面板中选择 **画笔工具**，在编辑区上单击鼠标右键选择 **柔边圆**，设置 **大小为 500 像素**。

先在工作区放大中间位置单击鼠标左键，画出一个渐变式的白色光晕。

按 Ctrl + T 键切换到 **任意变形** 状态，将鼠标指针移至角落的端点，待其呈 状时拖动控制点将白色光晕缩放至合适的大小及位置。

在缩放区中单击鼠标右键，选择 **扭曲**。

将鼠标指针移至控制点上，待鼠标呈 状后，拖动控制点如图所示，让光源的照射范围更加逼真。

按 Enter 键完成变形。在 **图层** 面板将 **顶光 1** 图层通过建立剪贴蒙版嵌入到 **相机** 图层中。

在 **图层** 面板设置 **顶光 1** 图层的 **混合模式为柔光**，在 **工具** 面板选择 **移动工具**，把白色光晕移到合适的位置。

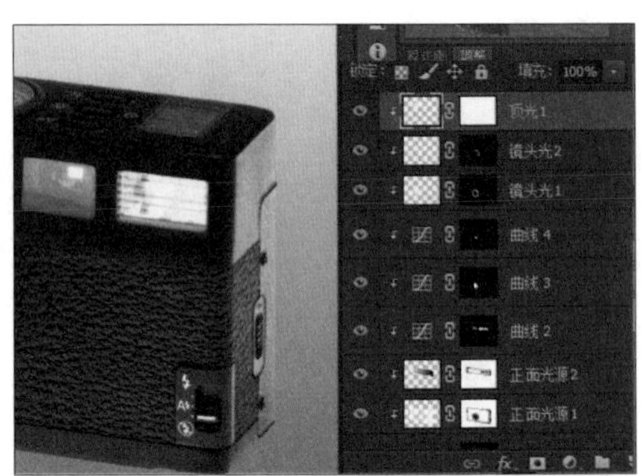

在 **图层** 面板单击 **创建图层蒙版** 按钮。

按 Ctrl + J 键，复制 **顶光 1** 图层，并命名为“顶光 2”图层，**建立剪贴蒙版**并将其移动至右侧合适的位置。

在 **工具** 面板中选择 **画笔工具**，接着在 **图层** 面板选择 **顶光 1** 的蒙版缩图，设置为工作区域。

设置 **前景色** 为黑色，在工作区上单击右键并选择 **柔边圆**，设置合适的画笔大小，并在 **选项** 栏设置 **不透明度为 50%**。

在转盘及快门按钮之上进行涂抹，根据情况变更 **前景色** 为白色，将涂抹过头的光源再刷回来，直到您觉得光源自然即可。

在 **图层** 面板中选择 **顶光 2** 的图层蒙版缩略图，根据相同操作方式，对按钮凹槽或右方故障灯的区域进行涂抹，直到感觉光线自然即可。

最后新增一个图层，命名为 **顶光 3** 图层，以相同的方式创建图层蒙版，再建立剪贴蒙版，然后用 **画笔工具** 在编辑区中点出一个白色光晕，再通过 **任意变形** 调整出其他光源的角度，移到大致如图位置后，在 **蒙版** 中使用 **画笔工具** 涂抹不必要的区域；最后在 **图层** 面板设置 **顶光 3** 图层的 **混合模式为柔光**，这样就完成了顶光部分的设置。

制作商品倒影效果

01 制作商品正面倒影

制作倒影前，要先制作倒影中需要用到的正面图像。

在 **图层** 面板，单击 **顶光 3** 图层，按住 Shift 键，再单击 **相机** 图层，这样就选取除 **背景** 层以外的所有图层。在任一图层名称上单击鼠标右键，选择 **合并图层**。

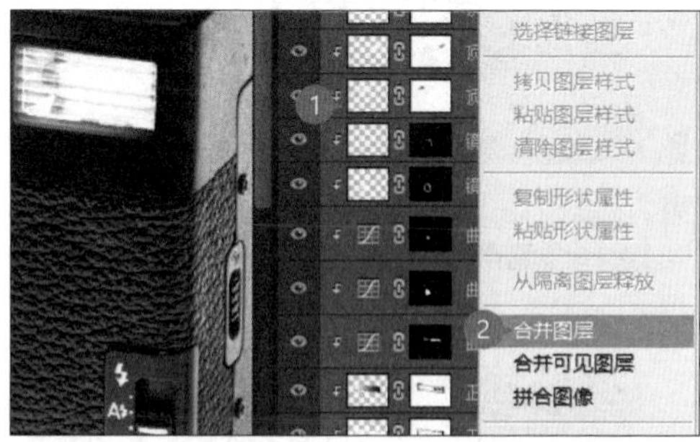

在 **工具** 面板选择 **多边形套索工具**，选取相机的正面部分。

将刚刚合并的图层重新命名为“调整完成”，按 Ctrl + J 键复制图层，生成另一个相机正面的 **图层 1**。

在 **图层** 面板拖动 **图层 1** 至 **调整完成** 图层与 **背景** 图层中间，进行图层顺序调整。

按 Ctrl + T 键，在变形框内单击鼠标右键，选择 **垂直翻转**。

按住 Shift 键，往下拖动变形框，大约至相机左边角对齐即可。

在变形框内单击鼠标右键，选择**扭曲**。

按住 Shift 键，用鼠标向下拖动变形框右侧中间的控制点至如图所示的位置。

02 制作商品侧面倒影

完成正面的倒影后，再以相同的方式制作侧面倒影。

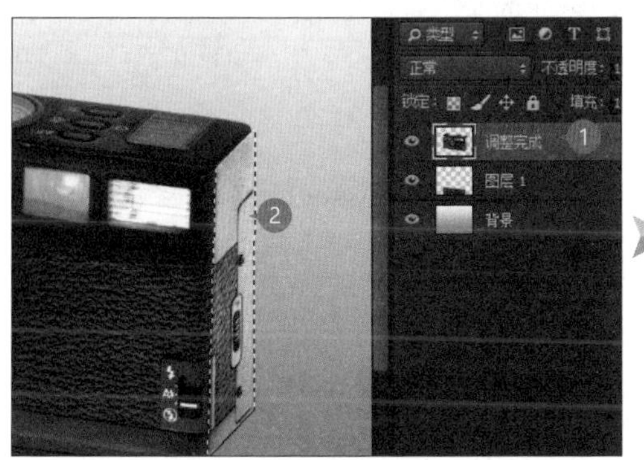

在 **图层** 面板单击 **调整完成** 图层，并用 **多边形套索工具** 选取相机右侧部分。

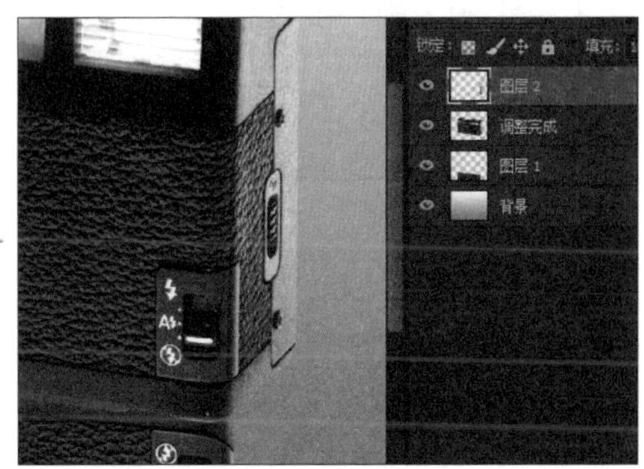

按Ctrl + J键，再复制生成一个相机侧面的 **图层 2**。

把 **图层 2** 拖至 **图层 1** 与 **背景** 层之间，调整图层的顺序。

仿照制作正面倒影的操作方式，按Ctrl + T键，执行 **垂直翻转**，往下拖动至如图所示位置，再用 **扭曲** 功能拖动变形框右侧中间控制点进行变形，完成后按Enter键。

在 **图层** 面板中同时选中 **图层 1** 与 **图层 2**，单击右键选择 **合并图层**。

重新命名图层名称为“倒影”，在 **图层** 面板中单击按钮，创建 **图层蒙版**。

03 让倒影产生淡出的效果

最后为相机制作倒影淡出的效果，让最后的成品显得更加逼真。

设置 **前景色** 为黑色，在 **工具** 面板中选择 **渐变工具**，在 **选项** 栏中单击 **渐变编辑器**，选择 **前景到透明**，再选择 **线性渐变**。

在如图所示位置，使用 **渐变工具** 拖出渐变效果。

第一次拖出的渐变大部分都不太理想，可在比第一次拖动处略高的地方再拖动一次。

▲ 这样就可以得到一个效果不错的倒影。如果拖出的效果都不是很好，可以通过Ctrl + Z键**还原**上一个动作然后再重做。

相机左侧的倒影角度不太自然，可在如图所示的位置再拖一次渐变。

◀ 完成后，倒影会呈现出转角的样子，更符合真实情况中的倒影效果。

最后可再用 **画笔工具** 修饰一下蒙版，让倒影效果的结果更自然逼真，这样就完成了商品的后期制作。

KEEP
LEFT
party
24/7
TREASURY

CHAPTER 09

设计创意字体

9.1 打造特色木纹字

9.2 打造透视效果立体字

9.1 打造特色木纹字

木纹在设计中是经常用到的素材，在这个案例中我们尝试设计出质感逼真的木纹字，并在木头跟木头的交接处放上螺丝，让整体效果变得活泼有趣！

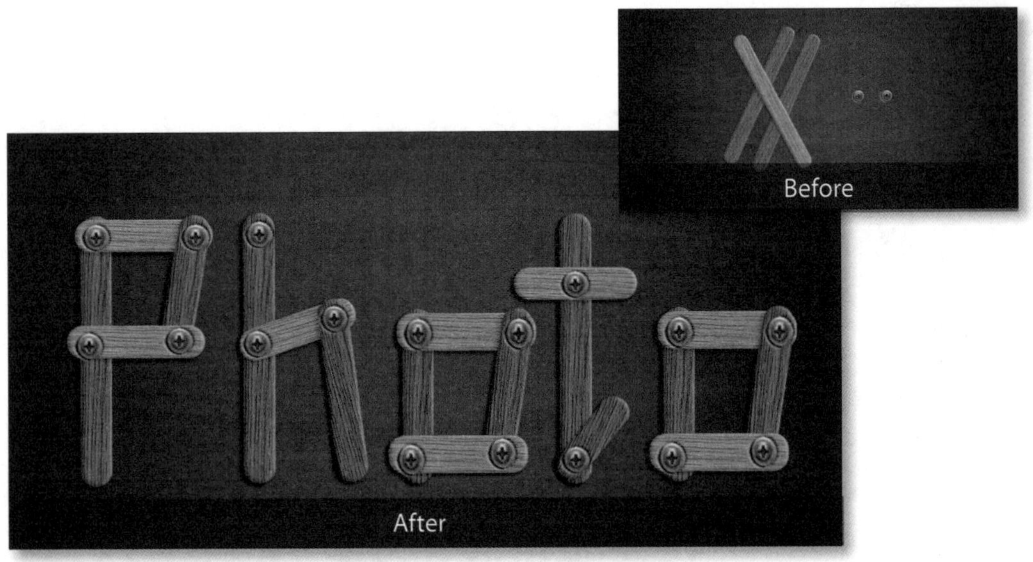

利用圆角矩形工具进行绘制

01 设置绘图模式与圆角半径

打开本章案例原始文件 <09-01a.jpg>，在用 **圆角矩形工具** 制作前，先进行基本设置：

在 **工具** 面板选择 **圆角矩形工具**。

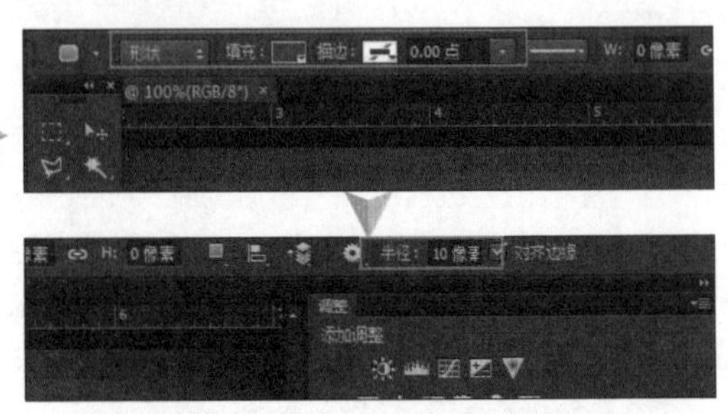

设置 **模式**：**形状**、**填充**：**RGB(103,58,21)**；**描边**：**无**；**边宽度**：**0**；**圆角半径**：**10 像素**。

02 绘制长条圆角矩形

这个案例以 "Photo" 英文单词作为文字，所以，我们先用 **圆角矩形工具** 绘制出 "P" 的第一个笔划。

当鼠标呈-¦-状时，在编辑区左侧空白处按住鼠标左键不放。

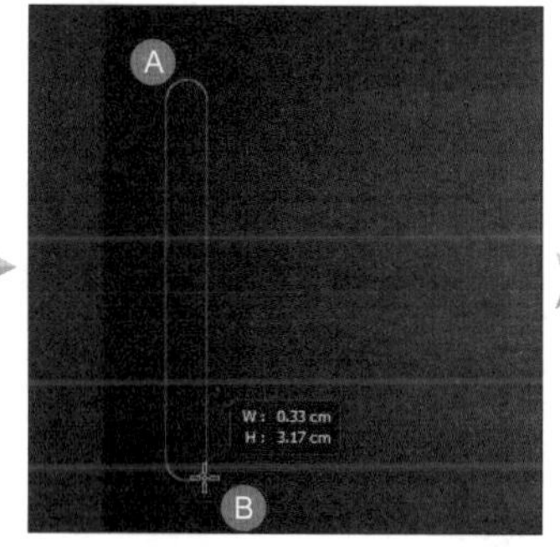

由 A 拖到 B。

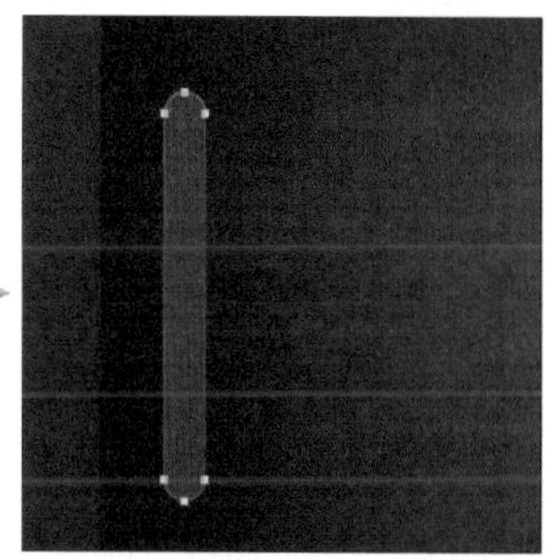

放开鼠标即完成长条圆角矩形的绘制。

产生木纹效果

01 更改图层名称并设置图层样式

因为文字是由一笔一划组合而成，过程中会生成很多对象，这里先更改图层名称以方便识别，然后设计对象的样式。

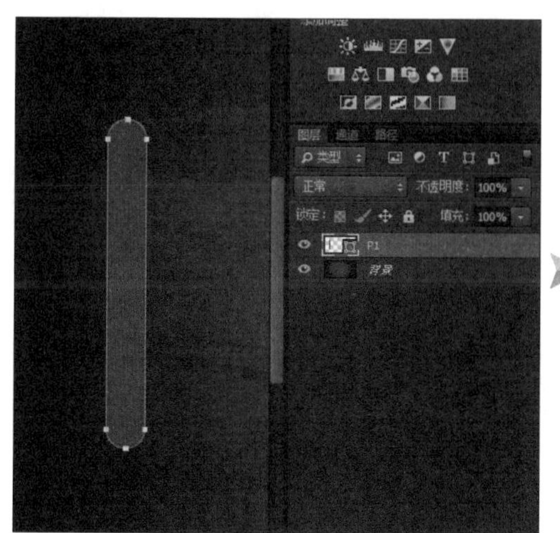

在 **图层** 面板将原来的 **圆角矩形 1** 图层重新命名为“P1”。

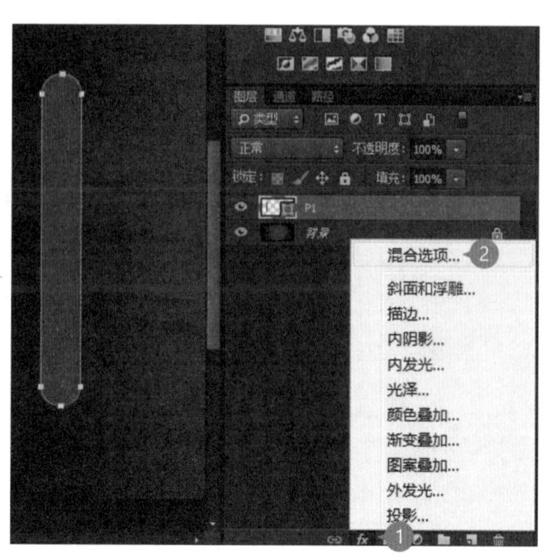

单击 **增加图层样式** 按钮，在列表中选择 **混合选项** 打开对话框。

在 **图层样式** 对话框中，对 **斜面和浮雕**、**颜色叠加** 及 **投影** 样式进行如下设置。

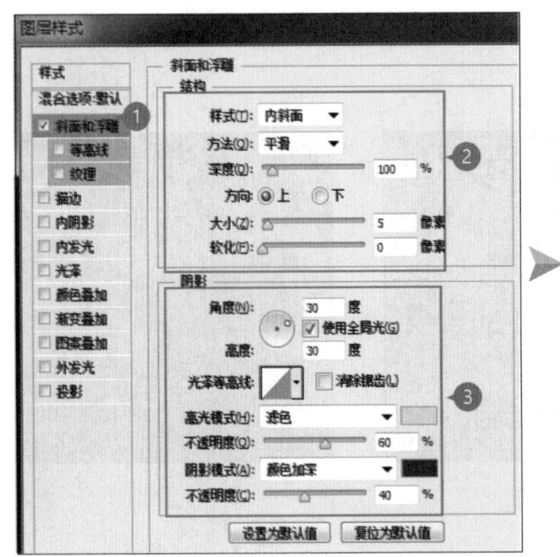

选中 **斜角和浮雕**，在 **结构** 与 **阴影** 框中参考上图进行设置，其中 **高光模式** 的色值设为 RGB(240,226,196)，**阴影模式** 的色值设为 RGB(73,43,19)。

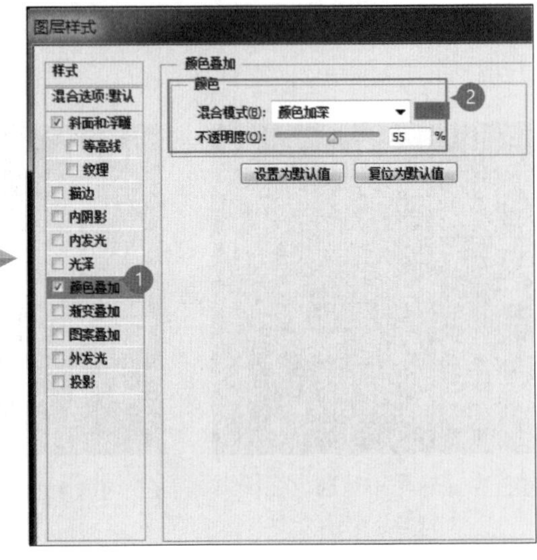

选中 **颜色叠加**，在 **颜色** 框中参考上图进行设置，其中 **混合模式** 的色值设为 RGB(163,104,54)，**不透明度设为 55%**。

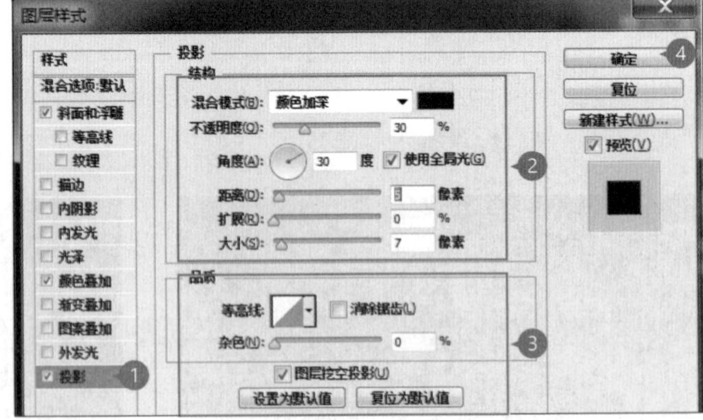

选中 **投影**，在 **结构** 与 **品质** 框中参考右图进行设置，其中 **混合模式** 的色值设为 RGB(0,0,0)，最后单击 **确定** 按钮。

小提示 显示或隐藏效果

在 **图层** 面板中已设置样式的图层，会在右侧看到fx图标；如果觉得样式太多太长，单击图层名称右侧▲按钮可以隐藏项目，再单击▼按钮即可显示项目。

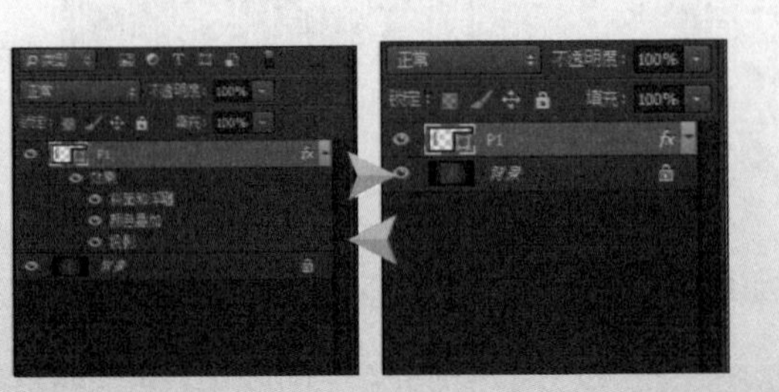

02 置入木纹素材及调整高度与锐化

选择 **文件 \ 置入**，置入原始文件 <09-01b.jpg> ，然后以如下方式调整高度并进行锐化。

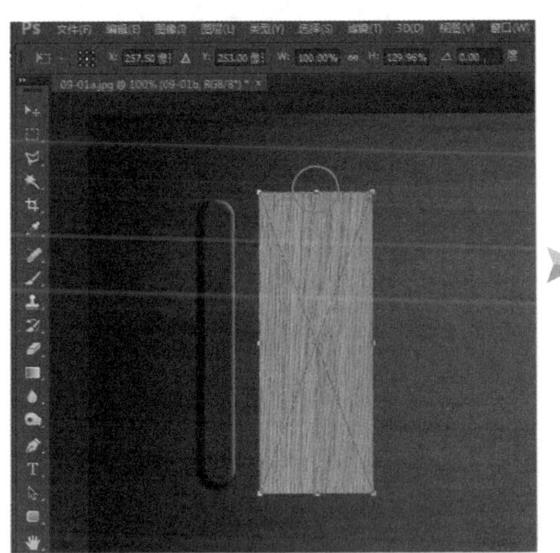

将鼠标移到置入对象上方（或下方）的控制点上，拖动控制点拉长高度至可以覆盖住刚绘制的形状对象。

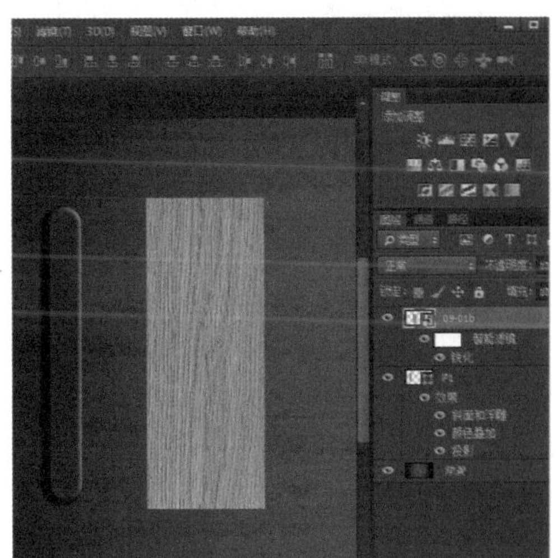

为了让木材的纹路更逼真，选择 **滤镜 \ 锐化 \ 锐化**，加强刻痕效果。

03 将木纹置入形状中

将绘制出来的圆角矩形对象作为蒙版，表现出木纹效果。

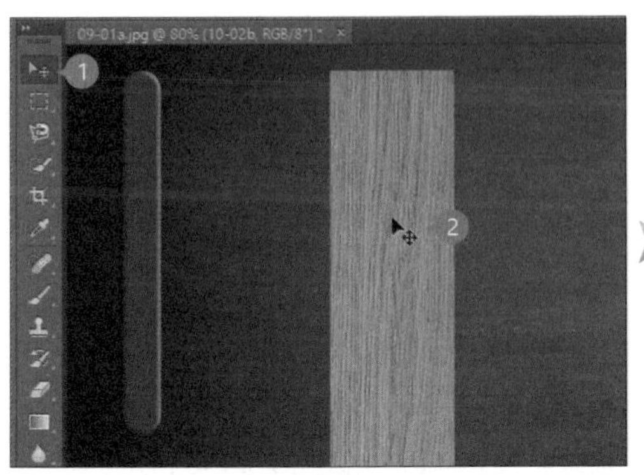

在 **工具** 面板中选择 **移动工具**，将鼠标指针移到木纹对象上。

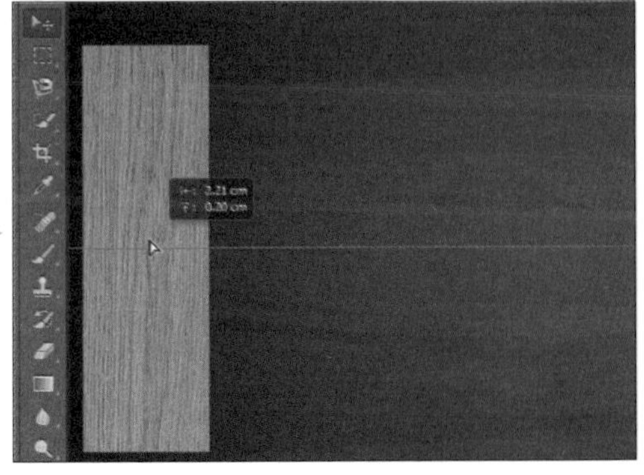

按住鼠标左键不放，拖到圆角矩形上方后放开。

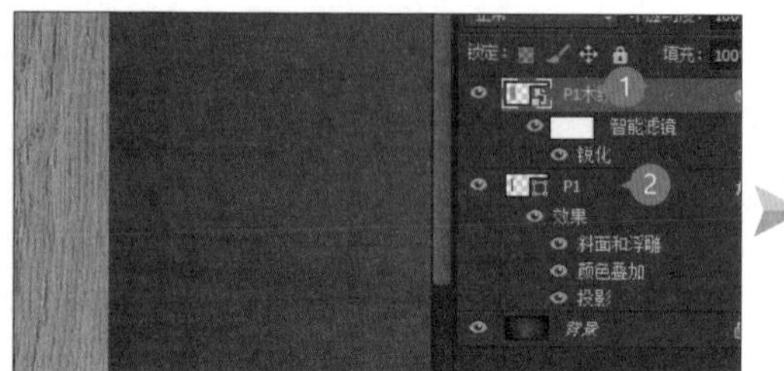

在 **图层** 面板中将 **09-01b** 图层重新命名为 **P1 木纹**。按住 Alt 键不放将鼠标指针移到 **P1 木纹** 图层与 **P1** 图层之间，单击鼠标左键。

P1 木纹 图层会向左缩进，代表已置入 **P1** 图层之中，编辑区中也可看到木纹已融入圆角矩形对象。

复制与调整木纹圆角矩形对象

01 链接与复制图层

为了方便拖动对象，先将二个图层进行链接，再利用复制操作产生相同图层。

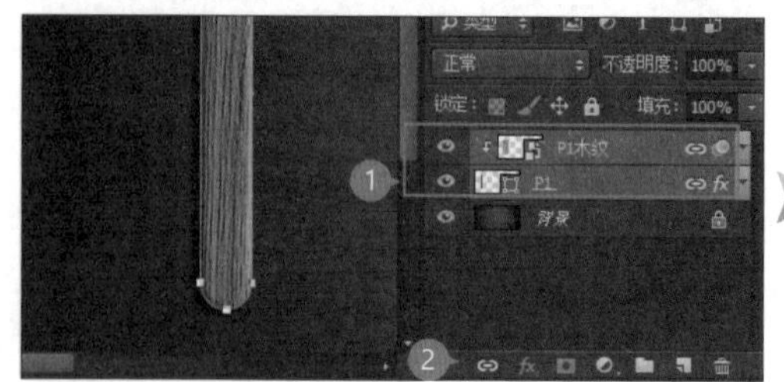

按住 Ctrl 键不放，在 **图层** 面板选择 **P1** 图层与 **P1 木纹** 图层后，单击按钮，链接二个图层。

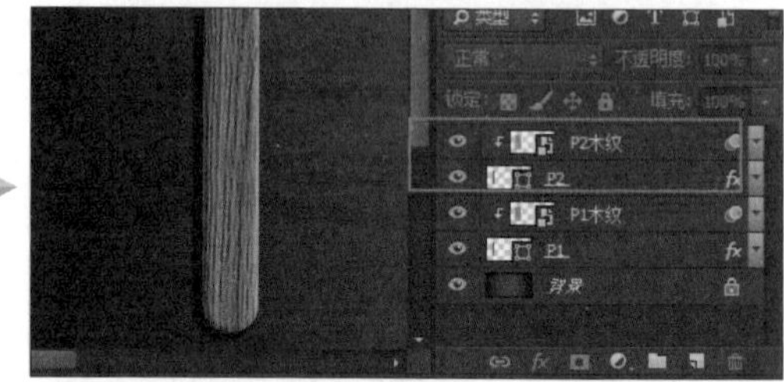

在选中两个图层的状态下，按 Ctrl + J 键复制出另一组图层，然后重新命名为“P2”“P2 木纹”。

02 调整方向与长度

在 **工具** 面板中选择 **移动工具** 后，参考如下操作，拖动对象、旋转放置角度及缩短长度。

在 **图层** 面板中选择 **P2** 图层后，在编辑区将鼠标移到复制的对象上，按住鼠标左键不放把它拖到一旁。

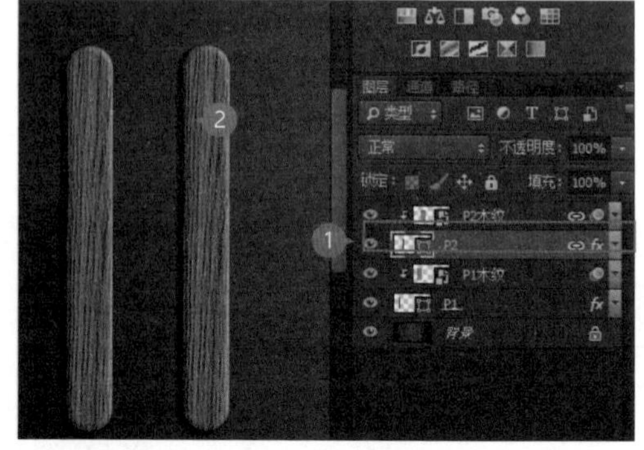

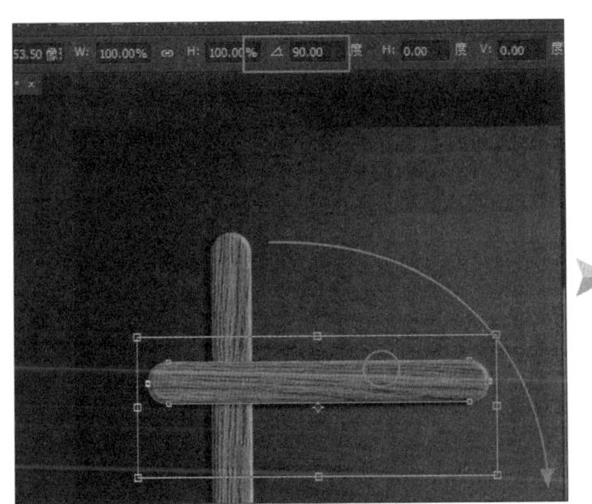

按 Ctrl + T 键进行变形，通过四周控制点垂直旋转 90 度，或直接在 **选项** 栏中输入数值（若出现对话框，请浏览后单击 **确定** 按钮）。

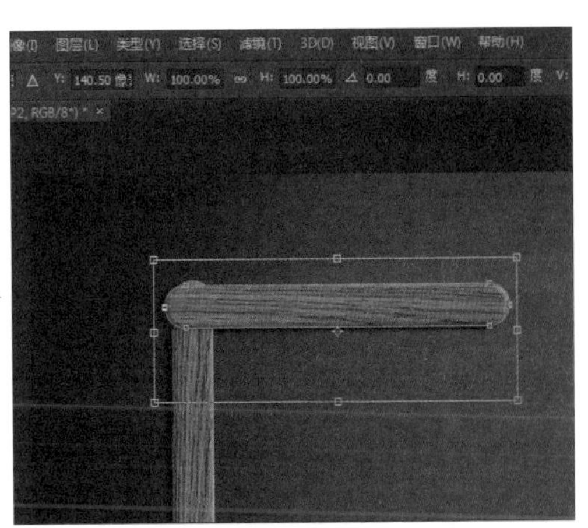

将鼠标指针移到复制对象上，拖至如上图所示的位置，然后按 Enter 键。

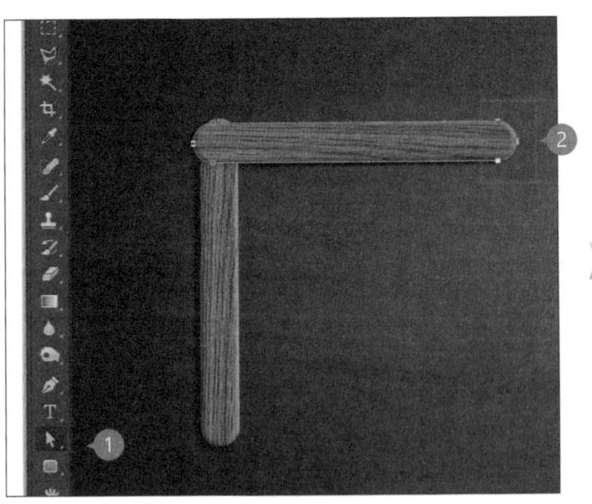

在 **工具** 面板中单击 **直接选择工具** 按钮，拖动选取圆角矩形对象一端的三个节点。

按 Shift + ← 键，缩短圆角矩形对象的长度。

03 修改图层样式

为了避免单一的色调导致文字过于呆板，针对第二个木纹圆角矩形对象进行一些微调，改变圆角矩形对象的色调。

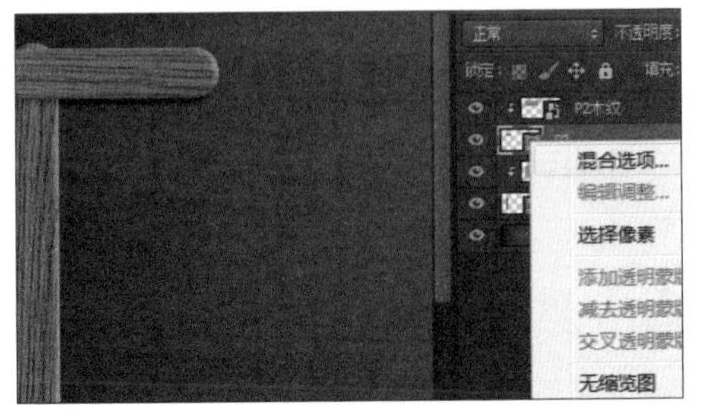

在 **图层** 面板中 **P2** 图层上单击鼠标右键，单击 **混合选项** 打开对话框。

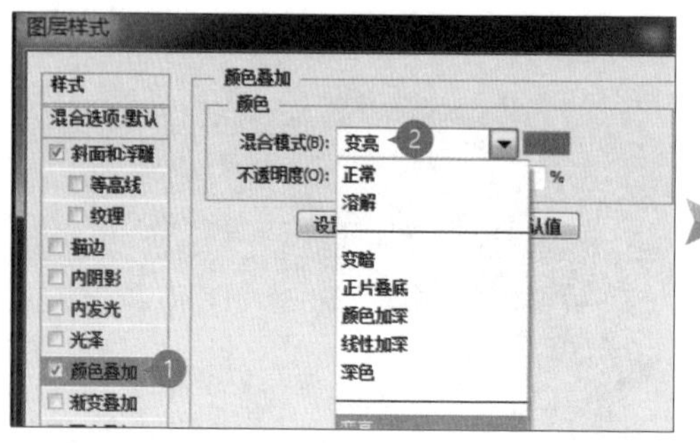

选中 **颜色叠加**，设置混合模式为 **变亮**，单击 **确定** 按钮。

最后按 Enter 键完成调整。

04 生成并调整其他两组图层内的木纹圆角矩形对象

依照前面的步骤复制出另外两组图层。可参考下图重新修改图层名称，并根据图中布置的对象，调整相关的角度、位置、长度与图层样式。

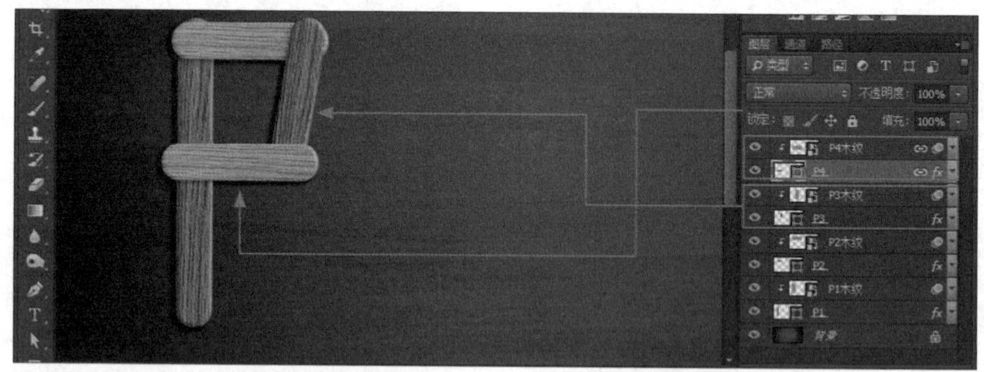

在对象的交叉点布置螺丝

01 选取照片中的螺丝

打开本章案例原始文件 <09-01c.jpg>，按 Ctrl + + 键放大显示比例，然后利用选择工具选取螺丝。

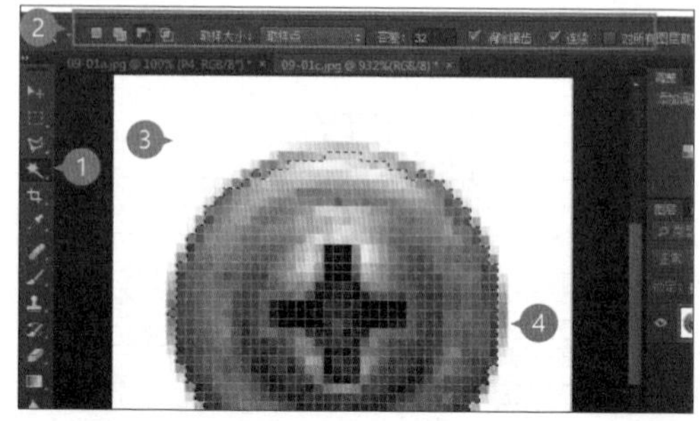

在 **工具** 面板中选择 **魔棒工具**，在 **选项** 栏中设置合适的容差值，然后在空白背景单击选取背景，再通过 **选择 \ 反向** 来反转选区。

02 复制点贴上螺丝线

按 Ctrl + C 键复制选区，切换到 <09-01a.jpg> 文件中，按 Ctrl + V 键粘贴到编辑区。

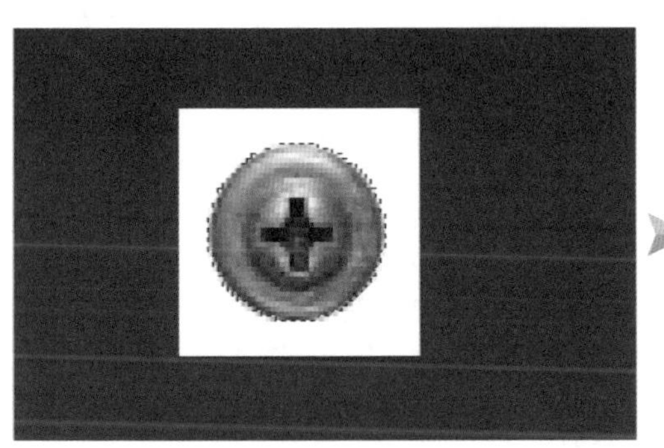

03 移动与缩小螺丝

为方便后续更多对象的变形与移动，在此打开 **自动选取** 与 **显示变换控件** 功能，可快速地把螺丝移到如图位置。

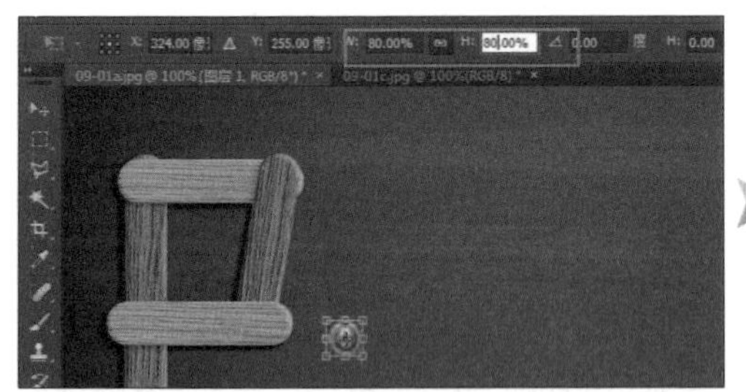

按 Ctrl + T 键，进入变形控件，在 **选项** 栏中单击按钮，强制保持长宽等比例缩放，设定 **W 为 80%** (H 会自动等比例缩放)，完成后按 Enter 键。

选择 **工具** 面板中的 **移动工具**，在 **选项** 栏进行如图所示设置，将鼠标指针移到螺丝上方，按住鼠标左键不放拖动螺丝到如图位置。

04 套用斜角和浮雕效果

利用 **图层样式** 增强螺丝的嵌入效果。

在 **图层** 面板中，先将刚刚贴入的 **螺丝** 图层重新命名为 **P1 螺丝** 图层，然后单击鼠标右键，选择 **混合选项** 打开对话框。

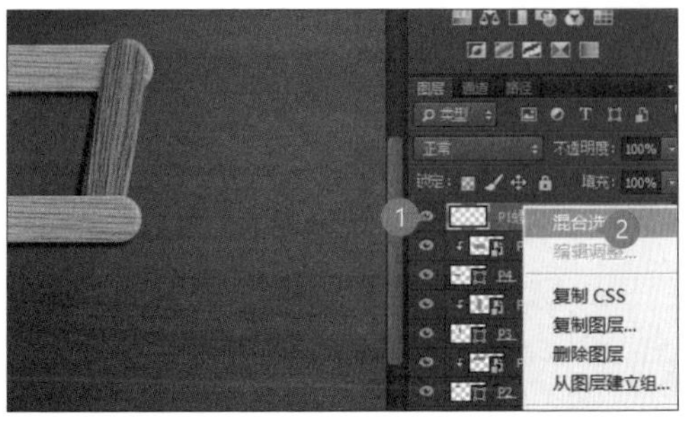

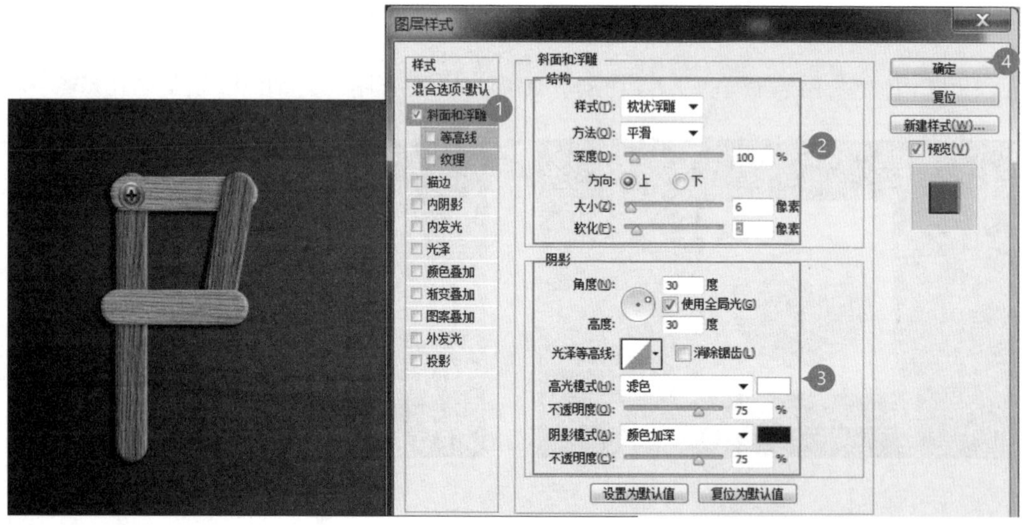

选中 **斜面和浮雕**，参考上图对 **结构与阴影框** 进行设置，然后单击 **确定** 按钮。

05 复制与调整螺丝位置

利用刚刚布置的螺丝，复制出另外三个相同对象，并进行位置的调整。

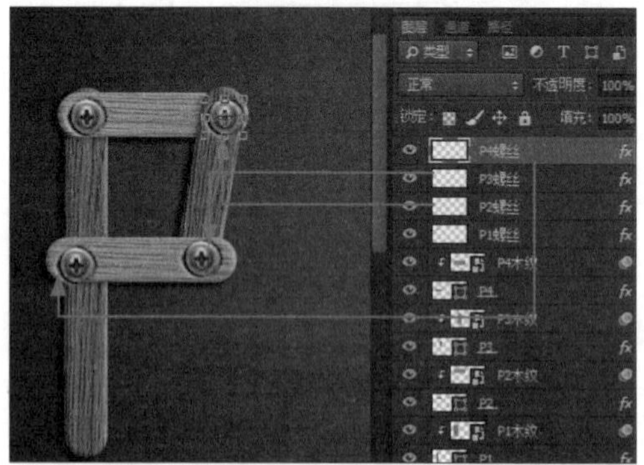

在 **图层** 面板中按Ctrl + J键三次，复制出三个螺丝，分别重新命名为“P2 螺丝”“P3 螺丝”“P4 螺丝”，并通过 **工具** 面板中的 **移动工具**，把螺丝移动到如图位置。

用组文件夹管理图层

组 可以对大量图层进行分类，方便图层的管理与使用。

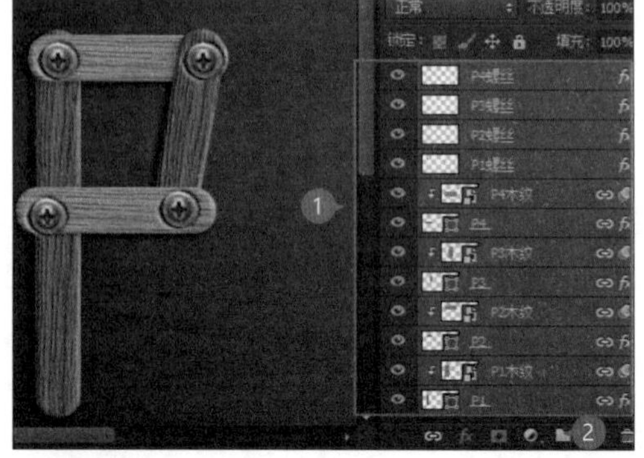

按住Shift键选择所有图层(不含 **背景** 图层)，然后单击 **建立新组** 按钮。

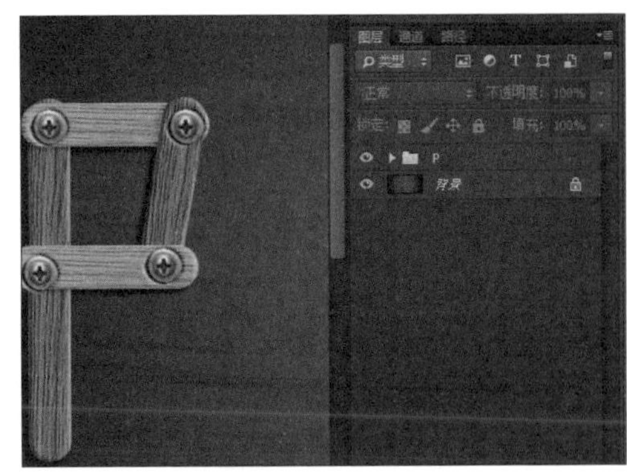

将所选图层拖到新组中，把组名重新命名为“P”。

完成其他字母的建立与调整

最后利用复制操作，生成其他四个群组，并删除不需要的图层、重新命名图层名称、旋转对象角度、调整长度与位置。

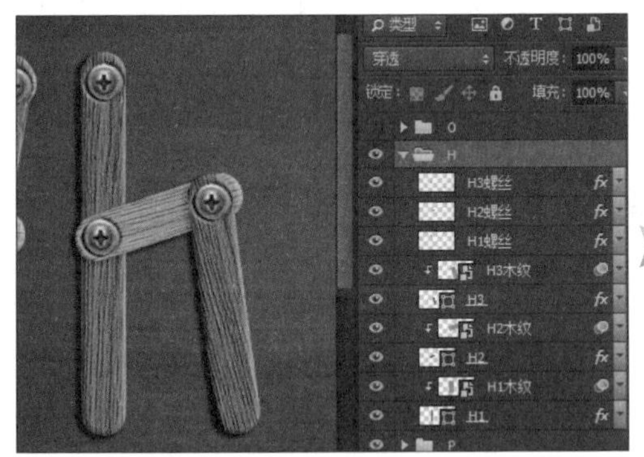

用 **P** 图层复制出 **H** 图层，删除一个木纹圆角矩形与螺丝对象，并进行相关调整。

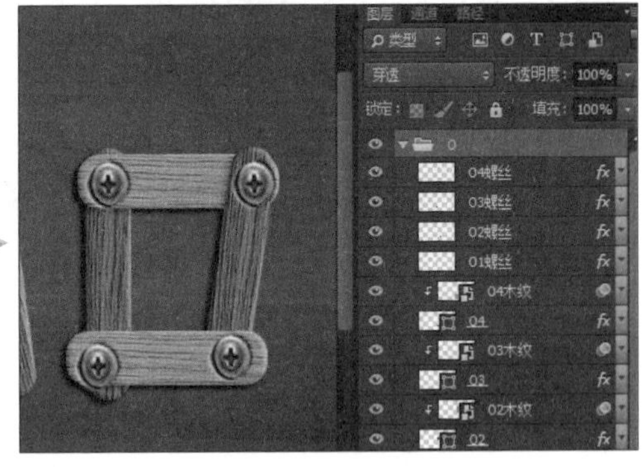

用 **P** 图层复制出 **O** 图层，并进行相关调整。

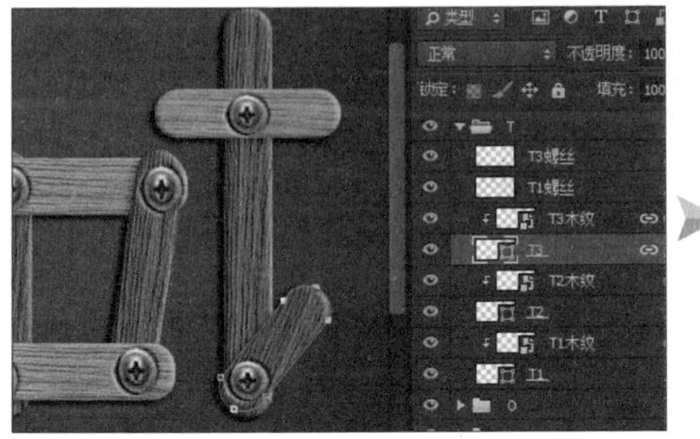

用 **H** 图层复制出 **T** 图层，进行相关调整，更改 **颜色叠加 \ 混合模式**。

用 **O** 图层复制出另一个 **O** 图层，并进行位置的微调，这样即完成木纹字的设计。

9.2 打造透视效果立体字

这个案例中，我们利用 **透视** 功能来打造文字的立体感与透视效果，并搭配倒影效果的制作，呈现出完美的 3D 立体文字。

横排文字工具

01 输入文字

打开本章案例原始文件 <09-02.psd>，在输入文字之前，先进行如下的基本设置：

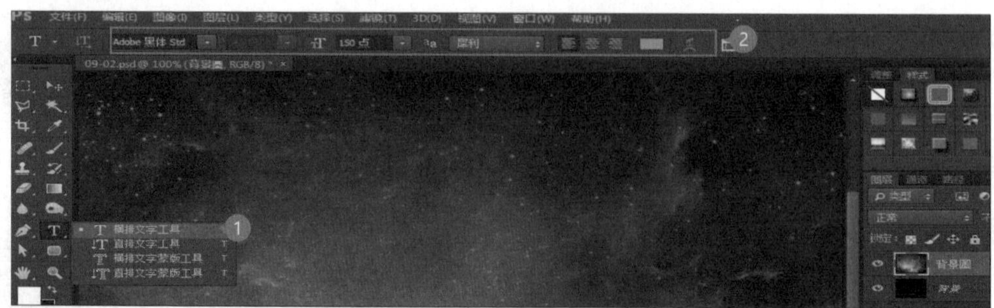

在 **工具** 面板中选择 **横排文字工具**，在 **选项** 栏中，进行如下设置。**字体**：**Adobe 黑体**（若无此字体请用相似的字体代替）、**字体大小**：**150pt**、**消除锯齿**：**犀利**、**左侧对齐**、**文字颜色**：**RGB(220,147,28)**。

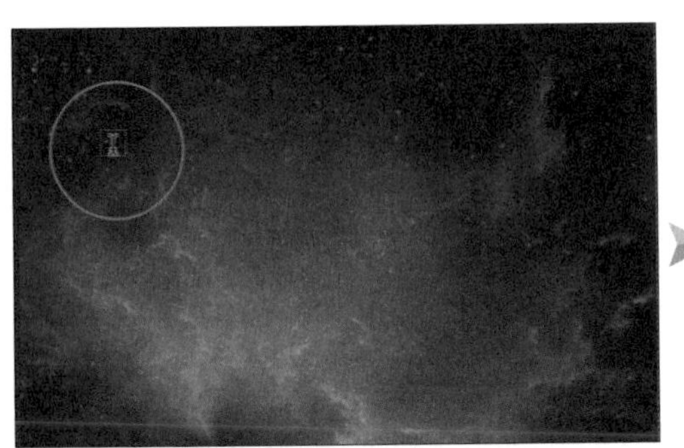

将鼠标指针移到编辑区，在背景图像上单击鼠标左键。

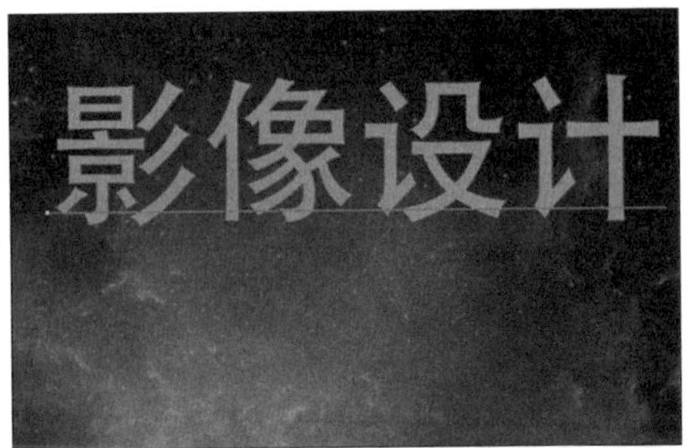

在出现输入光标后，输入文字影像设计，然后按 Enter 键移到下一行。

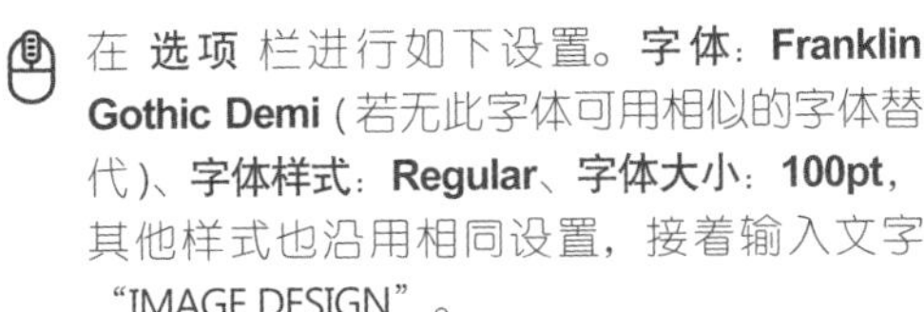

在 **选项** 栏进行如下设置。**字体**：**Franklin Gothic Demi**（若无此字体可用相似的字体替代）、**字体样式**：**Regular**、**字体大小**：**100pt**，其他样式也沿用相同设置，接着输入文字“IMAGE DESIGN”。

02 设置字符样式

接下来要针对文字的行距、字距等参数进行调整，让两行文字靠得更近一些（若您使用的字体与案例中的不相同时，以下的设置也需加以微调）。

选择第二行的英文，选择 **窗口\字符**，打开 **面板**，设置 **行距**：**6pt**、**字距**：**-50**、**字符缩放比例**：**100%**、**基线偏移**：**40pt**。

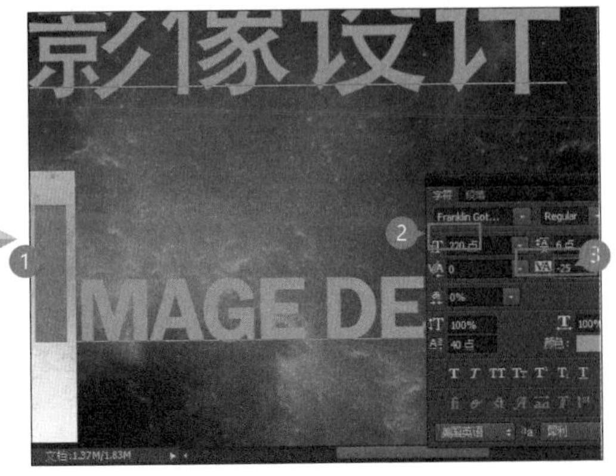

单独选择字母“I”，在 **字符** 面板设置 **字体大小**：**300pt**、**字距**：**25**。

选择第一行的中文，在 **字符** 面板中设置 **行距**：**36pt**、**字距**：**-50**、**比例间距**：**100%**、**基线偏移**：**-40pt**。

单击 **段落** 标签，设置 **缩排左边界**：**80pt**。

建立透视文字

01 移动文字位置并套用图层样式

将文字移到编辑区中间，并为文字套用样式。

在 **工具** 面板中选择 **移动工具**，把鼠标移到文字上方，按住鼠标左键不放把文字移到编辑区中间位置。

在 **图层** 面板的文字图层上方单击鼠标右键，选择 **混合选项** 打开对话框，准备进行样式设置。

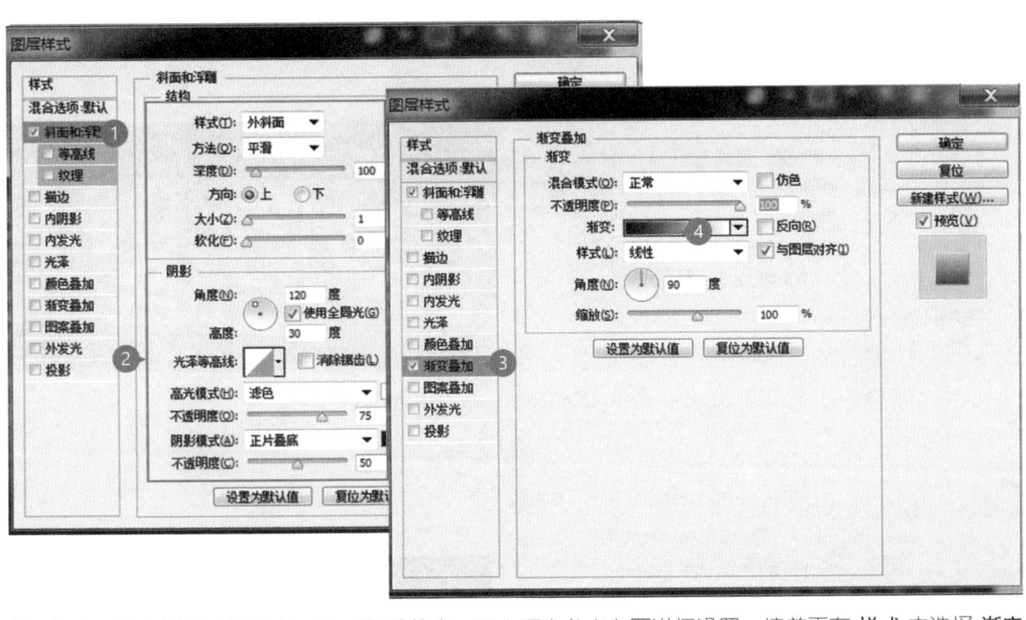

先在 **样式** 中选择 **斜面和浮雕**，在 **结构** 与 **阴影** 框中参考上图进行设置；接着再在 **样式** 中选择 **渐变叠加**，单击渐变框，出现渐变编辑器。

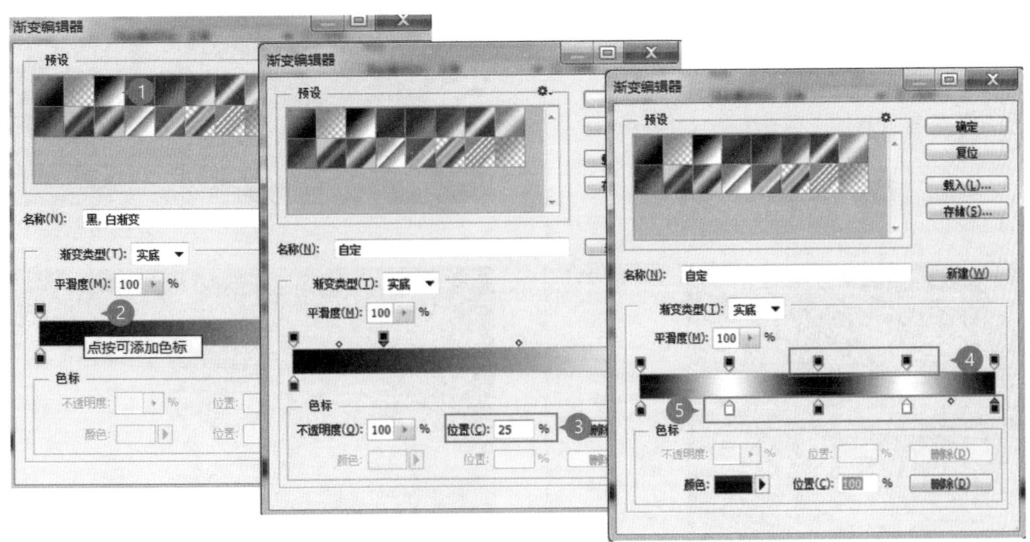

在 **预设** 中选择 **黑、白渐变**，在渐变框的上方单击新增色标，设置 **不透明度**：**100%**、**位置**：**25%**，以相同的操作在 **50%**、**75%** 位置上分别新增两个 **不透明度为 100%** 的色标；另外在渐变框下方的 **25%**、**50%**、**75%** 位置上，分别新增 **颜色** 为白色、黑色、白色的色标，并将最右侧的颜色色标设置为黑色，然后单击 **确定** 按钮。

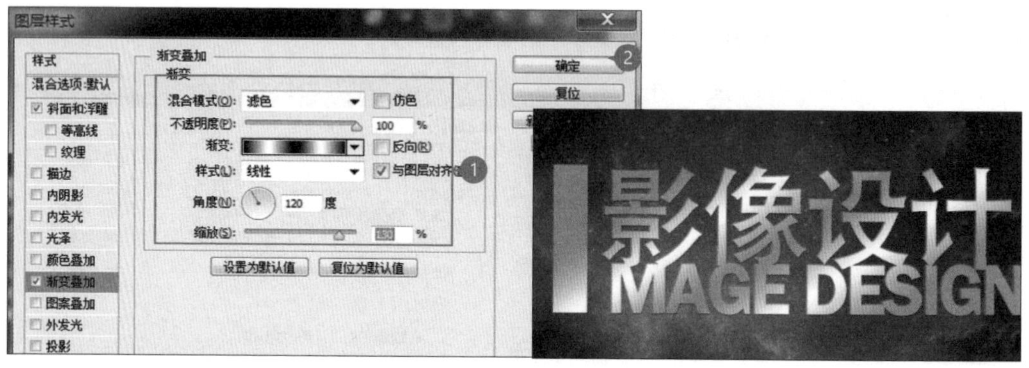

回到 **图层样式** 对话框中，参考上图进行其他设置，最后单击 **确定** 按钮。

02将文字转换成形状并产生透视效果

后续调整过程中若有“失误”，依然想回到最初的效果进行处理，可通过图层复制操作来保留原有的文字图层，然后将复制出来的文字转换成形状。

在 **图层** 面板中选择文字图层，按Ctrl + J键复制出另一文字图层，然后在原文字图层前方单击图标按钮，进行隐藏。

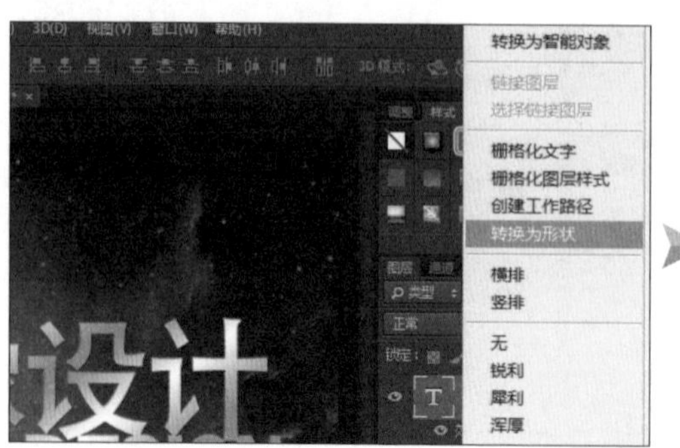

选择最上方的文字图层，单击鼠标右键，选择 **转换为形状**，这样，就可以对文字进行变形操作了。

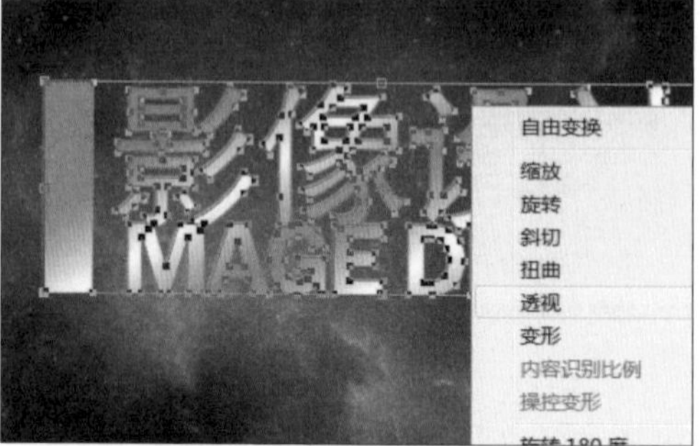

按Ctrl + T键显示变形控制点，这时文字就变成了路径，在文字上单击鼠标右键，选择 **透视**。

将鼠标指针移到右侧上方控制点，按住鼠标左键不放往上拖动，垂直倾斜约 -10 度。

按 Enter 键完成角度调整。

复制文字图层仿真三维效果

01 复制文字图层并利用组文件夹进行管理

复制图层并创建组。

在 **图层** 面板选择最上方的文字图层，按 Ctrl + J 键两次，复制出两个相同的文字图层，并自上而下将图层更名为“前”“中”“后”。

按住 Ctrl 键不放选择 **前**、**中**、**后** 三个图层，然后在下方单击 **建立新组** 按钮。

把刚选择的**前**、**中**、**后** 三个图层拖入组文件夹中，将文件夹更名为“文字”。

02 利用方向键移动文字位置

用方向键移动 **后** 与 **中** 图层的文字，表现出文字立体感。

在 **工具** 面板中选择 **移动工具**，在 **图层** 面板选中 **后** 图层，按 → 键 10 次，往后移动一定位置。

接着选择 **中** 图层，按 → 键 5 次，移动至中间位置。

03 调整渐变覆盖图层样式

修改 **中** 图层中文字的 **渐变叠加** 图层样式，设置为淡蓝色渐变效果。

在 **中** 图层上方单击鼠标右键，选择 **混合选项** 打开对话框。

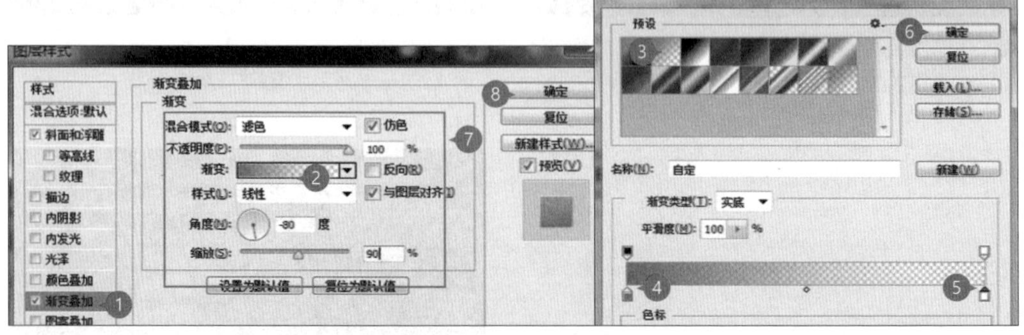

在样式中选中 **渐变叠加**，接着在渐变条上单击，在出现的 **渐变编辑器** 中，选择 **预设** 为 **前景到透明**，然后在渐变栏下方分别设置左侧色标 **颜色**：**RGB(50,124,192)**、右侧色标 **颜色**：**白色**，单击 **确定** 按钮返回，最后参考上图进行其他的设置，然后单击 **确定** 按钮。

模拟光线效果

01 制作文字主体的仿真光线效果

用渐变特效为平面文字制作出光线的效果。

先选择 **前** 图层，单击 **建立新图层** 按钮，接着按住Ctrl键不放，选择 **前** 图层，即会为此图层内容建立选区。

在 **工具** 面板中选择 **渐变工具**，在 **选项** 栏的渐变框上单击，在出现的窗口中设置预设为 **铬黄**，然后单击 **确定** 按钮。

当鼠标指针呈十状时，参考左上图由左上角往右下角拖出渐变，效果如右上图所示。

将新增的图层更名为“铬黄渐变”，设置 **混合模式为柔光**，按Ctrl + D键取消选区。

02 增加反光效果

在文字上仿真亮光照到相机镜头时所产生的反光效果。

在 **文字** 组文件夹的上方新建图层，然后更名为“反光 1”。

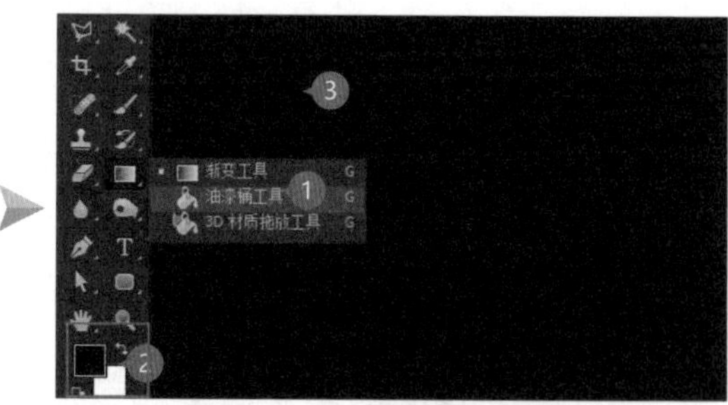

在 **工具** 面板中选择**油漆桶工具**，按D键将 **前景色 / 背景色** 恢复为默认的 **黑 / 白**，待图像上出现油漆桶图标后，单击进行填充 。

选择 **滤镜 \ 渲染 \ 镜头光晕**，打开对话框，设置 **亮度**：**100%**、**镜头类型**：**105 毫米聚焦**，利用鼠标将光源拖曳至约右下角位置，单击 **确定** 按钮。回到 **图层** 面板，设置 **混合模式为柔光**。

03 利用复制、翻转与蒙版生成另一个反光效果

前一个步骤产生的反光效果，主要是为了突显文字右下角的光源；接下来要为文字左上角也制作一个反光效果。

按Ctrl + J键复制另一个反光效果的图层，并重新命名为“反光 2”。

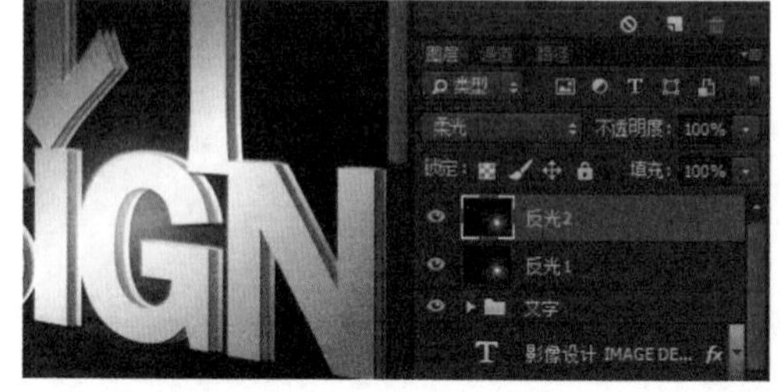

按Ctrl + T键，进入变形状态，然后在编辑区上方单击鼠标右键，选择 **旋转 180 度**，然后按Enter 键。

在 **图层** 面板中可看到，**反光 2** 图层的光源变到左上角，单击**创建图层蒙版** 按钮。

在 **工具** 面板中选择**画笔工具**，并确认 **前景色** 和 **背景色** 分别为 **黑** 和 **白**，在 **选项** 栏中设置合适的画笔大小，对变暗的地方进行擦除。

按住 Ctrl 键不放，选择 **反光 1** 与 **反光 2** 两个图层，然后单击 **建立新组** 按钮，并将文件夹更名为“反光效果”。

生成文字倒影

01 复制文字组文件夹并垂直翻转

通过复制图层的操作生成另一组文字，并进行垂直翻转及移动，模仿出文字的倒影。

在 **图层** 面板选择 **文字** 图层，按 Ctrl + J 键复制，重新命名为“倒影文字”。

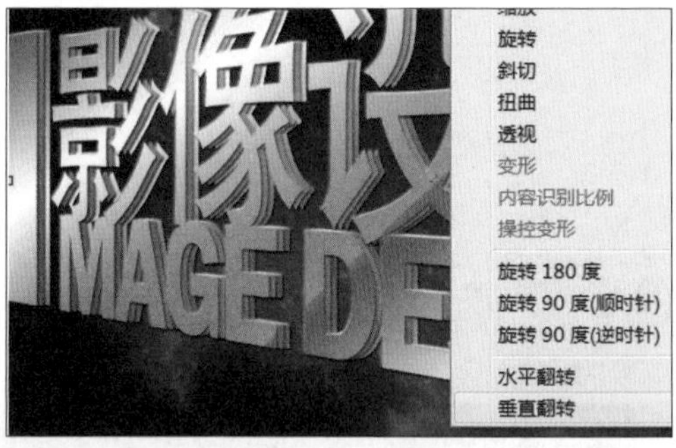

按 Ctrl + T 键，进入变形状态，接着在文字上单击鼠标右键，选择 **垂直翻转**。

按 ↓ 键，将倒影文字往下移动到如右图所示位置（将上方“N”字母右下角与下方“N”字母稍留一些空隙即可）。

02 用透视功能改变文字倾斜角度

利用透视效果，可以让文字进行水平或垂直的倾斜移动。

在变形状态下，在倒影文字上单击鼠标右键选择 **透视**。

按 Ctrl + - 键缩小显示，再将鼠标指针移到左侧的中间控制点，按住鼠标左键不放往上拖动，让下方倒影文字接近上方文字（仅留一点空隙，过程中可再用 ↓ 键调整倒影文字位置）。

完成后，按 Enter 键结束调整。

03 淡化文字倒影

利用蒙版与渐变功能，让倒影文字呈现半透明效果，提升立体感。

在 **图层** 面板中选择 **倒影文字** 图层，单击下方的■**新建图层蒙版** 按钮。

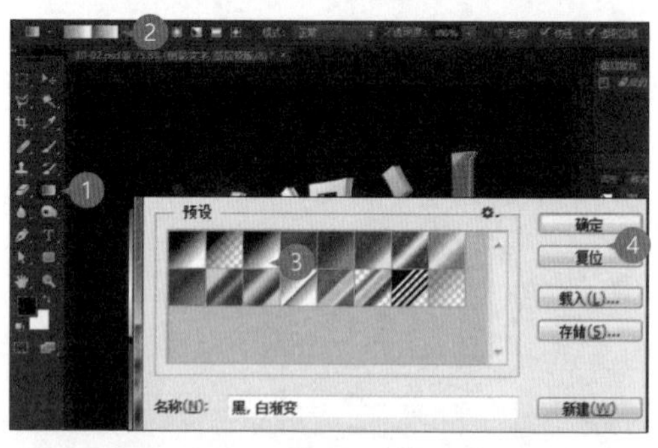

在 **工具** 面板中选择■**渐变工具**，在 **选项** 栏的渐变框上单击，在出现的对话框中设置 **预设** 为 **黑、白渐变**，单击 **确定** 按钮。

当鼠标指针呈-¦-状时，参考右图由Ⓐ点拖动到Ⓑ点。

最后就会呈现如右图的透明淡化效果。

加强文字边缘的光线效果

最后再次套用 **反光效果**，在文字左上角增加光线，提高边缘亮度。

在 **反光效果** 文件夹上方新建图层，更名为“光线”。

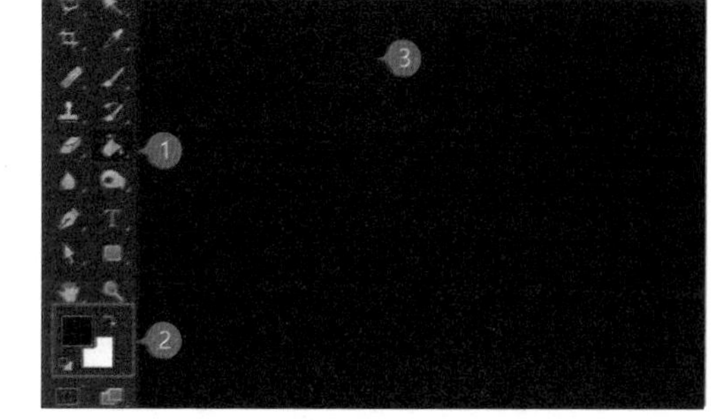

在 **工具** 面板中选择 **油漆桶工具**，按 D 键将 **前景色 / 背景色** 恢复为 **黑 / 白**，将鼠标指针移至图像上，指针会呈油漆桶状，单击进行填充。

选择 **滤镜 \ 渲染 \ 镜头光晕**，打开对话框，设置 **亮度**：**100%**、**镜头类型**：**105 毫米聚焦**，将光源拖至约左上角位置（如图），单击 **确定** 按钮回到 **图层** 面板，设置 **混合模式为**：**线性减淡（添加）**、**填充**：**30%**，这样就完成了本例立体字的设计。

CHAPTER

10 设计精致下午茶 MENU

10.1 建立标准的海报设计文件

10.2 设置排版参考线

10.3 置入图像并设置图层剪裁

10.4 菜单的背景布置

10.5 输入段落文字

Photoshop 早已经不是单纯的图像编辑软件，设计高品质的菜单也不是非要用排版软件才行，利用路径工具，您可以随心所欲地画出想要的素材，再搭配文字设计并花点时间与心思，一样可以完成创意十足的餐厅 Menu。

10.1 建立标准的海报设计文件

一般常见的海报尺寸分为 A3、A4、B4、B5 等规格，目前国际标准纸张尺寸都以这些尺寸为基础，接下来将以常见的 A4 尺寸及 CMYK 模式来练习以下案例。

开始设计前，要先设置好尺寸及色彩模式，选择 **文件 \ 新建**，建立一个空白文件。

新建(N)...	Ctrl+N
打开(O)...	Ctrl+O
在 Bridge 中浏览(B)...	Alt+Ctrl+O
在 Mini Bridge 中浏览(G)...	
打开为...	Alt+Shift+Ctrl+O
打开为智能对象...	
最近打开文件(T)	
关闭(C)	Ctrl+W
关闭全部	Alt+Ctrl+W
关闭并转到 Bridge...	Shift+Ctrl+W
存储(S)	Ctrl+S
存储为(A)...	Shift+Ctrl+S
签入(I)...	
存储为 Web 所用格式...	Alt+Shift+Ctrl+S
恢复(V)	F12

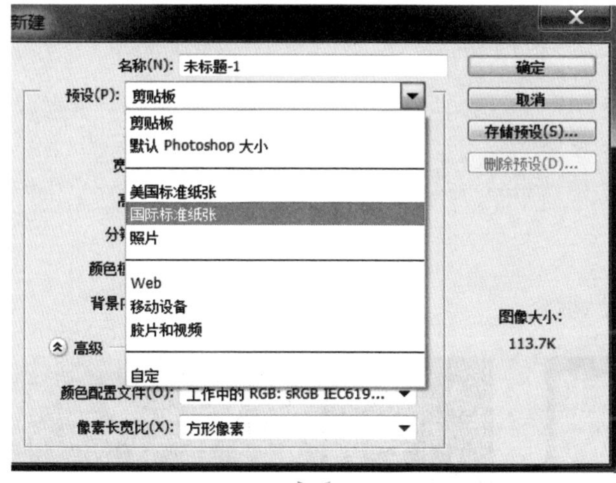

在 **预设** 中选择 **国际标准纸张**。

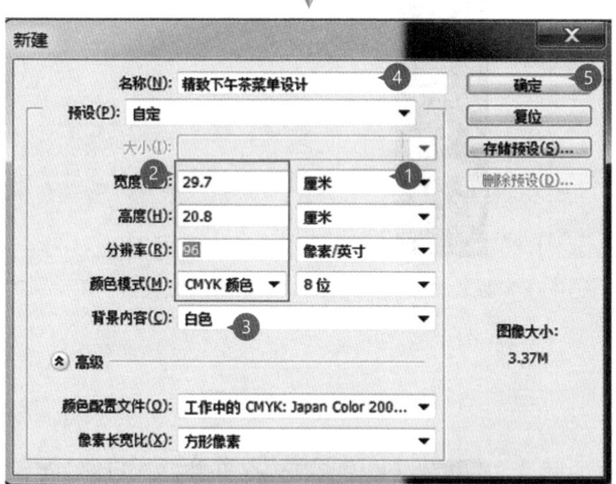

把 **单位** 设为 **厘米** 后，由于本案例为横开本，所以直接设置 **宽度**：**29.7**、**高度**：**20.8**、**分辨率**：**96 像素 / 英寸**、**颜色模式**：**CMYK 颜色**，设置 **背景内容**：**白色**，在 **名称** 栏中输入文件名称，单击 **确定** 按钮即完成新建文件的操作（如果您的文件要正式印刷，分辨率应设为 300 像素）。

小提示 **RGB 与 CMYK 色彩模式**

RGB 代表 R(红)、G(绿)、B(蓝) 三原色，一般在计算机屏幕上看到的色彩都是属于 RGB 模式，而 CMYK 则是印刷时使用的色彩模式；在 CMYK 色彩模式下编辑图像时，由于色彩模式的关系，很多滤镜特效或其他功能会无法使用，如果您要使用的图像尚未完成制作，建议在 RGB 色彩模式下完成制作后，再转换为 CMYK 色彩模式。

10.2 设置排版参考线

在开始设计前，可以先用 **参考线** 拉出基本的中线与留白，方便排版时对齐与参考。

01 打开标尺功能

在设置参考线前，需先打开 **标尺** 功能。

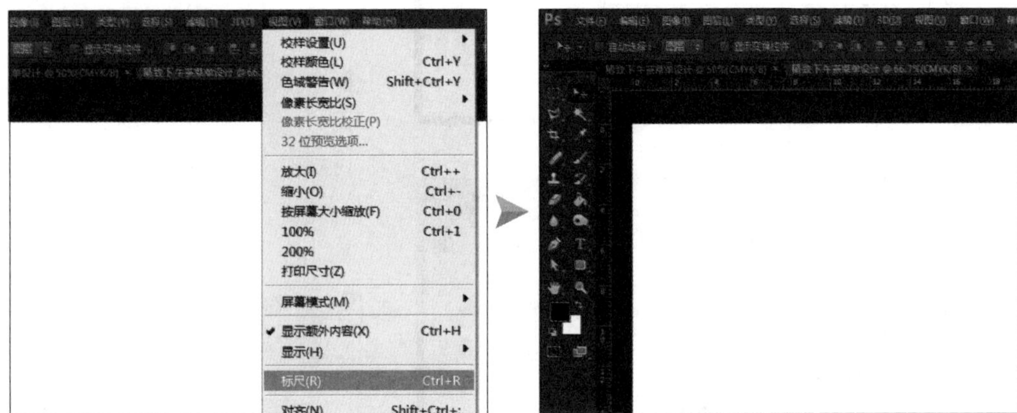

选择 **视图 \ 标尺**，打开标尺功能，完成后可在编辑区上方及左侧看到标尺出现（在标尺上单击鼠标右键可设置标尺单位）。

02 拖动参考线

有了标尺后，即可由标尺上拖出参考线。

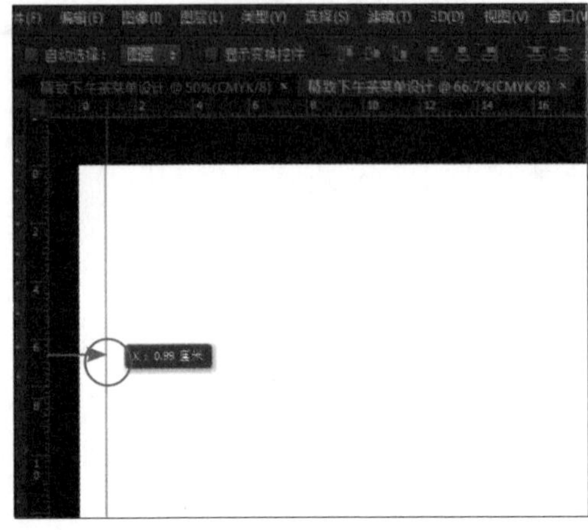

将鼠标指针移至左侧标尺上，按住鼠标左键不放向右拖动，可拖出一条参考线，留白设置约 1cm 即可。

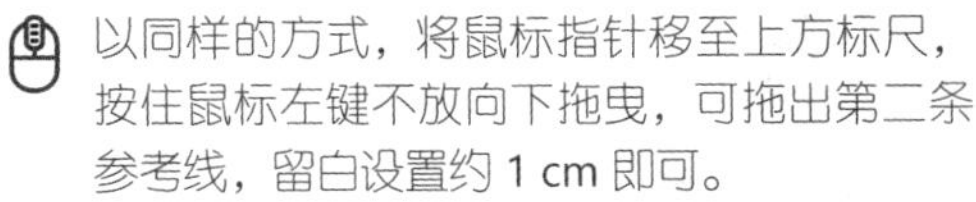

以同样的方式，将鼠标指针移至上方标尺，按住鼠标左键不放向下拖曳，可拖出第二条参考线，留白设置约 1 cm 即可。

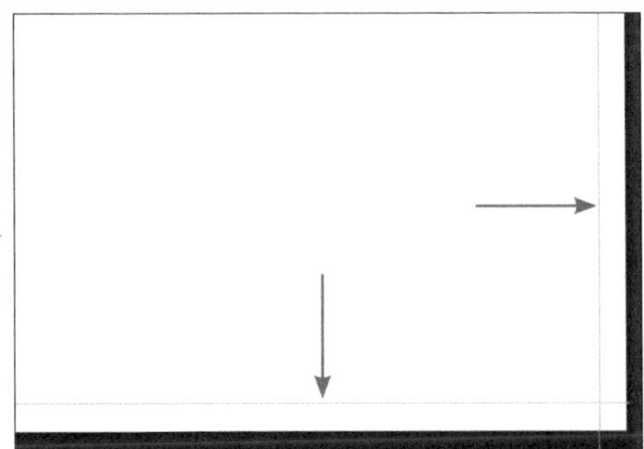

再分别拖出编辑区右侧及下方的参考线，这样就有了上下左右共四条参考线。

03 开启对齐功能

对齐 功能除了可在排版时方便对齐参考线或对象外，还可以在拖动参考线时用来对齐文件。

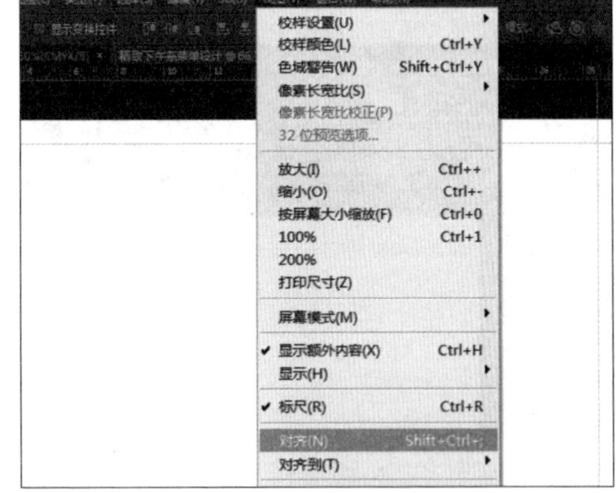

选择 **视图 \ 对齐**，打开对齐功能。

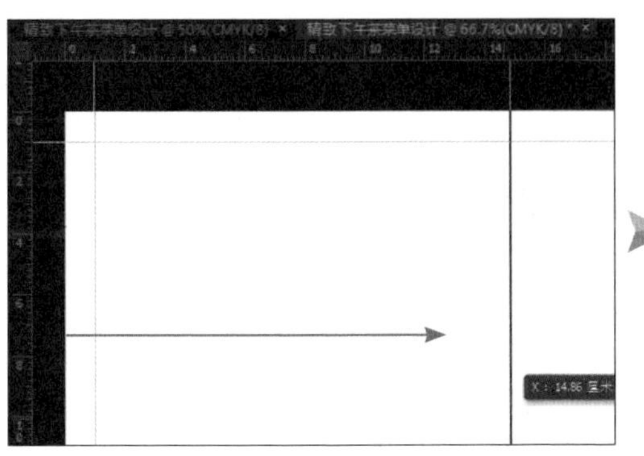

再拖出一条垂直参考线，将参考线往右拖至约垂直文件中间处时，参考线会像磁铁般自动吸附过去 (垂直中间坐标约 X:14.85cm)。

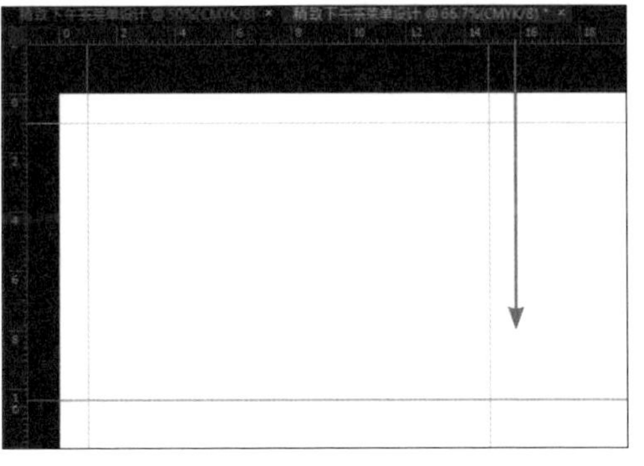

再拖出一条水平参考线，将参考线往下拖至约水平中间处，设置水平中间的参考线 (水平中间位置约 Y:10.50cm)。

10.3 置入图像并设置图层剪裁

由外部置入图像后，利用已绘制好的形状来整合，可以方便地控制图像的外观。

绘制矩形及变形

01 绘制图像区域

用 **矩形工具** 绘制出图像要摆放的区域，待置入图像后即可随意摆放至合适的位置。

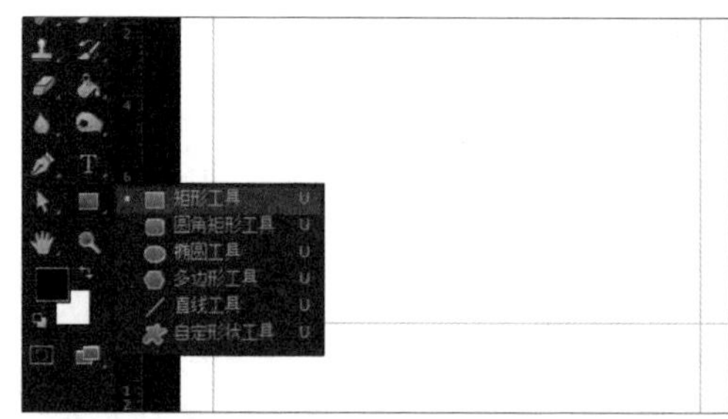

在 **工具** 面板中选择 **矩形工具**。

在 **选项** 栏中，设置 **选择工具模式**：**形状**、**填充**：**白色**、**描边**：**无色**。

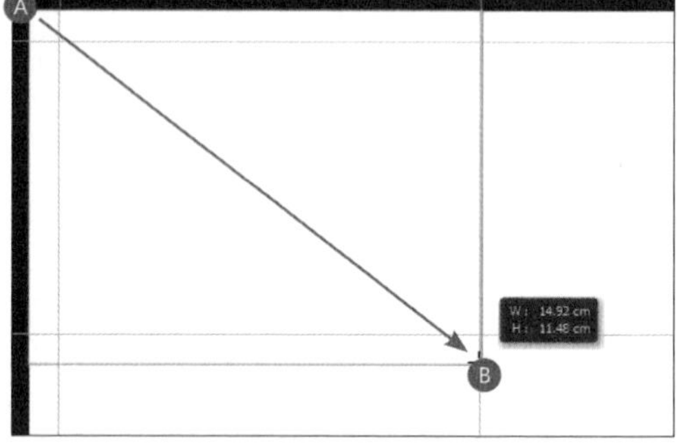

如图所示由A拖至B，绘制出一个大约占满左侧一半的矩形。

02 调整矩形形状

初步绘制出来的形状可能不符合要求，这时可利用 **路径选择工具** 来微调。

在 **工具** 面板中选择 **路径选择工具**。

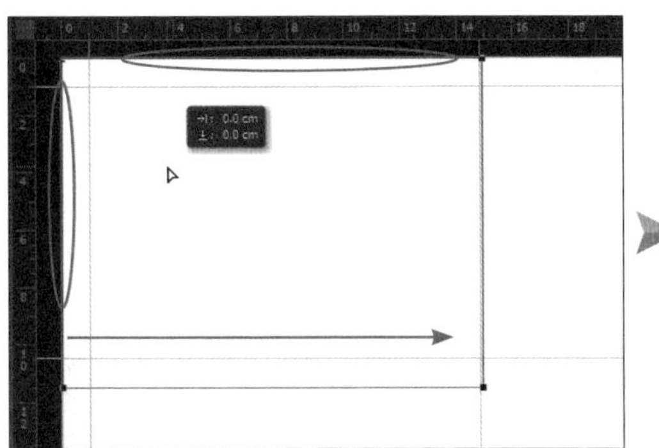

拖动矩形形至往编辑区左上角对齐，正确对齐后会出现深粉红色线条，且鼠标指针呈▷状（尚未对齐时，鼠标指针为▶状）。

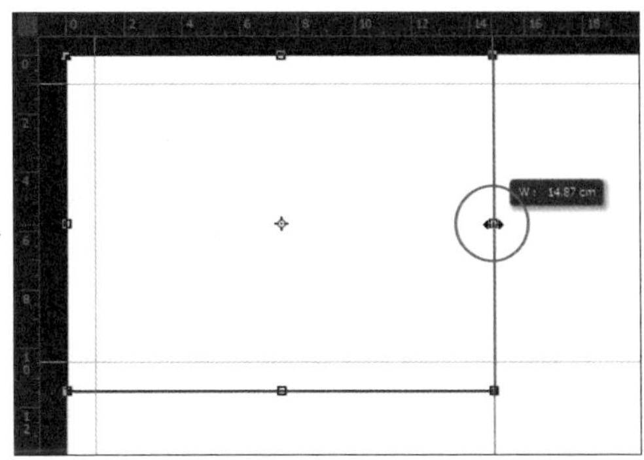

按 Ctrl + T 键任意变形，拖动变形框的右侧中间控制点让矩形右边如图对齐编辑区中线（完成变形后按 Enter 键）。

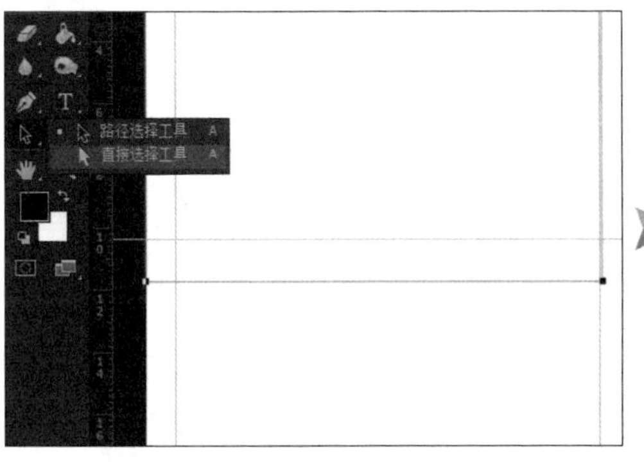

在 **工具** 面板中选择 **直接选择工具**。

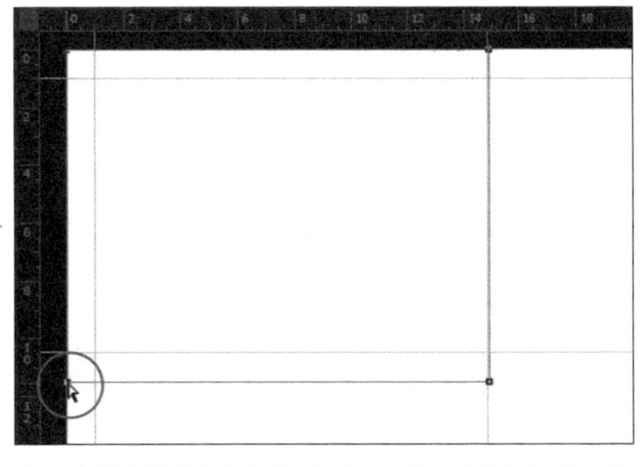

在矩形形状左下角控制点上单击鼠标左键选择该控制点（此时其他三个控制点会变成白点）。

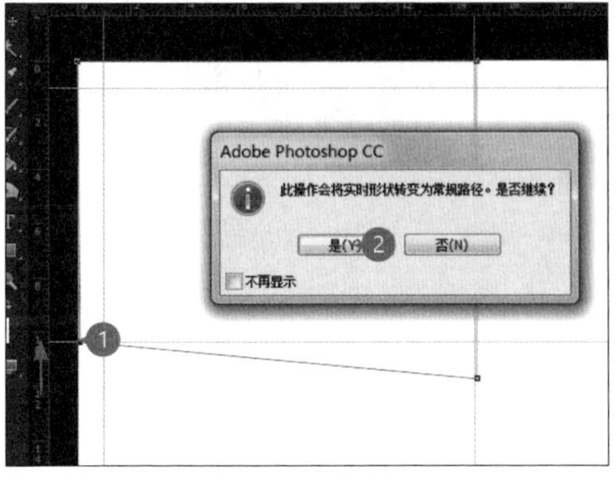

按住 Shift 键不放，自上拖动左下角的控制点至如图所示位置，放开鼠标左键即会出现对话框，单击 **是** 按钮，就可以把形状转换为一般路径。

置入图像并根据形状进行剪裁

01 置入图像

完成基本形状绘制后，就可以把图像素材置入进来（素材图像都转换为 **CMYK 色彩模式**，以减少排版过程中出现的色偏问题）。

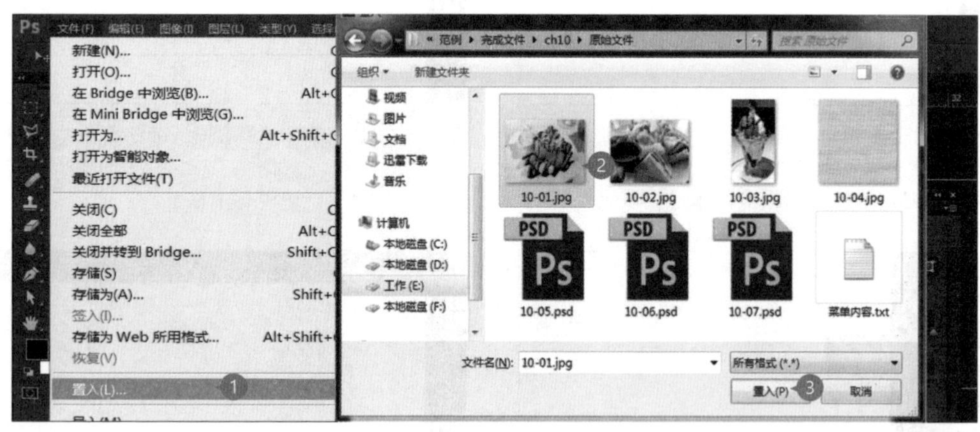

选择 **文件 \ 置入**，选取案例原始文件 <10-01.jpg>，单击 **置入** 按钮。

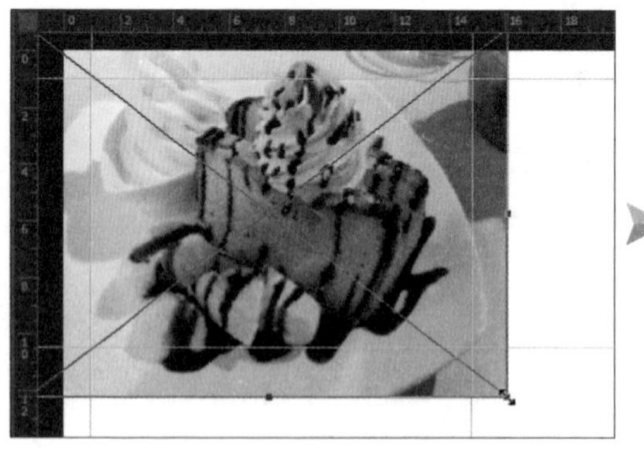

按住 Shift 键，拖动图像右下角控制点等比例缩放至合适大小。

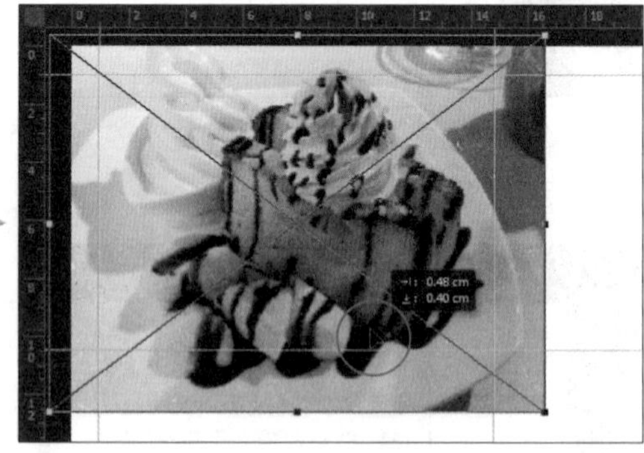

将鼠标移至图像上，待指针呈▶状，拖动图像至合适的位置，完成后按 Enter 键。

02 建立图层剪贴蒙版

利用绘制好的矩形形状，将置入的图像利用 **剪贴蒙版** 功能嵌入到其他图层之中。

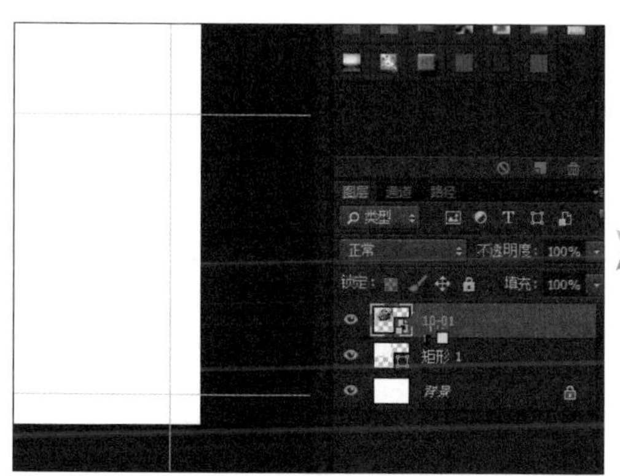

将鼠标移至 **10-01** 图层与 **矩形 1** 图层中间，按住[Alt]键不放，鼠标会呈↲□状。

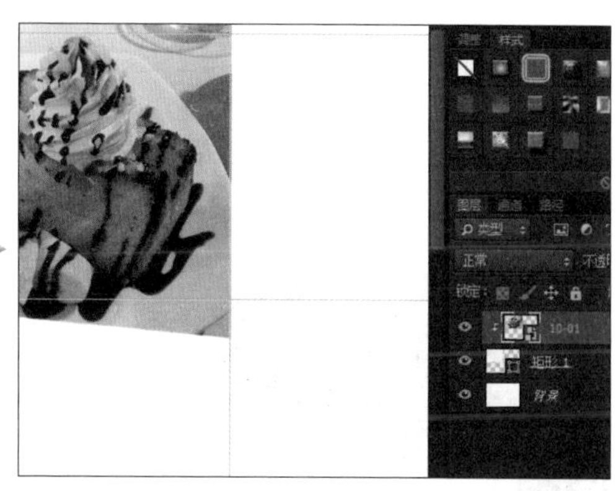

单击鼠标左键，即可将 **10-01** 图层嵌入到 **矩形 1** 图层的范围内。

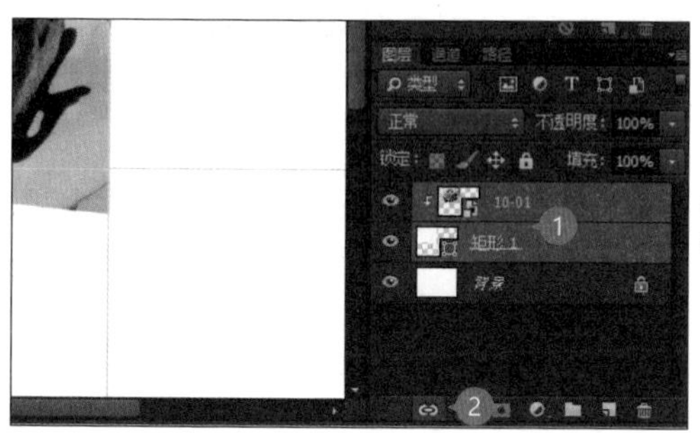

按住[Shift]键不放，在 **图层** 面板单击 **矩形 1** 图层，与 **10-01** 图层一起选择，再单击 **链接图层** 按钮。

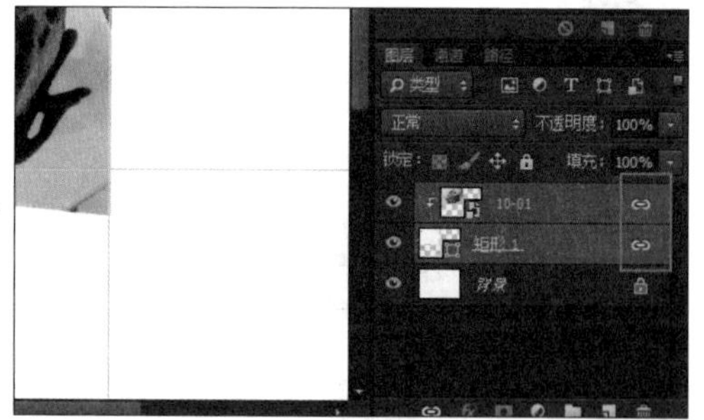

▲ 完成后即会在图层右侧出现图标，表示这两个图层已链接在一起。

小提示 关闭图层链接

如果在图层链接后，想暂时解除链接状态，只要按住[Shift]键不放，在想取消链接的图层的链接图标上单击一下即可；要重新链接，再按住[Shift]键，重新在链接图标上单击即可；如果要取消图层的链接关系，在选择链接的图层后，单击**图标** 按钮即可。

10.4 菜单的背景布置

通过 **图层蒙版剪贴** 功能，对其他图片进行布置，并加上背景。

01 绘制图像区域

用 **矩形工具**，绘制要摆放图像的区域。

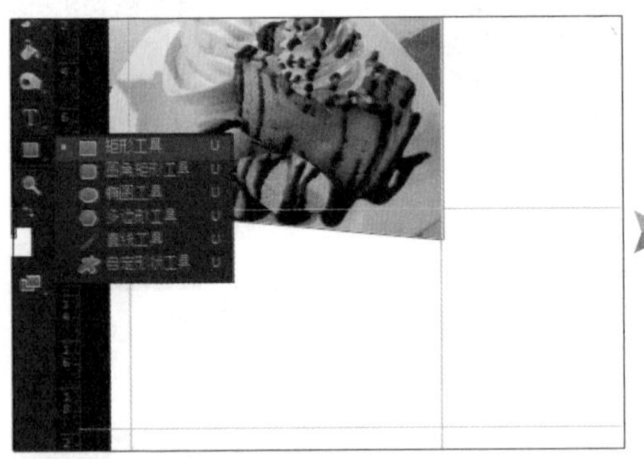

在 **工具** 面板中选择 **矩形工具**。

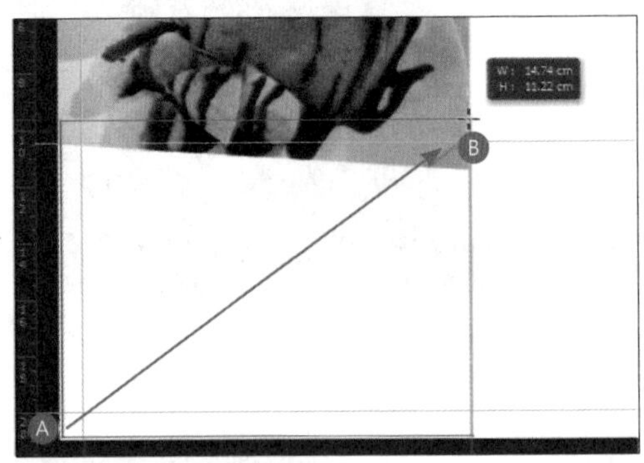

由左下角Ⓐ拖曳至Ⓑ绘制一个矩形形状。

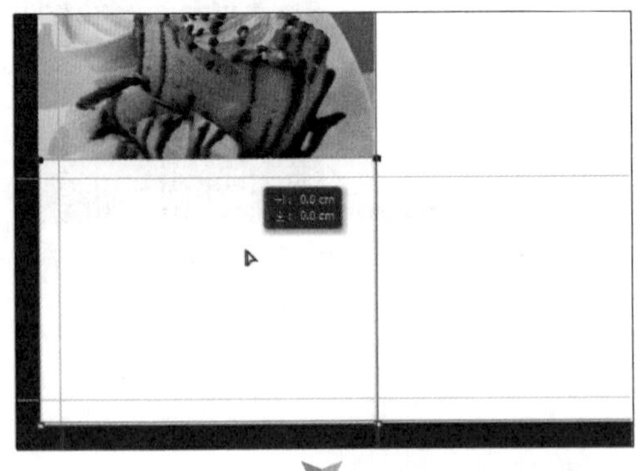

使用 **路径选择工具** 及 **任意变形** 功能，将矩形形状缩放并摆放在如图所示的位置。

在 **图层** 面板中，把 **矩形 2** 图层拖至 **矩形 1** 图层下方，这样就可以用 **矩形 1** 形状盖住 **矩形 2** 形状。

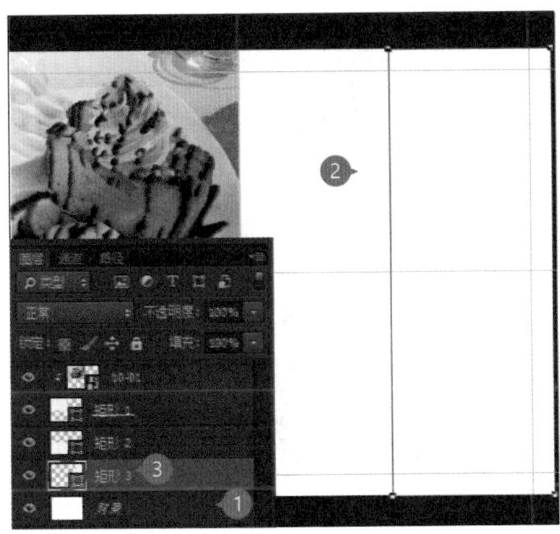

在 **图层** 面板先选择 **背景** 图层，再在如图位置拖出一个矩形形状，宽度约为右侧空白部分的一半左右，因为刚才已经把编辑区设在 **背景** 图层的上面，所以绘制出来的 **矩形 3** 图层会刚好位于背景层之上。

02 置入图像

用 **矩形工具** 绘制出图像要摆放的区域后，再用 **图层剪贴蒙版** 功能将置入的照片放在指定范围内。

在 **图层** 面板先选择 **矩形 2** 图层，选择 **文件 \ 置入**，选取案例原始文件 <10-02.jpg>，将图像插入到作品中，并缩放至合适大小，然后拖至 **矩形 2** 形状的上方。

将鼠标指针移至 **10-02** 图层与 **矩形 2** 图层之间，按住 Alt 键不放，待鼠标呈 ↓□ 状时单击鼠标左建，建立剪贴蒙版。

在 **图层** 面板先选择 **矩形 3** 图层，置入案例原始文件 <10-03.jpg>，缩放并摆放至如图所示的位置，再建立剪贴蒙版。

03 置入背景图像

利用事先制作好的木纹素材作为菜单的底纹，可以让作品的色彩更加丰富。

在 **图层** 面板先选择 **背景** 图层，选择 **文件 \ 置入**，选择案例原始文件 <10-04.jpg>，缩放并摆放至合适的位置，按Enter键，就完成了图像与背景的布置准备。

设计一份文件时，适时地做存盘操作，可避免意外的错误导致的死机或发生其他意外情况时损坏文件。

10.5 输入段落文字

为菜单输入文字内容，以便让客人在点菜时能更加一目了然。

确认已安装的字体

根据每台计算机安装的系统不同，默认的字体也不尽相同，在此以 Windows 7 为例进行示范与说明。Windows 7 在简体中文字体方面提供了 **隶书**、**宋体**、**微软雅黑** 等字体，而在英文字体方面则比较多。除了默认的字体外，您也可把自行购买的字体或网上提供免费下载的字体安装到计算机。

段落文字

01 输入文字

用 **横排文字工具** 以段落文字的方式输入文本。

在 **图层** 面板中先选择 **10-01** 图层，这样输入的文字图层就会位于版面的最上方。

在 **工具** 面板选择 **横排文字工具**，在 **选项** 栏设置如图所示的文本属性或自行设置合适的样式。

将鼠标指针移至任一空白处，由Ⓐ至Ⓑ拖出一个文字框。

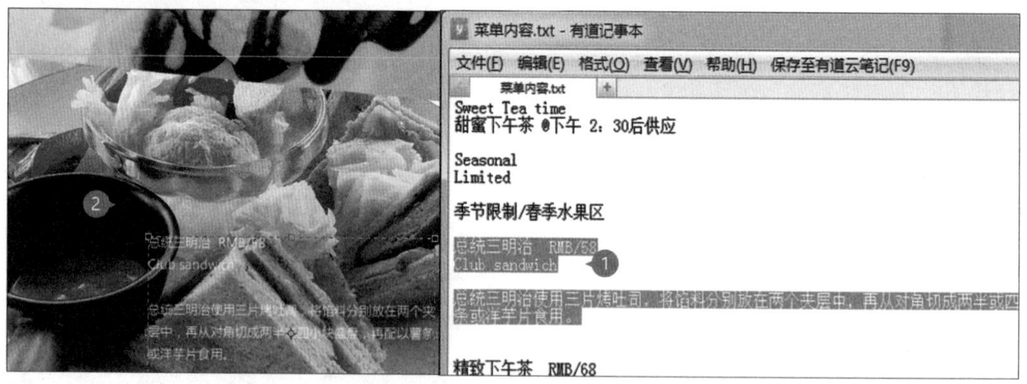

在记事本中打开本章案例原始文件 < 菜单内容 .txt>，复制相关文字，并贴入文本框中。

当完成第一部分的文本输入后，可以看到，文字在遇到文本框边界时会自动换行，这也是文本框的一个非常有用的特性。

02 设置文本对齐

文本中一般都会包含英文和数字，所以容易造成换行时右侧文字无法对齐的情况，这种情况可利用文本对齐功能来解决。

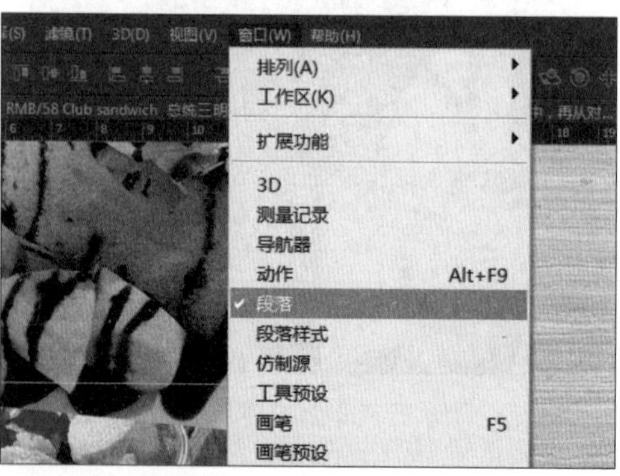

选择 **窗口 \ 段落**，打开 **段落** 面板 。

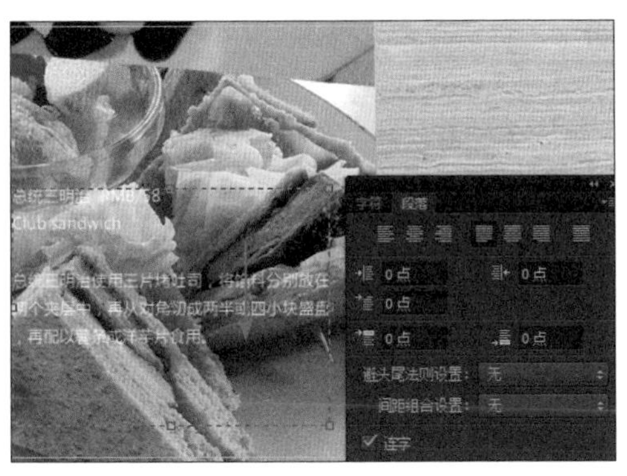

确认鼠标处于要更改对齐方式的段落中，在 **段落** 面板单击 **最后一行左对齐**，就可以看到该段文字已对齐。

03 编辑文字大小及颜色

通过文字大小与颜色的变化，可提高文字的可读性及美观性。

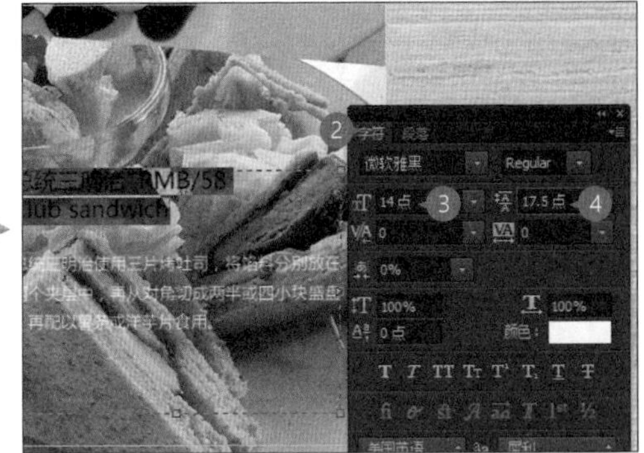

用 **横排文字工具** 选择最上方的两行文字，单击 **标签**，打开 **字符** 设置面板，在字符面板中设置 **字体大小：14pt**、**行距：17.5pt**。

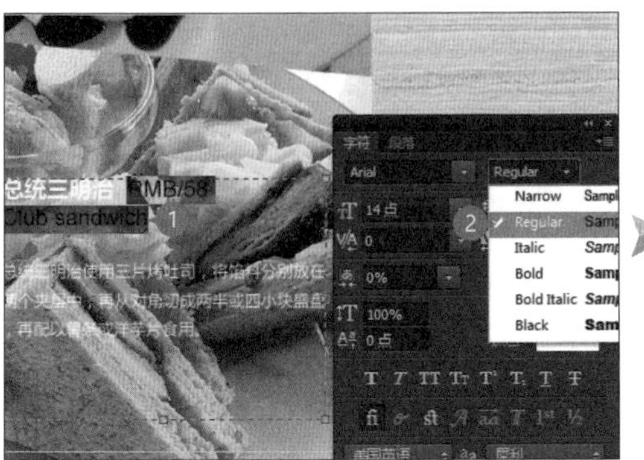

选择菜名，在 **字符** 面板中设置 **字体样式：Bold**，然后选择英文及数字部分，在 **字符** 面板中设置 **字体：Arial**、**字体样式：Regular**。

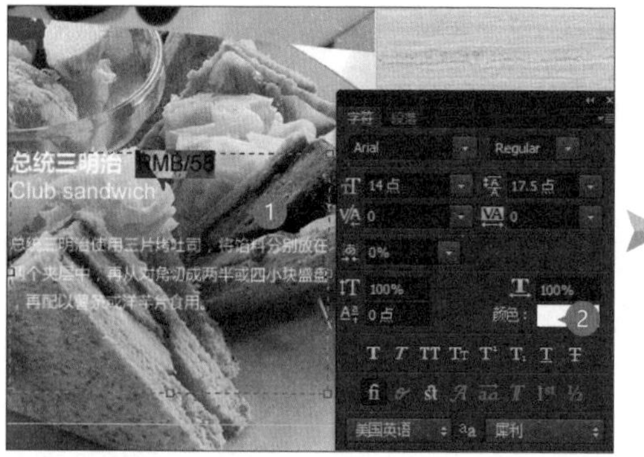

选择价格文字，在 **字符** 面板的 **颜色** 框上单击。

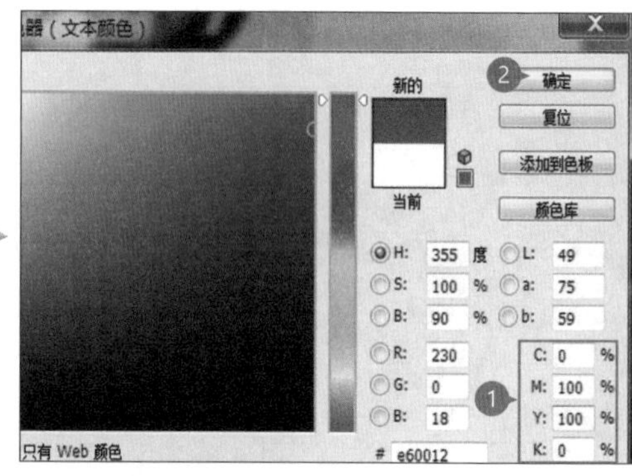

由于是在 **CMYK** 模式下排版，所以设置颜色为 CMYK (0,100,100,0) 的正红色，单击 **确定** 按钮。

选择英文菜名，设置 **行距：24pt**，让名称与文字说明拉开一些距离，以区分二者的不同性质。

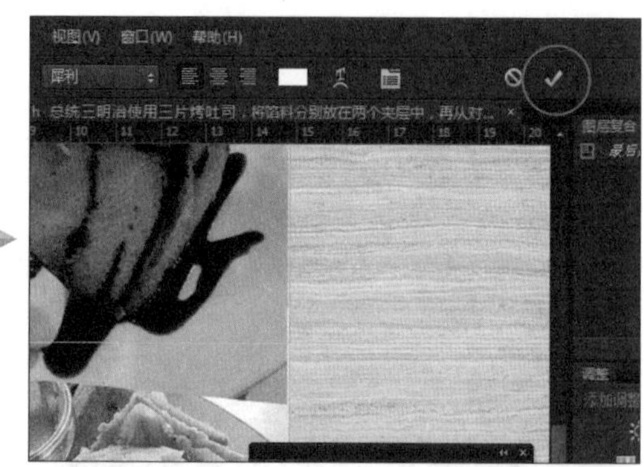

最后在 **选项** 栏右侧单击☑按钮结束文字的输与编辑。

04 完成其他文字的输入与调整

以同样的方式，一一输入其他文字内容并完成调整。

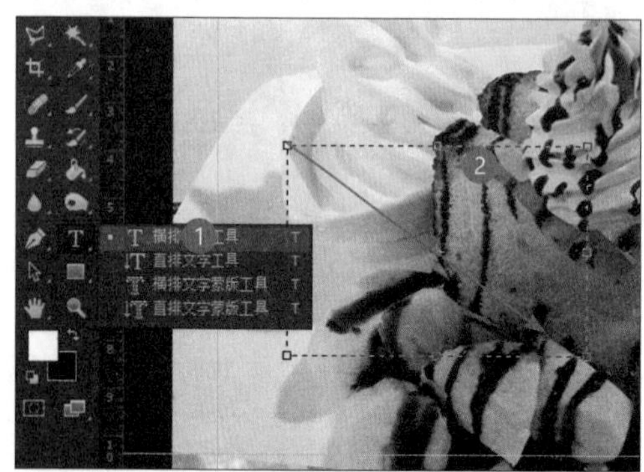

在 **工具** 面板选择 **T横排文字工具**，在编辑区如图位置拖出一个文本框。

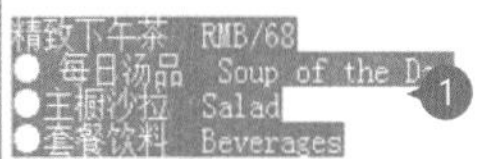

在 **选项** 栏设置如图所示的文本属性，或自行设置合适的样式，复制 < 菜单内容 .txt> 中的相关文字，并贴入文本框中。

选择段落文字，单击按钮，打开 **字符** 面板，在面板中单击 **颜色** 缩略图。

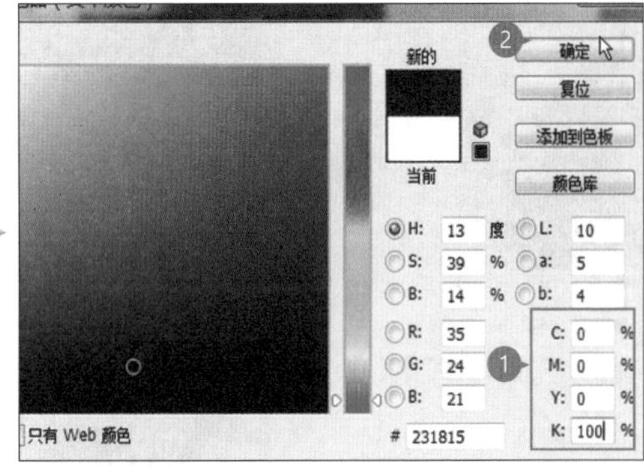

设置颜色值为 CMYK (0,0,0,100) 的黑色，再单击 **确定** 按钮。

以同样的操作方式，设置菜名与价格文字的 **字体大小**、**样式** 与 **颜色**。

选择下方的文字，选择 **段落** 标签，设置 **缩排左边界**：**6 pt**。

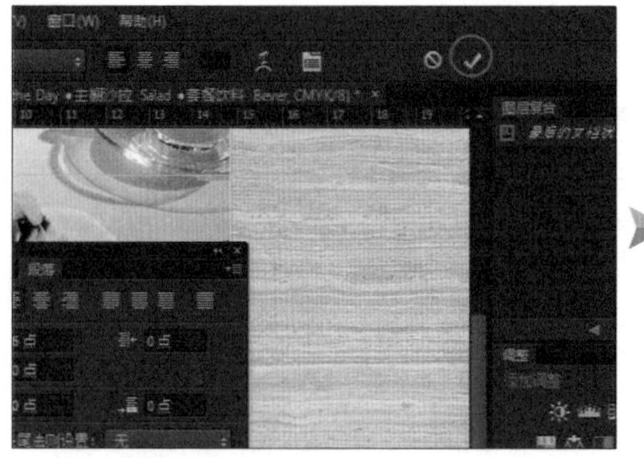

在 **选项** 栏右侧单击☑按钮，完成文字输入与编辑操作。

用▶移动工具 将这两段文字移动至如图所示的位置。

再次复制 <菜单内容.txt> 中的相关文字并贴入，设置 **字体大小**、**颜色**，摆放至合适的位置即可（此英文名称较长，设置 **字体大小 10 pt** 即可）。

菜品设计

01 置入去底图像

除了主厨推荐菜品外，我们还要再加一些其他菜品的图像与单价供顾客选择。

在菜单中选择 **文件 \ 置入**，选择案例原始文件 <10-05.psd>，单击 **置入** 按钮，置入这张准备好的去底图像。

按住Shift键，拖动变形控制点，等比例缩放图片至合适大小，并移至如图所示位置，按Enter键完成置入。

02 为菜品加上名称与价格

有了菜品后，再帮它标注名称与价格即可。

在 **工具** 面板中选择 **横排文字工具**，再在编辑区上单击鼠标左键插入文字输入光标。

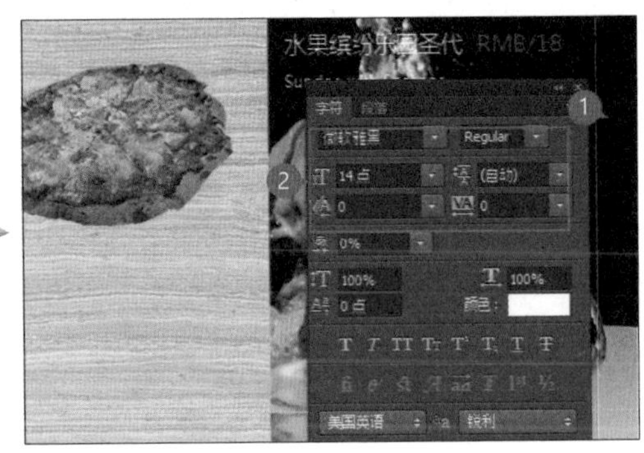

单击 **字符** 标签打开面板，设置如图所示的 **字体**、**样式** 及 **大小**。

从 < 菜单内容 .txt> 中复制相关文字，贴入光标处。

选择价格文字，单击 **字符** 标签打开面板，在面板中对字的 **字体样式** 和 **颜色** 符进行如图设置。

选择英文文字，在 **字符** 面板设置如图所示的 **字体**、**字体样式**、**大小** 和 **颜色**。

选择此段文字，设置 **行距**：**20 pt**。

单击 **段落** 标签打开 **段落** 设置面板，单击 右侧对齐 按钮（如果有段落缩进设置时，请把缩进改为 **0pt**）。

用鼠标把文字拖回如图所示的位置。

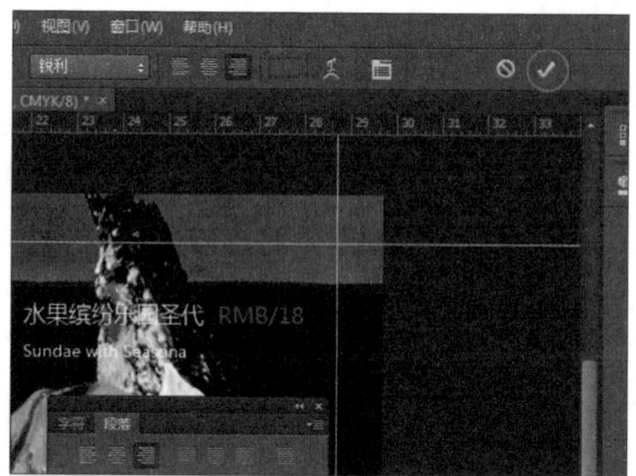

在 **选项** 栏右侧单击 按钮，完成文字输入与编辑操作。

03 完成其他菜品名称与价格的制作

以同样的方式，添加其他菜品的名称及价格等文字。

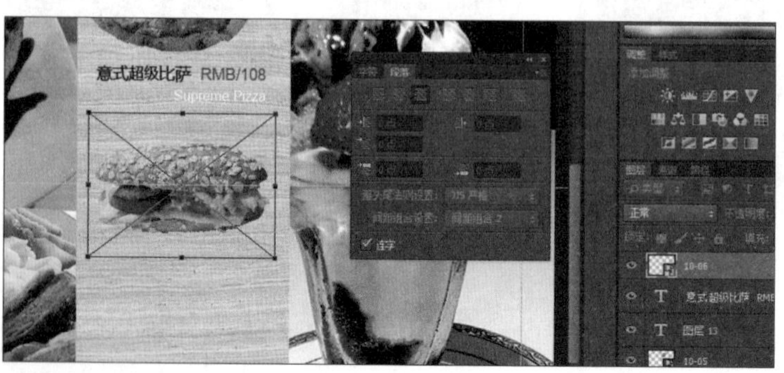

在菜单中选择 **文件\置入**，选中案例原始文件 <10-06.psd> 将其插入到作品中，等比例缩放至合适大小并拖至如图位置摆放，按 Enter 键完成置入。

复制 <菜单内容 .txt> 中的相关文字并贴入，单击 **字符** 标签打开面板，设置合适的 **字体**、**字体样式** 和 **颜色**，并设置 **字距**：**-25**，让文字部分不超过排版的空间，并拖至如图位置。

在菜单中选择 **文件 \ 置入**，选择案例原始文件 <10-07.psd>，将图像插入到作品中，等比例缩放至合适大小，并拖至如图位置，按 Enter 键完成置入，复制 <菜单内容 .txt> 相关文字。

将复制的文字贴入，单击 **字符** 标签打开面板，设置合适的 **字体**、**字体样式** 和 **颜色**，由于英文较多，所以设置 **字距**：**-50**，让文字部分不超过排版的空间。

小提示 **文字缩进与对齐**

当设置完缩进与对齐样式后，下次输入文字时，会自动套用上次设置的样式，所以在输入新的文字时，记得检查这些设置值是否是您想要的设置。

标题文字的设计

至此，菜单的排版已接近完成，最后加上一个标题及一些广告用语，让内容显得更加丰富，充满视觉感。

01 制作标题背景并输入文字

在菜单左侧，绘制透明的色块作为标题背景区域，可以让标题显得更突出。

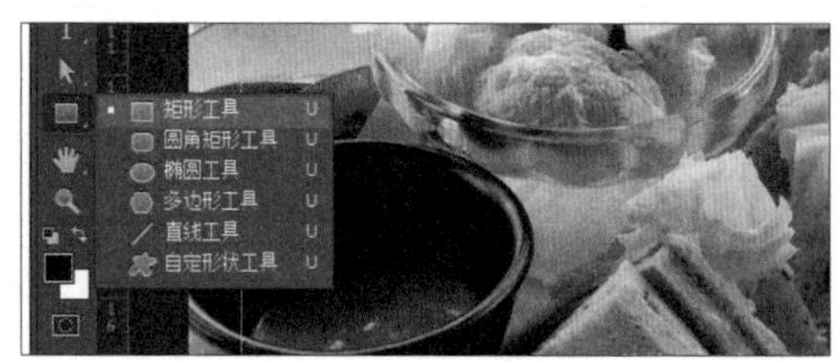

在 **工具** 面板中选择 **矩形工具**。

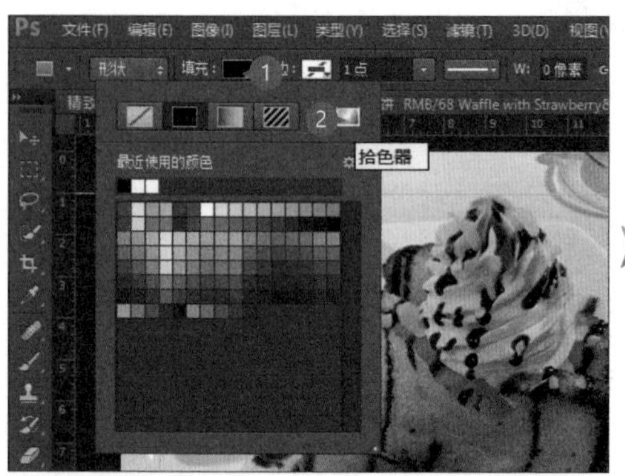

在 **选项** 栏中单击填充条，再单击 **拾色器**，打开对话框。

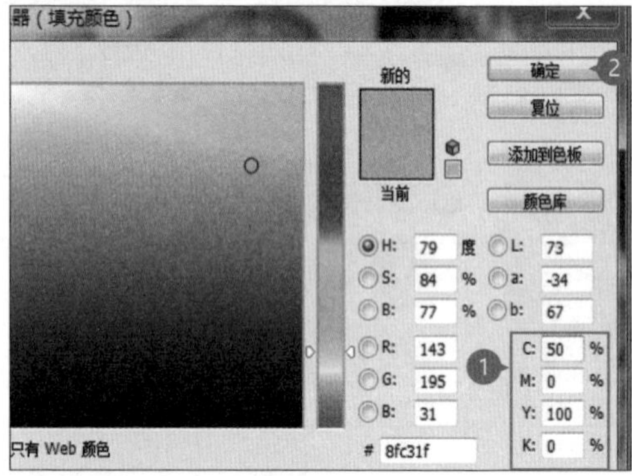

设置颜色值为 CMYK (50,0,100,0)，单击 **确定** 按钮。

在编辑区中单击鼠标左键，在对话框中输入 **宽度: 8.5cm**、**高度: 4.7cm**，单击 **确定** 按钮。

将这个 **矩形** 拖至合适的位置，在 **图层** 面板中设置 **不透明度: 60%**。

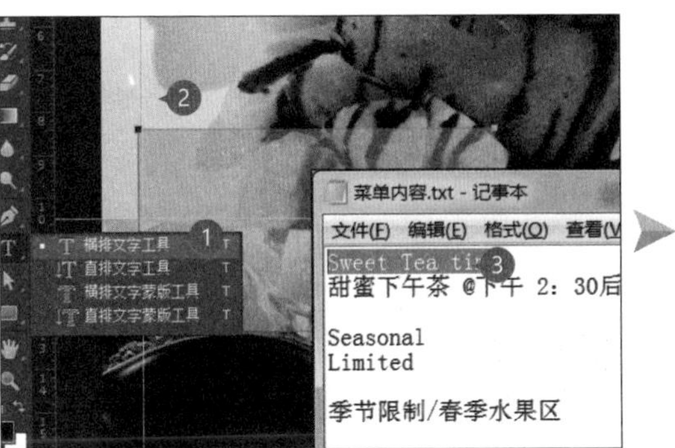

在 **工具** 面板中选择 **横排文字工具**，复制 <菜单内容.txt> 中相关文字，在编辑区空白处单击鼠标左键建立文本输入点。

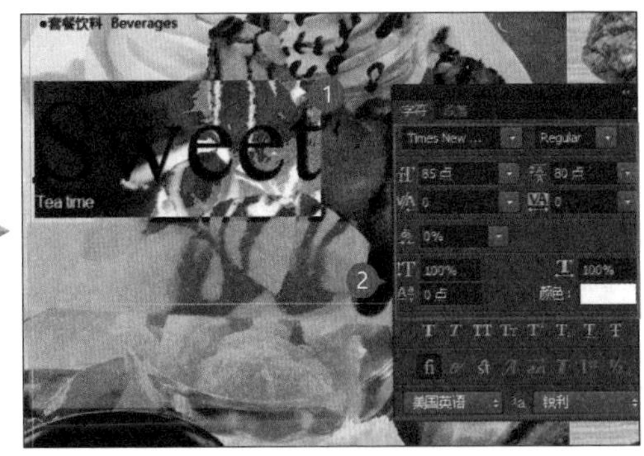

将复制的文字贴入并移动至合适位置，选中 Sweet，在 **字符** 面板设置合适的 **字体**、**字号** 和 **颜色**。

选中 Tea time，在 **字符** 面板中设置合适的 **字体**、**字号** 和 **颜色**。

小提示 **路径文字**

除了用建立文本框及输入点的方式输入文字外，Photoshop 还可以用 **形状** 或 **路径** 来输入文字。只要鼠标呈 状，单击鼠标左键建立输入点即可输入文字，但当指针移至形状上并呈 状时，单击鼠标左键就可以“形状”为区域进行输入；当指针移至路径上并呈 状时，单击鼠标左键就可以以路径为轮廓输入文字。

复制 <菜单内容 .txt> 中的相关文字后，贴入至输入点。

把文字放到合适位置，在 **字符** 面板中设置合适的 **字体**、**字号** 和 **颜色**，即完成了标题的设计。

02 副标题的文字设计

以相同的方式，在菜单右下方加入副标题文字。

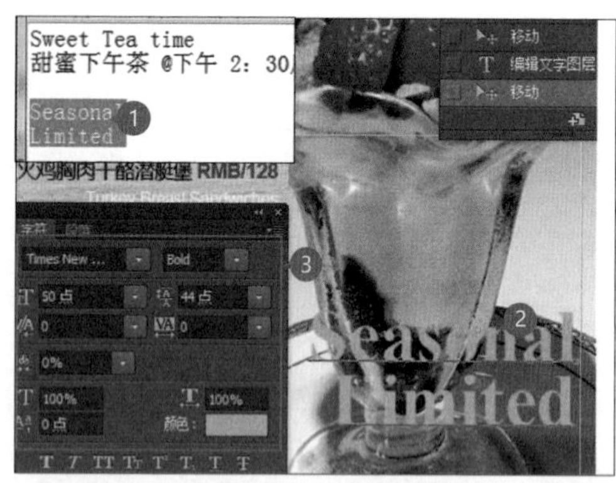

从 <菜单内容 .txt> 中复制相关文字并贴入设计文件，设置右对齐，并根据图中所示设置合适的 **字体**、**字号** 和 **颜色**。

用■**矩形工具**和■**直接选取工具**，绘制一个右侧呈斜角的矩形形状，摆放至如图位置。

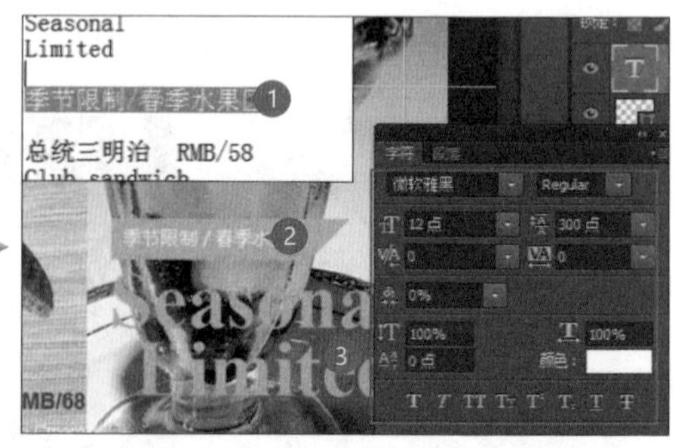

复制 <菜单内容 .txt> 中相关文字并字贴入至矩形形状上，再在 **字符** 面板设置合适的 **字体**、**字号** 和 **颜色**。

◀ 这样就完成了下午茶菜单的设计，记得要存盘。

CHAPTER

11 广告背景合成设计

当客户说：帮我设计一张房地产广告，要求依山傍水、天空晴朗、湖水清澈，还有倒影清秀的豪华大厦，可是，房子还没建好怎么办？没关系！我们用现有的素材就可轻松设计出令人满意的作品。

11.1 基础背景的修复

要想利用合成方式做出客户需要的作品，建议先准备好可能用到的图片素材，并构思出成品的构图，才能事半功倍！

01 修图

打开本章范例原始文件 <11-01.jpg> 练习。首先将图片中的房子、电线、吊车等杂物修掉。

在 **工具** 面板中选择 **修补工具**，在 **选项** 栏中做如下设置：单击 建立 **新选区** 按钮、**修补**：**正常**，选中 **源** 按钮。

先圈选出如图所示的要修饰的选取范围，将鼠标移至选区上。

待鼠标呈状时，按住鼠标左键往左拖动，放开鼠标后软件会自动计算出最佳的修补操作。

以同样的方式，仔细地将屋子部分或是其他不自然的地方修好。

02 大面积快速修饰

修饰较大面积时，可以用周围的相似场景来修补，以节省更多时间。

在 **工具** 面板选择**套索工具**，在 **选项** 单击中建立 **新选区** 按钮。

在图像左侧如图位置用鼠标圈选产生选区。

按 Ctrl + J 键，复制选区到新图层。

在 **工具** 面板中选择 **移动工具**，把刚复制的图像拖至如图位置盖住原来的内容。

在 **图层** 面板单击 **创建图层蒙版** 按钮。

在 **工具** 面板中选择 **画笔工具**，在编辑区单击鼠标右键打开面板，选择 **柔边圆** 画笔，并设置合适的画笔大小。

设置 **前景色** 为黑色，在蒙版中将不必要的部分涂掉（修饰边缘与电线杆）。

按Ctrl + E键合并图层。

03 根据图像的瑕疵使用合适的修图方式

交替使用步骤一与步骤二的操作方式，修掉其他房屋或吊车。

选取如图范围，按 Ctrl + J键复制图层。

在 **图层** 面板单击**创建图层蒙版**，再将图像移至合适的位置覆盖房屋。

以同样的方式，先设置 **前景色** 为黑色，用画笔工具在蒙版中将不必要的部分涂掉，完成后按Ctrl + E键合并图层。

圈选如图范围，按 Ctrl + J 键把选区复制到新建图层。

将复制图层的图像向右移动，按 Ctrl + T 键，再在变形框上单击鼠标右键，选择 **水平翻转**，按 Enter 键完成变形。

使用 **画笔工具**、设置前景色为 **黑色**、**创建图层蒙版**，在蒙版中将不必要的部分涂掉，完成后按 Ctrl + E 键合并图层。

用 **修补工具** 在如图位置圈选出要修饰的范围。

按住鼠标左键不放向左上拖动，**修补工具** 会自动完成该区域的修补操作。

最后再修饰一些细微的杂点。

选取山顶的范围并复制图层，将其向右移动覆盖住图像最右侧的一片房屋，按Ctrl + T键，再选择**水平翻转**，并稍微旋转角度以符合场景，按Enter键完成变形。再使用 **画笔工具**、设置 **前景色** 为黑色、**创建图层蒙版**，涂掉不必要的部分，完成后按Ctrl + E键。

◀ 经过修复后，得到一张完美的背景图片，接下来就可以进行图像合成了。

11.2 将高楼大厦合成至图像中

合成大楼前需注意素材的风格与背景要尽量保持一致，不要使用差异性太大的素材，这样在视觉上才会更加自然。

选取大楼素材

01 取得图像中的大楼

打开本章范例原始文件 <11-02.jpg>，利用 **多边形套索工具**，选取这张图像中的大楼。

在 **工具** 面板中选择 **多边形套索工具**。

将图像上将右侧大楼圈出来。

在 **选项** 栏单击 **添加到选区** 按钮，在图像上圈选大楼边缘凸出的部分。

按 Ctrl + C 键，复制圈选的范围，然后切换到文件 **11-01.jpg**。

再按Ctrl + V键将刚刚复制的大楼贴进编辑区中。

02 调整大楼的大小

刚贴进来的大楼大小或角度不一定会刚好合适，所以先调整其大小及角度。

在菜单中选择 **编辑 \ 变换 \ 缩放**。

按住Shift键不放，拖动变形控制点将大楼等比例缩放至合适的大小。

然后把大楼拖至合适的位置，按Enter 键完成调整。

03 调整出大楼正确视角

为了让大楼与背景图看起来更自然，可以利用 **透视变形** 的功能，将大楼的角度调整至正确视角以符合现场的环境。

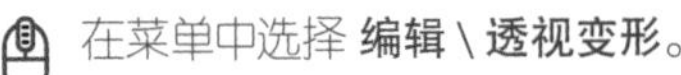

在菜单中选择 **编辑 \ 透视变形**。

在编辑区如图位置，由 Ⓐ 拖至 Ⓑ 处产生一矩形框。

拖动矩形框四角的控制点，让矩形符合大楼正面的大小。

继续生成第二个矩形框，当两个矩形框碰在一起出现蓝色贴合线时，放开鼠标左键即可。

调整矩形以符合大楼侧面的角度。

以同样的方式完成第三个矩形框的建立。

以同样的方式完成第四个矩形框的建立。

在 **选项** 栏单击 **弯曲**。

参考上图，在 **弯曲** 模式下拖动各控制点，让大楼看起来更符合背景环境的视角。

完成后，在 **选项** 栏单击✓按钮，完成调整。

04 提取与调整第二栋大楼

打开本章范例原始文件 <11-03.jpg> ，获取第二栋大楼并完成图像合成的操作。

在 **工具** 面板选择 **多边形套索工具** 并在图像上将大楼圈出来。

按 Ctrl + C 键复制圈选的范围后，在编辑区单击 **11-01.jpg** 标签切换编辑文件并按 Ctrl + V 键粘贴选取范围。

在 **图层** 面板中拖动 **图层 2** 至 **图层 1** 的下方，变更图层的顺序。

按 Ctrl + T 键，使用自由变换功能等比例缩放至合适的大小，完成后按 Enter 键。

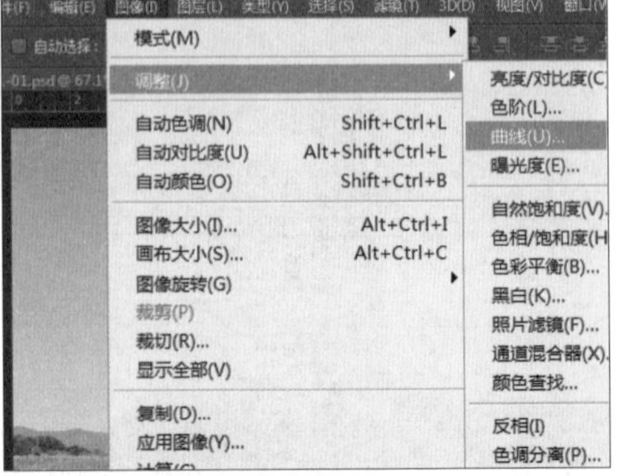

两栋大楼的色调明暗有些差异，所以需对第二栋大楼进行调整，在菜单中选择 **图像 \ 调整 \ 曲线**，打开对话框。

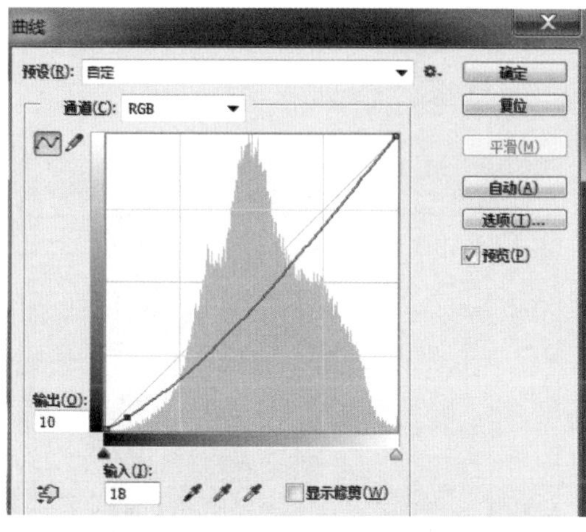

在曲线上新增一控制点，设置 **输出**：**10**、**输入**：**18**。

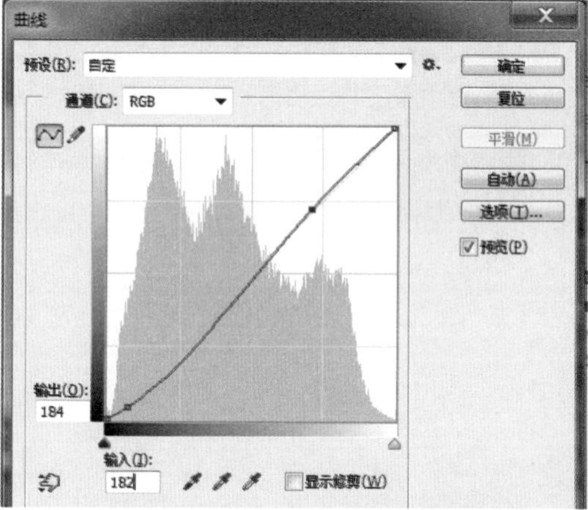

再新增另一控制点，设置 **输出**：**184**、**输入**：**182**，完成调整后单击 **确定** 按钮。

◀ 回到编辑区即可看到两栋大楼色调的差异没有那么明显了。

05 调整第二栋大楼的视角

同样地，利用 **透视弯曲** 功能，将第二栋大楼调整至正确的视角。

在 **图层** 面板选择 **图层 2**，在菜单中选择 **编辑 \ 透视弯曲**，因为第二栋大楼有多座，所以只要建立两个矩形框即可，可避免每栋的视角不同，拖动四个角的控制点以符合大楼角度。

在 **选项** 栏单击 **弯曲**，拖动矩形各处的控制点，让两栋大楼的视角更接近一致，完成后，在 **选项** 栏单击 **完成** 按钮确认。

按住Shift键不放，在 **图层** 面板同时选中 **图层 1** 及 **图层 2**。

按Ctrl + E键合并图层，并重新命名为“大楼”图层。

让两栋大楼与背景更融合

01 建立图层蒙版

要让背景与对象合成后还可以随时改变状态，使用 **图层蒙版** 功能是最好的方式之一。

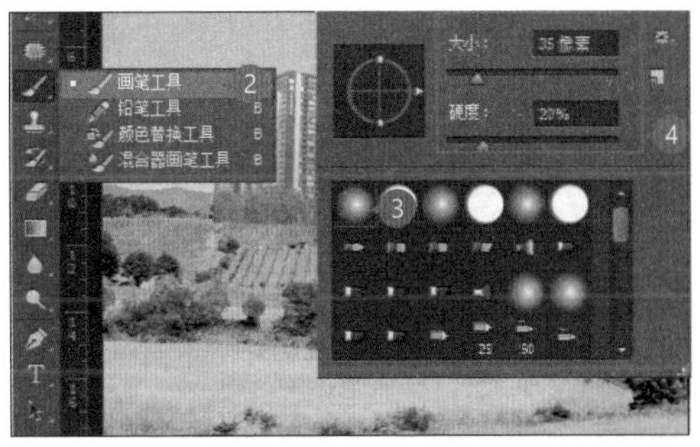

在 **图层** 面板中单击 **创建图层蒙版** 按钮，在 **工具** 面板中选择 **画笔工具** 按钮，在图像上单击鼠标右键打开面板，选择 **柔边圆** 画笔，并设置合适的 **大小** 与 **硬度**，最后再设置 **前景色** 为黑色。

02 使用画笔工具刷出合成效果

接下来只要在图层蒙版的编辑模式下，用 **画笔工具** 就可以轻松刷出合成的效果了。

先快速在图像上涂抹大楼底部与山上树林的重叠区域。

设置更小一点的画笔大小，设置 **前景色** 为白色，再将刚刚涂抹的部分渐渐刷回来。

小提示　掌握蒙版的状态

操作过程中，在 **图层** 面板按住 Alt 键，再单击蒙版缩略图，即可在编辑区看到蒙版状态，让您可以确认哪些部分还需要涂抹或修补（再单击一次即可回到正常编辑状态）。

适时地加大或缩小画笔大小或变更 **前景色** 来改变涂抹的效果，慢慢地让大楼与树林有更自然的合成。

03 调整大楼整体的明暗对比

最后再微调大楼的明暗对比，让它能与背景图像更加融合。

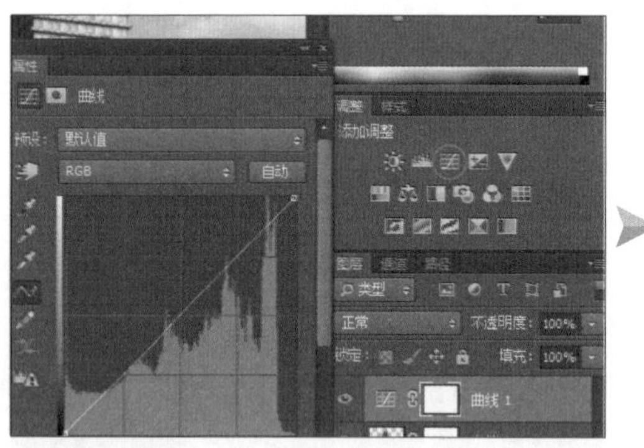

单击 **调整** 面板中的按钮，创建新的曲线调整图层。

在 **属性 - 曲线** 面板设置 **预设** 为 **中对比度**。

按住Alt键不放，将鼠标指针移至 **曲线 1** 图层与 **大楼** 图层的中间，待鼠标呈状时，单击鼠标左键建立 **剪贴蒙版**，将 **曲线 1** 图层的设置套用到大楼图层中。

11.3 将山坡合成到图像中

原背景图的山坡看起来像平原，所以另准备一张较高的山坡来进行合成。

获取合适的山坡素材

01 选取图像中的山坡

打开本章范例原始文件 <11-04.jpg>，利用 **快速选择工具**，圈选要使用的山坡区域。

在 **工具** 面板中选择 **快速选择工具**，在图像上拖出如图的选取范围，利用 Alt 键取消多余的选取部分，完成后按 Ctrl + C 键复制选区内容。

在编辑区单击 **11-01.jpg** 标签，切换编辑文件。在 **图层** 面板选中 **曲线 1** 图层，按 Ctrl + V 键贴上刚刚复制的内容。

按 Ctrl + T 键使用自由变换功能，缩放山坡至合适的大小，按住 Shift 键不放等比例缩放。

将鼠标指针移至四个角的控制点上，旋转山坡至合适的角度，按Enter键完成。

选中 **图层** 面板中的 **图层 1**，按Ctrl + J键进行复制。

按Ctrl + T键，将鼠标指针移至变形框上单击鼠标右键，选择 **水平翻转**。

以相同的操作方式，旋转并移动至图中所示的位置后，按Enter键完成。

02 建立图层蒙版修饰山坡

这里还是要使用蒙版将多余的山坡涂掉并修饰。

先在 **工具** 面板中选择 **画笔工具**，在图像上单击鼠标右键并选择 **柔边圆** 画笔，设置合适的画笔 **大小** 及 **硬度**，在 **图层** 面板中单击 **创建图层蒙版** 按钮。

设置 **前景色** 为黑色，先使用 **画笔工具** 在蒙版中涂掉过多的重叠部分。

按住Shift键，在 **图层** 面板中同时选择 **图层 1** 及 **图层 1 拷贝**。

按Ctrl+E键合并图层，并重新命名为"山坡"。

将山坡与背景融合

01 合成山坡

使用蒙版将多余的山坡刷掉后，继续使用蒙版让它与背景结合。

在 **图层** 面板中单击 **创建图层蒙版** 按钮。

以同样的操作方式，用 **画笔工具** 设置较大的画笔，**前景色** 为黑色，在图像上先简单快速地将不必要的区域涂抹掉。

设置较小的画笔 **大小** 及 **硬度**，开始涂抹更细微的部分。

接着适时地加大或缩小画笔大小，变更 **前景色** 为白色，仔细修补涂抹过多的部分，让背景图的树林与山坡更自然地合成。

02 利用调整图层让山坡与背景融合

利用 **色彩平衡** 及 **曲线** 等调整图层，将土黄色的山坡与背景融为一体。

在 **调整** 面板中单击 **创建色彩平衡调整图层** 按钮。

将鼠标指针移至 **山坡** 图层与 **色彩平衡 1** 调整图层之间，按住 Alt 键不放，单击鼠标左键建立剪贴蒙版。

在 **属性 - 色彩** 平衡面板选中 **保留明度**，设置 **色调: 中间调** 并拖动滑块将山坡由土黄色变为翠绿色。

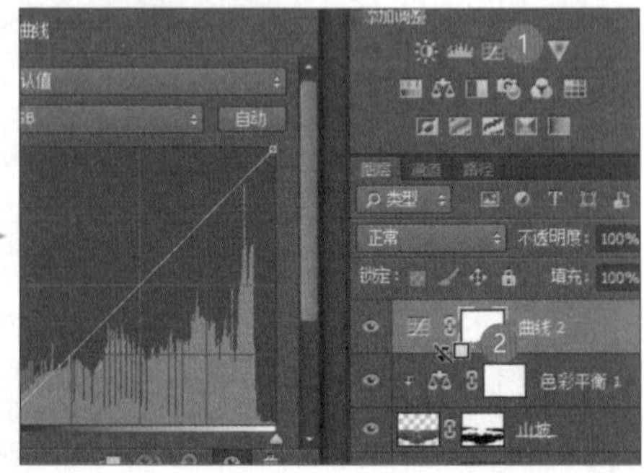

在 **调整** 面板中单击 **创建曲线调整图层**，再在 **色彩平衡 1** 调整图层上方建立剪贴蒙版。

在 **属性 - 曲线** 面板中设置 **预设**：**中对比度**，这样就可以让合成后的山坡有更好的对比。

在 **调整** 面板中单击按钮建立 **可选颜色** 调整图层，再在 **曲线 2** 调整图层上建立 **剪贴蒙版**。

在 **属性 - 可选颜色** 面板设置 **颜色**：**中性色**，拖动滑块设置 **黑色**：**+10**。

最后再设置 **颜色**：**黑色**，拖动滑块设置 **黑色**：**+10**，让山坡的暗部更明显一些，合成好的山坡会比之前看起来更有气势。

11.4 将蓝天白云的天空合成到图像中

虽然原来的背景上有蓝天及一两朵小白云，不过看起来气势较弱，下面我们来它合成出一片好看的蓝天和白云。

提取合适的天空及云素材

01 获取图像中的天空

打开本章范例原始文件 <11-05.jpg>，利用 **快速选择工具** 圈选要用到的天空区域。

在 **工具** 面板中选择 **快速选择工具**，在图像上拖出天空部分的选区，完成后复制选区内容。

在编辑区单击 **11-01.jpg** 标签切换编辑文件。因为天空属于背景类型，所以先在 **图层** 面板选中 **背景** 图层，再进行粘贴，并把新图层重新命名为“天空”。

按Ctrl + T键使用自由变换功能，将复制进来的天空缩放至合适的大小，并拖至如图位置，按Enter键完成。

02 利用蒙版范围修补瑕疵

可以看到贴进来的天空与大楼交界处有瑕疵，所以还要使用蒙版处理一下。

在 **图层** 面板单击创建图层蒙版 按钮，按住Alt键不放，拖动 **大楼** 图层蒙版缩略图至 **天空** 图层蒙版缩略图上，放开鼠标左键。

在对话框中单击 **是**，即可将 **大楼** 图层的蒙版效果套用至 **天空** 图层蒙版中，在编辑区中即可看到原本有瑕疵的部分不见了。

修饰天空与背景接合处

01 取得背景图中山坡与地面的选区

背景图有些山景被新的天空素材遮住了，利用蒙版填充效果将它复原。

单击 **天空** 图层前方的按钮，暂时隐藏该图层，并选择 **背景** 图层。

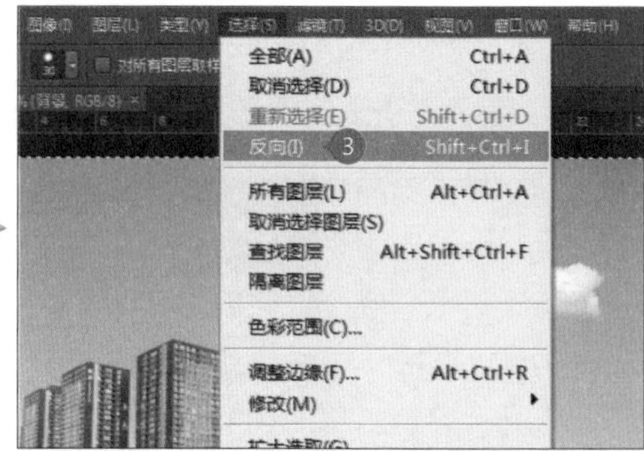

在 **工具** 面板中选择 **快速选择工具**，在图像上拖出天空部分的选区，完成后在菜单中选择 **选择\反向**。

02 还原被遮住的山坡小树

将选取的范围直接套用在天空素材的蒙版中，就可以让原来背景图中被遮住的山坡小树呈现出来。

单击 **天空** 图层前方的按钮，显示该图层，并单击 **天空** 图层蒙版缩略图。

设置 **前景色** 为黑色，按Alt + Del键进行填充，再按Ctrl + D键取消选区。

在 **调整** 面板单击，创建曲线调整图层，将鼠标指针移至 **曲线 3** 调整图层与 **天空** 图层之间，按住Alt键不放，单击鼠标左键建立 **剪贴蒙版**。

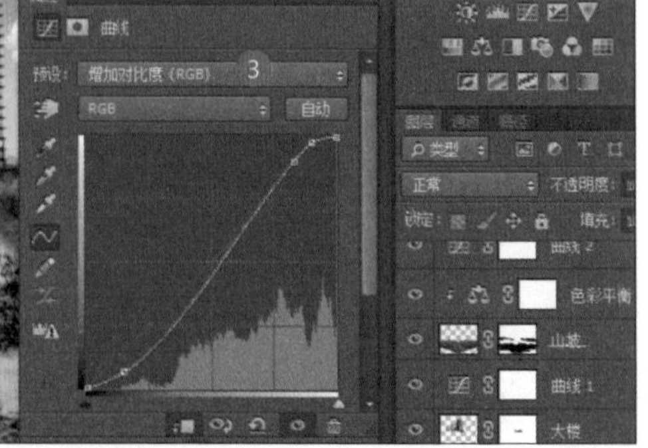

在 **属性 - 曲线** 面板设置 **预设**：**增加对比度**，这样就完成了主要场景的合成操作。

11.5 制作湖水的倒影效果

完成了所有景物的合成后，就可以制作湖水的倒影效果了。

将所有合成效果复制到新图层中

对已经完成的设计，可通过 **整合可见图层** 功能，把可见图层合并到一个新图层中。

在 **图层** 面板选择最上层的图层（此范例为 **选取颜色 1** 调整图层），按 Alt + Ctrl + Shift + E 键，即可在最上层生成当前所有显示图层的合并图层，然后重新命名为“倒影”。

制作倒影与波浪效果

01 垂直翻转图像

水中的倒影其实就是景物本身的镜像效果，所以用 **倒影** 图层就可以完成制作。

粘贴(P) Ctrl+V
选择性粘贴(I)
清除(E)
拼写检查(H)...
查找和替换文本(X)...
填充(L)... Shift+F5
描边(S)...
内容识别比例 Alt+Shift+Ctrl+C
操控变形
自由变换(F) Ctrl+T
变换(A)
自动对齐图层...
自动混合图层...
定义画笔预设(B)...
再次(A) Shift+Ctrl+T
缩放(S)
旋转(R)
斜切(K)
扭曲(D)
透视(P)
变形(W)
旋转 180 度(1)
旋转 90 度(顺时针)(9)
旋转 90 度(逆时针)(0)
水平翻转(H)
垂直翻转(V)

选择 **倒影** 图层，在菜单中选择 **编辑 \ 变换 \ 垂直翻转**，将图像翻转。

用 **移动工具**，按住 Shift 键（可锁定移动方向）向下拖至约编辑区一半的位置。

02 创建图层蒙版

利用图层蒙版涂掉不需要的部分。

在 **图层** 面板选择 **倒影** 图层，单击▣按钮，创建 **图层蒙版**。

设置 **前景色** 为黑色，用 **画笔工具**（设置合适的画笔大小）将 **倒影** 图层中的草皮（如图圈选部分）涂掉。

把 **前景色** 改为白色，缩小画笔大小，把湖水边界以内的图像涂抹回来。

03 解除图层蒙版链接

如果觉得倒影图像摆放的位置不太适合，可以先暂时解除图层与蒙版的链接，重新移动图像位置即可。

将鼠标指针移至 **倒影** 层与蒙版之间的▣图标上，单击鼠标左键即可解除链接状态。

用 **移动工具** 在 **图层** 面板单击 **倒影** 图层缩略图，将其设置为操作区，即可在编辑区中移动图像而不会影响到蒙版的作用区域。

确认好倒影图像的位置后，将鼠标移至 **倒影** 图层与蒙版之间，单击鼠标左键，重新链接图层蒙版。

最后以同样的操作方式，用 **画笔工具** 将 **倒影** 图层的蒙版再仔细修饰一下。

04 制作倒影晃动的效果

使用 **模糊功能** 及 **涂抹工具** 可以制作出水中倒影晃动的效果。

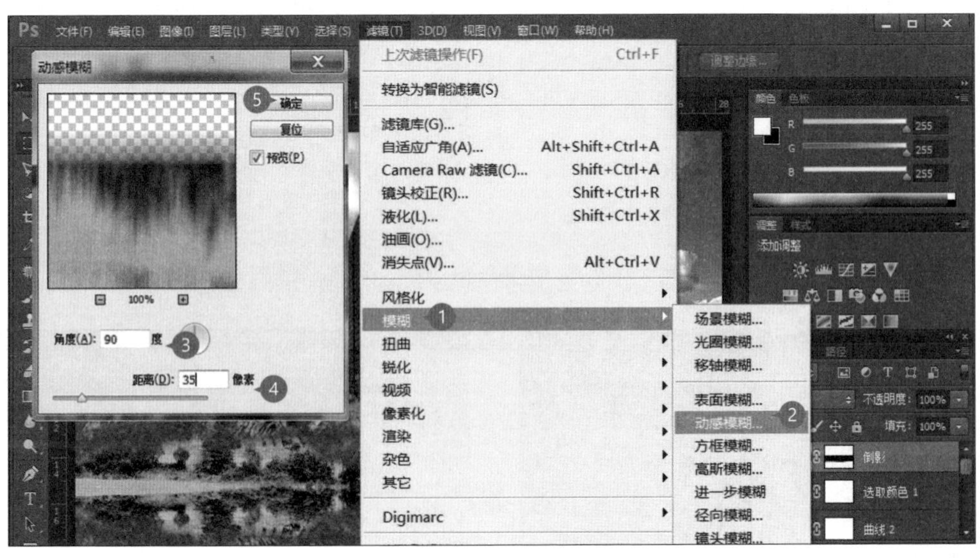

在 **图层** 面板选中 **倒影** 图层缩略图，然后在菜单中选择 **滤镜 \ 模糊 \ 动感模糊**，打开对话框，设置 **角度**：**90**、**间距**：**35**，单击 **确定** 按钮。

在 **工具** 面板中选择 **涂抹工具**。

在 **选项** 栏的画笔预设中对画笔进行设置：柔边圆、大小：**90 像素**，强度：**20%**。

在倒影图像上，如图所示向右拖动鼠标一次，就会产生涂抹的效果。

再向左拖动一次鼠标，就会与刚才的效果一起形成左右晃动的效果。

05 制作水波纹

只有倒影的效果还远远看不出倒影部分是湖水面，所以得再加上水波纹的效果。

在 **图层** 面板单击 **建立新图层** 按钮，并重新命名为“水波纹”。

在菜单中选择 **编辑 \ 填充**，打开对话框，设置 **使用为白色**，单击 **确定** 按钮。

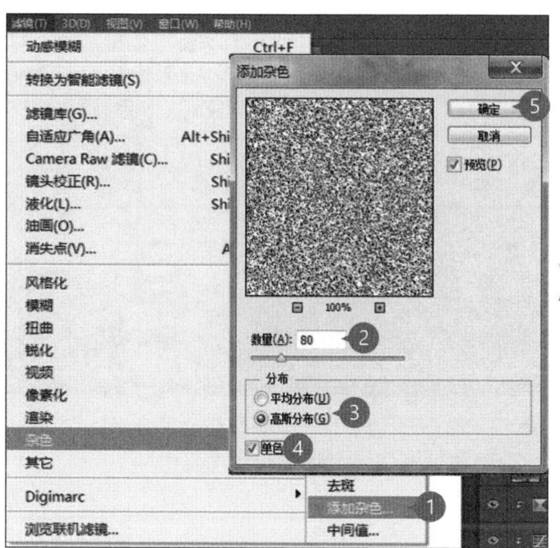

在菜单中选择 **滤镜 \ 杂色 \ 增加杂色**，打开对话框并进行如下设置：**数量：80%**，**高斯分布**、**单色**。然后单击 **确定** 按钮。

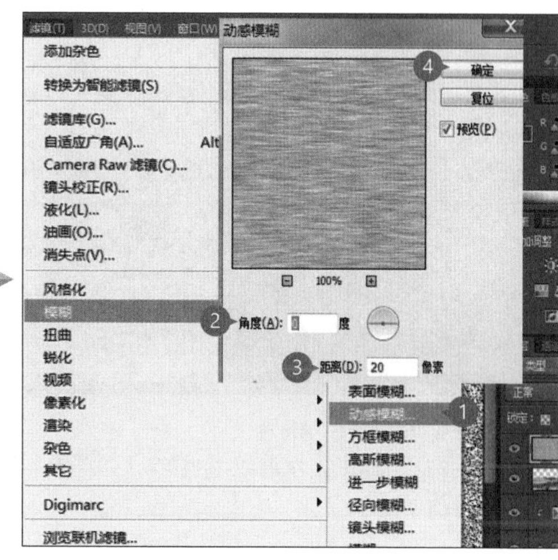

选择 **滤镜 \ 模糊 \ 动感模糊**，在对话框中设置如下：**角度：0**、**距离：20**，单击 **确定** 按钮。

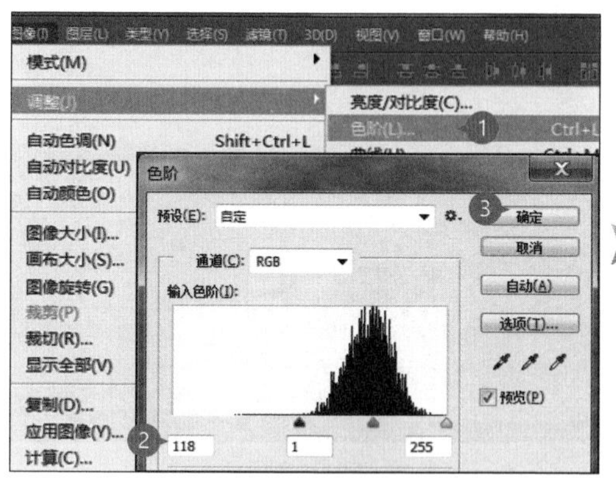

在菜单中选择 **图像 \ 调整 \ 色阶**，打开对话框，拖动滑块设置 **阴影：118**，让对比加大。

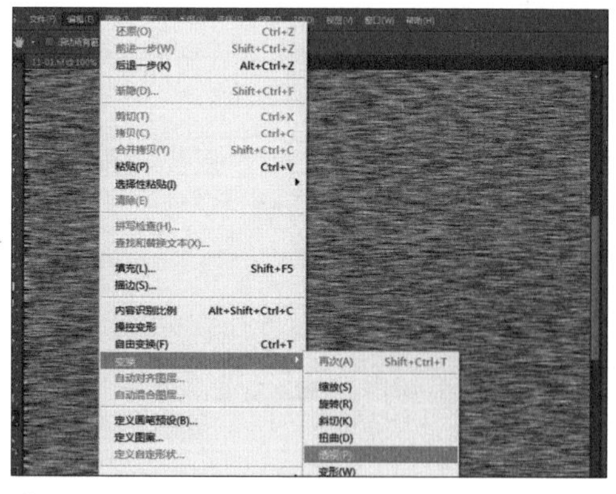

考虑到波纹的视角，请再选择 **编辑 \ 变换 \ 透视**，拖动左上角控制点稍往中间移动，将图像变成梯形。

在变形框中单击鼠标右键选择 **缩放**，拖动上方中间的控制点，将图像缩放至合适的高度，再分别拖动左、右两侧的中间控制点，让图形两侧可以盖住整个湖水倒影区域，完成后按 Enter 键。

在 **图层** 面板按住Alt键不放，把“倒影”图层蒙版缩略图拖至 **水波纹** 图层中，可将蒙版直接复制套用。

设置 **水波纹** 图层的 **混合模式为柔光**、**不透明度为 50%**，这样就完成了制作。

11.6 制作洒满阳光的效果

最后再加一个“**反光效果**”，让作品更有氛围。

使用反光效果模拟阳光

新增一个图层，套用 **反光效果** 即可轻松做出阳光普照的效果。

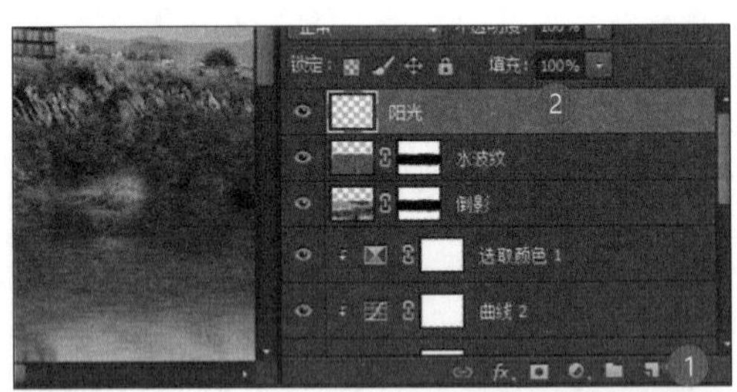

在 **图层** 面板中单击 **建立新图层** 按钮，并重新命名为“阳光”。

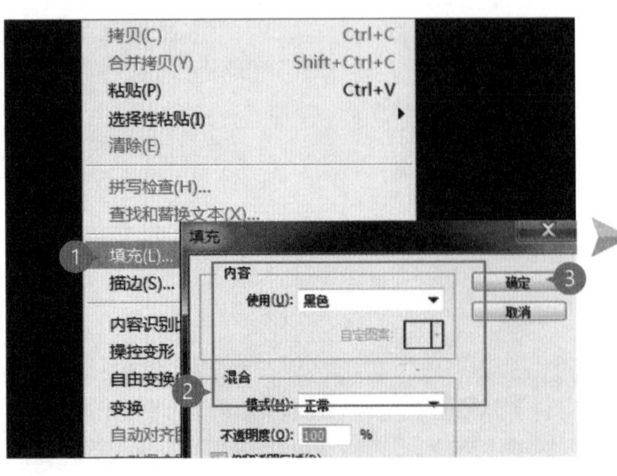

在菜单中选择 **编辑 \ 填充**，打开对话框。设置使用“黑色”，单击 **确定** 按钮。

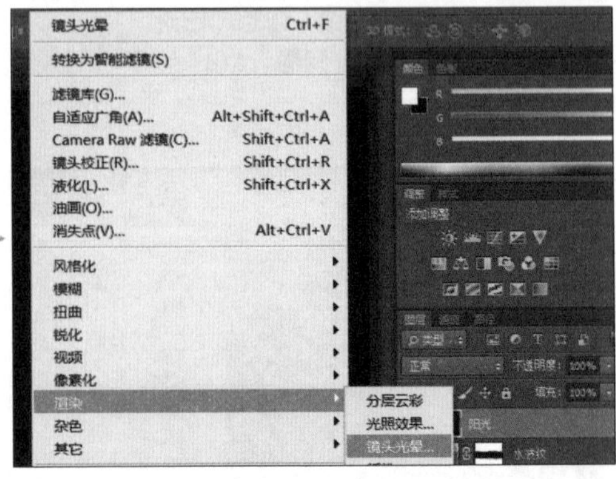

在菜单中选择 **滤镜 \ 渲染 \ 镜头光晕**，打开对话框。

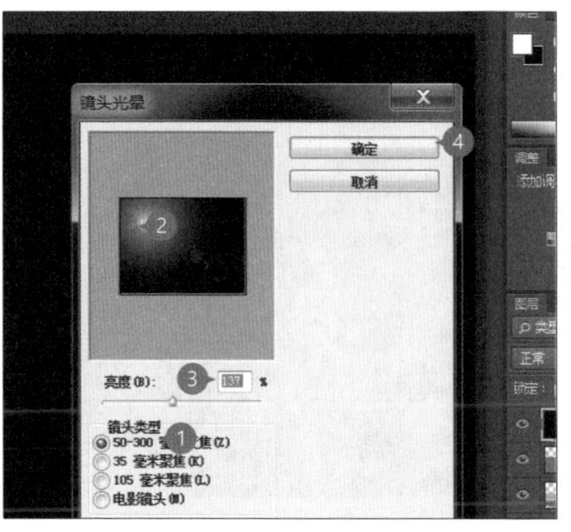

选择 **50-300mm 变焦**，在预览图中单击鼠标左键设置光源的位置，再拖动亮度滑块至合适的位置，然后单击 **确定** 按钮。

在 **图层** 面板设置 **阳光** 图层的 **混合模式为"滤色"**。

加入文字

虽然已完成了所有的图像合成工作，不过毕竟这是张海报设计，还得帮它加入文字才能称得上是一张真正的海报。

选择 **文件 \ 置入**，打开本章范例原始文件 <11-06.psd>，把文字图层拖入海报文件中并摆放至合适的位置后按 Enter 键，至此作品设计全部完成。

关于文渊阁工作室

常常听到很多读者告诉我们说：我曾经就是看你们的书学会用电脑的。

是的！这就是我们写书的出发点和原动力！我们想让每个读者都通过我们的书跟上软件学习的脚步，让软件不只是软件，而是提升个人能力的工具。

文渊阁工作室创立于 1987 年，第一套计算机丛书《快快乐乐学计算机》于该年年底问世。工作室的创始成员邓文渊、李淑玲在学习计算机的过程中，就像每个刚开始接触计算机的你一样碰到了很多问题，因此决定整合自身的编辑、教学经验及相关的技术大牛，陆续推出“快快乐乐全系列”丛书，期望以轻松、深入浅出的笔触、详细的图解，解决计算机学习者的彷徨无助，并搭配相关网站服务读者。

随着时代的进步与读者的需求，文渊阁工作室除了原有的 Office、多媒体网页设计系列，更将著作范围又延伸至各类程序设计、摄影、图像编辑与创意类图书，如果您在阅读本书时有任何的问题或是心得要与所有人一起讨论共享，欢迎光临文渊阁工作室网站，或者使用电子邮件与我们联络。

文渊阁工作室网站　http://www.e-happy.com.tw

电子邮箱　e-happy@e-happy.com.tw

Photoshop 快捷键

功能	快捷键
为图像套用负片效果	Ctrl + I
为图像去除饱和度	Shift + Ctrl + U
自动色调	Shift + Ctrl + L
自动对比度	Alt + Shift + Ctrl + L
自动颜色	Shift + Ctrl + B
图像大小	Alt + Ctrl + I
画布大小	Alt + Ctrl + C
新建图层	Shift + Ctrl + N
删除图层	Del
拷贝图层	Ctrl + J
所选图层成组	Ctrl + G
图层解组	Shift + Ctrl + G
建立/解除剪贴蒙版	Alt + Ctrl + G
隐藏/解除隐藏图层	Ctrl + ,
图层排列顺序 - 前移一层	Ctrl +]
图层排列顺序 - 后移一层	Ctrl + [
锁定/解除锁定图层	Ctrl + /
向下合并图层	Ctrl + E
合并可见图层	Shift + Ctrl + E
盖印可见图层	Alt + Shift + Ctrl + E
选取全部图层	Alt + Ctrl + A
查找图层	Alt + Shift + Ctrl + F

Photoshop 快捷键

功能	快捷键
全选	Ctrl + A
取消选取	Ctrl + D
重新选取	Shift + Ctrl + D
反转选区	Shift + Ctrl + I
调整边缘 (选取范围或对象时)	Alt + Ctrl + R
调整蒙版(选取蒙版缩略图时)	Alt + Ctrl + R
羽化选区 (选取范围或对象时)	Shift + F6
重做上次滤镜效果	Ctrl + F
自适应广角	Alt + Shift + Ctrl + A
Camera Raw 滤镜	Shift + Ctrl + A
镜头校正	Shift + Ctrl + R
液化	Shift + Ctrl + X
消失点	Alt + Ctrl + V
校正色彩 (切换至 CMYK 预览模式)	Ctrl + Y
色域警告	Shift + Ctrl + Y
放大显示	Ctrl + +
缩小显示	Ctrl + -
显示全页	Ctrl + 0 (数字键)
100% 显示	Ctrl + 1
显示 / 隐藏尺标	Ctrl + R
画笔放大 (英文/数字输入模式下)	]
画笔缩小 (英文/数字输入模式下)	[